**DAS NEUE UND
SEINE FEINDE**

Den Weg zu Ihrem persönlichen E-Book finden
Sie am Ende des Buches.

**Gunter Dueck** war zunächst Mathematikprofessor und bis August 2011
Cheftechnologe bei IBM, genannt »Wild Duck«, Querdenker. Seitdem
hat es ihn wegen Erreichens der 60-Jahre-Marke in den Unruhestand
gezogen. Er ist derzeit freischaffend als Autor, Netzaktivist, Business-
Angel und Speaker tätig und widmet sich weiterhin unverdrossen der
Weltverbesserung. Mehr auf seiner Homepage **omnisophie.com**.

GUNTER DUECK

# DAS NEUE UND
# SEINE FEINDE

Wie Ideen verhindert werden und
wie sie sich trotzdem durchsetzen

Campus Verlag
Frankfurt/New York

ISBN 978-3-593-39717-7

Copyright © 2013 Campus Verlag GmbH, Frankfurt am Main 2013
Umschlaggestaltung: total italic, Thierry Wijnberg, Amsterdam/Berlin
Umschlagmotiv: © shutterstock
Satz: Fotosatz L. Huhn, Linsengericht
Gesetzt aus der Minion Pro und Myriad Pro
Druck und Bindung: Beltz Druckpartner, Hemsbach
Printed in Germany

Dieses Buch ist auch als E-Book erschienen.
www.campus.de

# INHALT

## TEIL 2 SPEZIELLE INNOVATIONSHINDERNISSE

# TEIL 3 INNOVATION UNTER GESTALTUNGSKRAFT

# DER HINDERNISLAUF VON DER ERFINDUNG BIS ZUM GESCHÄFT

Ideen liegen ja quasi überall herum, sie werden vor jedem Kaffeeautomaten diskutiert. Sie sind so zahlreich wie Häuser in einer Stadt. Aber »Idee + Herzblutenergie« im Gesamtpaket gibt es selten!

Man braucht sehr viel Energie für Innovationen, weil sie sich ja erst durchsetzen müssen – am Markt, gegen das Althergebrachte, gegen Anfeindungen und Zweifler, gegen anachronistische Bestimmungen und Bedenkenträger aller Art.

Deshalb sind große Innovationen meist viel enger mit den Namen der Innovatoren verbunden – und gar nicht so sehr mit den Namen der Erfinder, die die Idee ursprünglich hatten! US-Präsident Barack Obama erwähnte 2009 in einer Rede, dass die USA das Auto erfunden hätten – er meinte wohl Henry Ford und die Fließbandfertigung! Dabei haben doch Daimler und Benz schon 1886 die Motorkutsche vorgestellt! Und als Edison mit »seiner« Glühlampe die Welt erleuchtete, hatten viele vor ihm schon (leider unpraktikable) Prototypen erfunden, Lexika erwähnen den Deutschen Heinrich J. Goebel und noch frühere und unbekanntere Vorläufer. Für Amerikaner scheint Alexander Graham Bell das Telefon erfunden zu haben, es war aber doch Philipp Reis! Auch Reis hatte Vorgänger ... Die großen Ideen ziehen so langsam herauf – und irgendwann verwirklicht sie jemand, der die große Kraft dazu hat, der den Nerv der Kunden trifft, der das Feld glücklich in dem Moment beackert, als »der Markt reif wird« und die benötigten Infrastrukturen bereitstehen. Dieser erst ist für uns der wirklich berühmte Mensch, der »seiner« Erfindung zum Durchbruch verhalf! Der Durchbruch ist das Entscheidende, nicht die Idee an sich. Die hat buchstäblich jeder. »Es müsste eine

Maschine geben, die Geschirr abwaschen kann« oder »Man müsste alle Bücher und alle Musik der Welt im Handy haben« oder »Autos sollten selbst fahren können« … Wünschen kann sich das jeder, aber wer setzt es um?

Energie, Herzblut, Durchsetzung, eine glückliche Hand, ein tolles Gründerteam, verständnisvolle Investoren, Geduld – das sind die Faktoren, auf die es ankommt!

Warum sind »Energie« und »Einfühlung in die Lage« so essenziell wichtig? Sehen Sie auf große Innovationen wie Elektrorasierer, Waschmaschinen, Geschirrspüler, Autos, Handys – zählen Sie alle auf, die Sie kennen! Haben Sie inzwischen vergessen, wie sehr unsere heute selbstverständlichen Lebensbegleiter damals unter Beschuss standen? »Die Wäsche wird nicht weiß.« – »Der Geschirrspüler schleudert Essensreste eine Stunde lang umher und funktioniert nur mit gesundheitsschädlichem Pulver – und alles wird milchig und stumpf.« – »Ich liebe nur nass rasierte Männer – Elektro-Struppel küsse ich nicht.« – »Handys machen abhängig, sie stören, kosten Unsummen, zerfunken das Gehirn und vernichten das soziale Leben.« Praktisch jede Innovation hat sich gegen solche oft berechtigten Widerstände und Anfeindungen zu bewähren. Haben Sie gelesen, dass das Unternehmen Kodak schon vor 1975 (!) eine Digitalkamera erfunden hat? Sie wurde lieber eingemottet in der Schublade gehalten, um dem berühmten Kodak-Film (wissen Sie noch, was das ist?) keine Konkurrenz zu machen – Anfang 2012 meldete Kodak Insolvenz an. Auf diese Art sterben viele große Ideen in großen Unternehmen – weil sie gefürchtet werden! Kann es sein, dass in großen Firmen nur winzig kleine Ideen erlaubt sind? Die großen verändern nämlich zu viel und stoßen dadurch auf viel zu viele Hindernisse.

Das alles ist Ihnen wahrscheinlich einigermaßen bekannt oder sogar vertraut. Sie wissen auch alle, dass Innovationen im Prinzip dringend erwünscht und gebraucht werden, damit die Wirtschaft floriert. Sie wissen alle, dass die meisten Ideen an den Umständen und Widernissen sterben, dass Ideen in Brainstorming-Meetings wie beim Brezelbacken erzeugt und fast niemals umgesetzt werden. Sie wissen, dass Ihre Ideen – Ihre! – meist unwirsch abgetan werden, man hört kaum zu.

Was ist da los? Warum will man etwas einerseits unbedingt und tut dann doch nichts? Schauen wir in Lehrbücher. Sie präsentieren meist nur Techniken und Prozesse, wie man Ideen erzeugt, sammelt, schön in Datenbanken speichert und mit »Tools« administriert. Danach wird »Ideenmanagement« vorgeschlagen. Wie bewerten wir Ideen? Durch einen Evaluationsprozess wie für Eliteuniversitäten. Wie werden Ideen finanziert? Durch einen Geschäftsplanprozess und Markteinschätzungen. Welche Ideen sollen gefördert werden? Für welche gibt es staatliche Unterstützung? Es ist zum Haareausraufen schlimm! Es wird alles auf Papier oder auf Computern hin und her geschoben. Tut denn jemand etwas? Alle befassen sich mit der Entscheidung, *was* man eigentlich tun will und wie, aber das Tun an sich »kommt nicht dran«. Haben Sie bei diesen Auswahlzeremonien neuer Ideen je gehört, dass man sich über Herzblutenergie Sorgen gemacht hätte? Nie!

- Innovationen sind wie die Erschließung einer unbekannten Welt.

- Diese neue Welt muss »den Kunden« oder der alten Welt vertraut gemacht werden, was viel Einfühlung auch in das Alte erfordert.

- Innovationen stoßen auf Vorbehalte (die man vielleicht entkräften kann) und oft auf grundsätzliche Feindschaft (»Fernsehen macht dumm!«), die häufig den Durchbruch verhindern – damit müssen die Innovatoren umgehen können.

Diese großen Probleme werden in den schön strukturierten Lehrbüchern meist nicht thematisiert. Die Ideenfindung, -bewertung, und -finanzierung stehen im Vordergrund – ja, und wenn einmal ein Businessplan und ein Umsetzungsplan geschrieben sind, dann muss »alles nur noch umgesetzt werden«. Worauf aber kommt es bei Innovationen an? »Auf den, der sie mit Herzblutenergie vorantreibt.« Die wissenschaftlichen Theorien und die To-do-Listen der Innovationsberatungsfirmen sind aber personenkeimfrei! Sie gehen auch nicht darauf ein, wie mit Feinden der Innovation umgegangen wird und wie man Klippen im Unternehmen umschifft, das Innovationen im Prinzip will, aber dann eigentlich doch wieder nicht. Lässt man Innovatoren denn wirklich einmal genug Zeit, das neue

Land wenigstens zu erkunden, bevor es erschlossen werden kann? Wie oft lesen wir:»Wir sind zu hastig eingestiegen und haben die Probleme unterschätzt.«

Diese unendlich(en) frustrierenden Fehlversuche, dazu das so oft oberflächliche Taktieren mit den Abhaktechniken des Innovationsmanagements und das fast gänzliche Fehlen der Beschäftigung mit den wirklichen Problemen haben mich dazu bewogen, nun das abertausendste Buch über Innovation zu schreiben. Es gibt einfach über das Thema noch viel mehr Wichtiges zu sagen! Dieses Buch besteht aus drei Teilen und einem Schlussseufzer.

*Der erste Teil* eröffnet die Problemstellung der Innovation. Wie entfaltet sich eine Idee? Welche neue Welt soll sie erschließen? Wie kann sie sich verbreiten – als »Mem«? Welche Kräfte und Gegenkräfte wirken auf die Ursprungsidee ein? Was muss für eine erfolgreiche Innovation alles angeschoben werden? Welche Tugenden muss man vom Innovator oder vom »Gründungsteam« erwarten? Auf welche Gegner trifft eine neue Businessidee? Welche Barrieren muss die Innovation überwinden? In Anlehnung an die klassische Idee von Everett Rogers und Geoffrey Moore möchte ich den »ideologischen Kampf« darstellen, und zwar zwischen den verschiedenen Gruppen der Protagonisten einer Innovation:

- *OpenMinds,* die eine Innovation gut fänden, wenn »sie so weit ist« (wenn!),
- *CloseMinds,* die mit »so etwas braucht kein Mensch« den Kopf schütteln,
- *Antagonisten,* die das Neue aktiv bekämpfen (»Unsicher! Gefährlich! Unmoralisch!«).

Die klassische Theorie denkt zu Unrecht fast nur über Kunden nach (und auch das nicht erfolgreich)! Wie schafft man es, so fragt sie, zuerst die OpenMinds zum Kauf zu bewegen? Aber dieses Ringen findet ja nicht nur um Kunden statt, sondern auch um das eigene Management, um Investoren und Mitarbeiter. Auch auf diesen Ebenen finden wir sie alle wieder, insbesondere die CloseMinds und Antagonisten. Es gibt Innovationen oder Neuregelungen, die alle gut finden (zum Beispiel weibliche Priester oder Topmanager), außer die Antagonisten – und die haben oft die Macht, alles zu verhindern. Die CloseMinds und Antagonisten kommen in herkömmlichen Innovationsmodellen nicht vor, außer dass »Hindernisse« beklagt werden. In diesem Sinne will ich hier etliche bisher vernachlässigte beziehungsweise noch nicht behandelte Perspektiven aufzeigen.

*Der zweite Teil* befasst sich ausführlich mit den Barrieren, die sich typischerweise einer größeren Innovation in den Weg stellen. Antagonisten und CloseMinds überall! Es sind meist überzogene Erwartungen der verschiedenen »Player«. Die Wissenschaftler mögen eigentlich nur erfinden, und dann sagen sie: »Nun macht mal« und »Gebt mir den Ruhm«. Manager sind dafür da, dass alles reibungslos funktioniert, sie sehen Innovationen daher oft als Störung an und managen sie falsch. Mitarbeiter fürchten sich, dass sich ihr Arbeitsplatz verändert oder dass er gar verschwindet. Berater und Investoren pressen eine ungewisse Arbeit in Pläne und Zeitkorsetts. Marketingleute prahlen mit ungelegten Eiern, später wird die Presse deshalb alles als heiße Luft verhöhnen. Ja, und dann sind da noch die Kunden und die oft fehlende Infrastruktur, die viele Unternehmensprogramme, die am besten nach neuen Hype-Lehrbüchern implementiert werden. Staatliche Förderungsprogramme aller Art erzeugen auf Wunsch von Lobbys sehr oft schöne Doktorarbeiten, deren Ergebnisse dann nicht umgesetzt werden, weil die Verbände es lieber doch alles beim Alten belassen wollen. Innovation ist ein echtes Hindernisrennen!

*Im dritten Teil* träume ich von wirklicher Innovation, die in die »DNA des Unternehmens« integriert ist. Man müsste Konzepte wie »Agile Innovation« umsetzen können! Innovatoren müssten schon vor aller Innovation auf sie vorbereitet sein (»Pre-Innovation«), sie müssten viele persönliche Energiekompetenzen mitbringen ... Der dritte Teil ist kein eigenes Lehrbuch der Innovation, wie sie nun definitiv sein soll. Er versucht das nötige Rüstzeug darzustellen, um daran klarzumachen, wie weit wir von wirklich professioneller Innovation entfernt sind. Ich fühle mich außerstande, ein erfolgreiches Rezeptbuch für Innovation zu schreiben, weil Sie jetzt gleich sehen werden, wie feindlich alles gegen das Neue wirkt. Und diese allgemeine Feindseligkeit ist nun einmal da und muss in jedem Einzelfall überwunden werden. Ja, wenn die Feindseligkeit nicht wäre! Dann ginge es mit den jetzigen Lehren vielleicht auch. Was brauchen wir? Allgemeine Lust am Neuen! So einfach. Solange wir die nicht haben, muss sich alles Neue gegen unsere allgemeine Unlust durchbeißen.

# ÜBER DAS NEUE

# UND SEINE VIELEN

# ERSCHEINUNGSFORMEN

Es gibt viele Arten des Neuen: Das sind technische Erfindungen, Geschäftsmodelle, neue Produktionsverfahren oder andere Servicemodelle (»jetzt in Selbstbedienung!«). Die Firma *Second Life* hat uns in künstliche Welten entführt, Google bietet alles online für den Preis, dass Unternehmen zahlen müssen, wenn wir deren Werbung im Netz anklicken. Die Energieexploration hat das neue Fracking-Verfahren bei der Erdgasgewinnung hervorgebracht, wobei man erst vertikal nach unten bohrt und dann von unten aus waagerecht verzweigt (man spült den Weg frei) – dabei findet man nun solche Mengen Erdgas, dass der Marktpreis in den USA kollabiert. Gesetze können zu Neuerungen zwingen, wenn sie erlaubte Grenzwerte verschieben, etwa für den Gasaustritt bei Autos. Wissenschaftliche Ideen erbringen Neues, die Neurologie erbringt gerade Erkenntnisse über Hirn und Mensch – wir könnten von neuen Lehr- und Lernverfahren profitieren. Ideen können sich auf neue Lebensformen beziehen (»Generationenhaus«), den Umgang mit unserem Glauben (»Internetkirche«) oder auf neue Lebensvorstellungen (»Turbokapitalismus«).

Das Neue tritt in vielen Varianten und Formen auf. Wenn ich in diesem Buch das Neue thematisiere, dann meine ich damit eigentlich das Neue im Allgemeinen. Die Beispiele, die ich hierzu anführe, sind dann eher »normal« und beziehen sich oft auf Produkte – bitte verstehen Sie, dass ich irgendwie an etwas anknüpfen möchte, was Sie schon kennen und woran ich gut erklären kann, ohne erst lange schildern zu müssen, worum es überhaupt geht. Das müsste ich wahrscheinlich bei »Second Life« für viele von Ihnen tun, um Ihnen zu erklären, warum das virtuelle Leben dort erst groß in Mode kam und dann schnell langweilig wurde – solche Tendenzen gibt es heute auch wieder bei Facebook.

Ich habe mich für Klarheit und für Beispiele entschieden, die Ihnen bekannt sein müssten. Das sind natürlich oft Produktneuheiten wie früher Waschmaschinen und heute Tablets oder Ultrabooks. Dieses Buch ist aber überhaupt nicht produktlastig gemeint! Wenn ich also »das Neue« thematisiere, meine ich es im weitesten Sinne, auch als neue Werbeidee, als neuen Geruch oder als neue Managementmethode. Unter »Erfinder« verstehe ich den Menschen, der diese Idee als Erster hatte – bitte verbinden Sie den hier gebrauchten Erfinderbegriff nicht ausschließlich mit Maschinen, chemischen Substanzen oder Daniel Düsentrieb.

Es gibt große und kleine Neuheiten – große wie eCars, an denen ganze Nationalindustrien hängen mögen, kleinere, wie der jetzt stark auf den Markt kommende Zuckerersatz aus der Stevia-Pflanze, und ganz kleine wie neue Weinbelüftungsgießaufsätze für Flaschen, die das vorzeitige Entkorken guten Rotweins ersparen. Ob die Erfindung oder das Neue nun groß oder klein sein mögen, immer streiten die Menschen, ob sie das Neue nun mögen oder nicht. »Ich dekantiere! Weinbelüfter ruinieren kostbaren Wein!« – »Er wird in Restaurants immer ruiniert, weil die Flasche beim Essen banausig kurz vor dem Trinken entkorkt werden *muss*, da ist ein Weinbelüfter ein Segen!« Die Menschheit ist fast immer gespalten, ob es nun um Weinbelüfter oder eine Reichensteuer geht!

Es macht aber einen gewissen Unterschied, ob das Neue im Staat, in Großunternehmen oder bei kleineren Mittelstandsunternehmen durchgesetzt werden muss. Es gibt Unterschiede, in welcher Regierungsform ein Staat oder Unternehmen geführt wird. Der kürzlich verstorbene Steve Jobs, der für seine Neuerungen bei Apple fast für unsterblich erklärt wurde, konnte in »seinem« Unternehmen schalten und walten, wie er wollte. Das Neue wird dort nach der Auffassung des Herrschers beurteilt, ganz anders als bei großen deutschen Energieversorgern, deren Aktien zu gutem Teil bei staatlichen Institutionen liegen. Mittelstandsunternehmen sind oft vollständig vom Unternehmenschef geprägt, denken Sie an die Unternehmen (jetzt muss ich wieder große nehmen, damit wir sie alle kennen!) Oetker, Otto, dm,

Schlecker, Neckermann, Lidl oder Würth, deren Kultur von einem Einzelcharakter geprägt (worden) ist. Je nach Charakter setzt sich das Neue in solchen Unternehmen in verschiedener Weise durch.

Es ist für mich unmöglich, diese vielen besonderen Charakterfälle in einem Leitfaden über den Kampf um das Neue insgesamt gebührend zu würdigen. Ich habe mich an einen Normalfall von Unternehmen oder Institutionen gehalten, die sich um Neues bemühen, die gleichzeitig Angst haben, wo es Träumer gibt, die an Finanzabteilungen verzweifeln ... Diese Unterschiede der Abteilungen und Meinungen finden Sie in kleineren Unternehmen ja auch! Überall, wo es Meetings, Tabellen und Genehmigungsformulare gibt, kommen Probleme gegen das Neue auf! Und wo es all das nicht gibt, entstehen wieder andere Katastrophen ... Kleinere Unternehmen sind individueller, farbiger, wechselvoller – große reagieren vorhersehbarer, berechenbarer, weil sie alle dieselben Berater holen, die dieselben Arbeitstechniken einüben. Erfahrungen mit Stereotypen lassen sich natürlich einfacher beschreiben, aber – wie gesagt – ich kenne sehr kleine Unternehmen, in denen die IT-Abteilung (eine Person), die Marketingabteilung (drei Personen) und der Vertrieb (auch sehr wenige) genau dieselben zeremoniellen Kämpfe um das Neue ausfechten wie bei Großbanken oder Chemiegiganten. Es sind Menschen – immer im Hin und Her, immer unsicher zwischen Begeisterung und Angst, immer in Sorge um ihren eigenen Weg.

Ja, und zum Schluss ist das Buch von meinen eigenen Erfahrungen bei Versuchen geprägt, immer einmal wieder etwas Neues auf die Beine zu stellen. Fast 25 Jahre bei IBM stecken in mir, davor die 12 Jahre an der Universität Bielefeld als Forscher – jetzt betreibe ich meine Projekte »in der Welt 2.0«, also im Netz. Ich habe bei IBM drei, vier Mal jeweils über Jahre neue Geschäftsfelder erschlossen, zum Schluss »Cloud Computing«, was inzwischen sehr groß geworden ist. Ich habe dabei Einblick in viele Unternehmen bekommen, die ich bei solchen Geschäftsneugründungen als Kunde besuchen durfte. Ich meine wirklich »durfte«, denn ich habe viele Welten kennenlernen dürfen, von fast hyperaktiven Unternehmen (IBM zum Beispiel) bis hin zu »Großtankern«. Im Rahmen meiner Vortragstätigkeit waren auch viele kleine Unternehmen darunter! Wenn ich irgendwo teilnehme, bin ich ja immer ein paar Stunden vorher da und bekomme die internen Problemdiskussionen mit ... Diese authentischen Erfahrungen kann ich hier an Sie weitergeben, selbst wenn ich nicht jeden Winkel der Welt gesehen habe!

Immerhin, seit etwa 1990 habe ich mich in der Welt der Unternehmensoptimierung umsehen dürfen, um »alles besser zu machen«, ich habe den dot.com-Hype beziehungsweise -Niedergang und die Finanzkrise in den Knochen, mich begeistert die immer noch beginnende Internetrevolution. Von allen Büchern, die ich schrieb, steckt in diesem wohl die meiste eigene Erfahrung.

TEIL 1

# KRAFTAKT
## FÜR DAS NEUE

# INNOVATION ERSCHLIESST NEULAND

## Jede Idee hat große Tücken – unterschätzen Sie das nicht!

Großartige Ideen, die wir bewundern, sind im Nachhinein vollkommen genial. Das spüren wir deutlich und bewundern Ideen in unangemessener Weise. Wir haben vergessen, dass wir dieselben Ideen zum Zeitpunkt ihrer Entstehung und Ausbreitung verrückt oder schlicht »doof« fanden.

Stellen Sie sich vor, jemand hatte als Erster die Idee, eine Waschmaschine, einen Geschirrspüler, einen Trockenrasierer oder ein Mobiltelefon zu bauen und an alle Leute zu verkaufen. Das ist solch ein großes bewunderungswürdiges Genie, denken Sie sich, das seiner Zeit weit voraus war und uns diese Wohltaten der Menschheit schenkte. Leider haben Sie vergessen, was wir alle damals von solchen Erfindungen hielten – nämlich gar nicht viel oder nichts. Wir sahen zuerst die offensichtlichen Nachteile.

Die Wäsche wurde ewig nicht weiß genug, sie hatte »Grauschleier«. Generationen von Waschmittelreklamen versuchten, uns in Werbeschlachten vom Gegenteil zu überzeugen. Alle paar Monate wurde die Wäsche noch 10 Prozent weißer – man müsste einmal die Prozente über die Jahrzehnte zusammenzählen und würde feststellen, dass heute alles um einige 1 000 Prozent weißer wird als damals am Anfang. Die Wäsche lief außerdem zum Teil ein, andere Wäsche leierte aus – immer gerade, wie man es nicht brauchte: Zu kurze Hosen liefen ein, zu lange wurden länger. Das sahen die Oberbekleidungsverkäuferinnen meist anders. Wenn die Hose bei der Anprobe zu kurz war, prognostizierten sie ein Ausleiern, bei zu langen Hosen das passgenaue Einlaufen. Damit nicht genug: Die Waschmittel passten nicht, sie waren zu mild oder zu scharf, die Stoffe waren nicht an Waschmaschinen angepasst und verfärbten alles andere, sodass die Wäsche oft einen rosa Schimmer bekam. Die Textilindustrie reagierte mit neuen Stoffen, entwickelte bügelfreie Konzepte, die Deodorantindustrie erfand Maßnahmen gegen feuchte Nylonachselhöhlen, die Waschmittelindustrie erfand Waschmittel für alles und jedes Stoffteil, die Waschmaschinen wurden technisch besser, mussten aber noch lange oft repariert werden – wie einstmals die Autos auch. Deshalb lehnte eine wirklich gute Hausfrau die Waschmaschine noch lange ab, sie wusch blütenreines Weiß für den Bürogatten und triumphierte über die faulen Maschinenehefrauen, die sich einen lauen Lenz machten und selbst verwirklichen wollten. Haben Sie denn ganz vergessen, wie es wirklich war?

Wir sind gegen die Waschmaschinen Sturm gelaufen, wir wollten sie nicht, wir waren gegen die fortschreitende Technisierung unseres Alltags. Wir hielten diese Idee keineswegs für genial!

Na, irgendwann haben wir uns daran gewöhnt. Dann erfand man den Trockner gegen die Wäscheleine. Wieder erhob sich ein Sturm! Wäsche muss in der frischen Aprilluft trocknen, sie duftet so fein! Trockner kosten viel Strom, die Sonne ist umsonst. Die Wäsche wird nach dem schon erwähnten Feindschaftsprinzip der Technik wieder länger, wenn sie zu lang ist, und kürzer, wenn sie zu kurz ist. Alles musste nun trocknergerecht werden. Die Stoffe wurden neu erfunden, die Aprilfrische chemisch zugefügt … Dann kam der Geschirrspüler. Das teure Erbglas wurde milchig und musste verloren gegeben werden. Die Teller hatten harte Ei-Narben und Soßenverkrustungen, das Spülmittel schien hoch giftig zu sein. Das Geschirr passte nicht gut hinein, vieles durfte nicht hinein und musste mit der Hand gespült werden, kleine Haushalte sammelten eine Woche sparsam Geschirr und stellten die Maschine an, wenn es faktisch steinhart fleckig war. Nun wusch man vorher vor … Es war ein Drama, bis alles endlich funktionierte.

Und so weiter! Die Trockenrasierer waren zuerst so schlecht, dass der deutsche Mann schon mittags wieder wie frisch aus dem Urlaub gekommen zu sein schien, die gute Ehefrau entließ ihn nur nass rasiert und damit glatt zur Arbeit. Mobiltelefone hatten am Anfang kaum Empfang, die Batterie war immer gleich leer, die Gespräche waren unanständig teuer, sodass sich nur Protze in Restaurants oder in Zügen damit wichtigmachten.

Alle guten Ideen, auch die Computer, die Smartphones, die Tablets und Viagras, die Leggins, die Navis – standen ausnahmslos unter größter Kritik und brauchten lange Zeit, um einen festen Platz in unserem Leben zu erobern. Diese Ideen verformten sich während dieser Zeit, wurden besser, entwickelten sich und veränderten die sie umgebende Infrastruktur so lange, bis sich die Idee »eingebürgert« hatte. Dieses Einbürgern wird absolut unterschätzt, weil es gar nicht wirklich registriert wird. Wir alle erkennen die Idee in ihrer Konsequenz eigentlich erst, wenn sie uns lieb und teuer geworden ist. Die Zeit unserer Bedenken und unseres Dauermeckerns haben wir dann schon längst vergessen.

Über die *gegenwärtigen* Ideen aber meckern wir hemmungslos, heute über die Automatisierung der Verwaltung (»Ach die schönen Arbeitsplätze«), über das Internet im Smartphone (»Das macht süchtig«), über Facebook (»Alle wissen über mich Bescheid, ich habe keine Kontrolle mehr«).

Und dabei sind wir doch nur die Kunden, wenn es um die neuen Ideen geht! Schon wir Kunden lehnen das Neue ab. Aber da gibt es noch all die anderen, die daran mitarbeiten müssen!

- »Wissenschaftler, erfindet nun auch noch Waschpulver, nicht nur Maschinen!«
- »Bankiers, gebt Geld für große Montagehallen!«
- »Zulieferer, entwickelt perfekte Waschtrommeln!«
- »Verkäufer, macht Hausbesuche und schwatzt auf!«
- »Presseleute, schwelgt vor Bewunderung ob der neuen Technik!«

Diese haben allesamt große Bedenken und machen nicht so einfach mit. Da wird der Erfinder der Waschmaschine ganz kleinlaut. Wird er das stemmen? Alle Stoffe neu, Waschmittel neu, Maschinen neu, blendende Weiße, keine Reparaturen?

Was passiert? Jeder normale Mensch gibt einfach auf. Viele Jahre, manchmal Jahrzehnte später wird alles so gebaut, wie er es einst erträumt hatte. Irgendwer »setzt es um« und wird steinreich. »Es war *mein* Traum!«, erzählt er noch seinen Urenkeln, aber er hatte nie wirklich den Mumm, die Problematik selbst auf die Hörner zu nehmen.

### Das Umland einer Idee genau erkunden!

Die Erfindung der Waschmaschine ist nahezu unbedeutend gegenüber der sich anschließenden Revolution in den benachbarten Bereichen. Die Textilindustrie hat sich vollkommen umgestellt, die Häuser bekamen neue Wasseranschlüsse ...

Wer eine neue Erfindung in den Markt bringen will, sollte sich zunächst weiträumig umsehen, was alles in den Umkreis seiner Idee gehört. Wenn sich viel oder zu viel ändern muss, damit seine Idee überhaupt akzeptiert werden kann, sinken entsprechend die Chancen auf einen Erfolg.

Das Entwickeln einer Innovation hat deshalb sehr, sehr viel mit dem Lernen zu tun, wie sich die Verhältnisse durch die neue Idee verschieben. Eine bessere Antenne in einem Handy verändert fast nichts, dies ist eine normale Neuheit, aber eine Geschirrspülmaschine oder gar der Computer verschiebt viel, wenn nicht sogar fast alles. Das ist den meisten Beteiligten nicht so klar, wenn sie eine Innovation starten. Ein solcher Prozess läuft heute normalerweise eher so ab, dass sich alle auf die konkrete Idee konzentrieren und die Schwierigkeiten des Umfelds erst nach und nach wahrnehmen, nämlich dann, wenn es »unerwartete Probleme« gibt, wenn also Kredite fehlen, keine Ingenieure mit den richtigen Kenntnissen eingestellt werden können oder wenn der Kunde am Ende das neue Produkt »nicht annimmt«. Immer wieder gibt es diese unnötige Ratlosigkeit! Immer wieder das ungläubige Staunen beim so häufigen Scheitern an Klippen, die man vorher hätte erkennen und umschiffen können. Die Erfinder sind oft Spezialisten auf einem ganz neuen Gebiet und glauben naiv, alle anderen Menschen würden sich schnell in das Neue einfinden können. »Was? Das findest du zu kompliziert?« Sie haben kein Gefühl für den späteren Kunden. Das Management der Erfinder ist auf die traditionellen Managementmethoden fixiert, mit denen alles ohne jeden Unterschied gemanagt wird. Managementmethoden sind in vielerlei Hinsicht universell, versagen aber, wenn sie angesichts von Neuem nicht mehr anwendbar sind.

Erfinder glauben, sie müssten nichts mehr dazulernen – auf ihrem eigenen Gebiet wissen sie alles, was man wissen kann. Das ist eher zu viel – und vom Rest der Welt wissen sie wenig. Manager glauben, sie müssten nichts mehr dazulernen, denn sie wissen alles, was sie glauben, wissen zu müssen. Das ist definitiv zu wenig für Innovation.

Darf ich das einmal mit einem Alltagsbeispiel illustrieren? Mir fällt dazu ein Ereignis aus dem letzten Dolomitenurlaub unserer Flachlandfamilie ein. Wir stehen unten im grünen Tal um eine Wanderkarte herum, und jemand von uns zeigt auf ein nahe gelegenes Wirtshaus. »Toll, das ist nur einen Kilometer Luftlinie entfernt. Da gehen wir jetzt hin und trinken ein halbes Maß Radler.« Alle nicken. Ich bin der Mathematiker bei uns und wende ein, dass unser Standort auf der Karte auf grünem Grund liegt und das Wirtshaus auf braungefärbtem Papier. Ich sehe mit Grauen, dass der Höhenunterschied bestimmt über 700 oder gar 1 000 Meter beträgt. Ich steige nicht so gern, die anderen schon eher, und sie sagen: »Na und?« Ich wende ein, dass das Wirtshaus wohl oben (»Da rechts, seht ihr?«) in der Steilwand hängen mag – ich zeige es ihnen in der realen Welt. Sie überlegen unwillig. »Oh ja, das könnte stimmen. Oh schade. Zu hoch. Mist. Du hast recht.« Wir verwerfen also die etwas zu hochfliegende Idee. Sofort kommt eine neue. »Da ist noch ein anderes Wirtshaus auf der Karte!« Sie jubeln. Ich schaue wieder hin und wende nun schon gemäßigt ärgerlich ein, dass es wieder »braun auf der Karte« ist. Da sagen sie tatsächlich zu mir: »Du Spielverderber.« Ich laufe innerlich Amok.

Dies erinnert mich an meinen Alltag als Innovator. Ich stelle mir das Tagesgeschäft der großen Unternehmen wie Flachlandarbeit vor. Alles ist eben, keine Hügel, kaum kurvige Strecken, alles ist gut bekannt, es gibt von jedem Punkt zu jedem anderen Punkt gut ausgebaute Straßen. Man kann jeden Punkt mit dem Auto erreichen, man weiß ziemlich genau, wie lange man fahren muss, weil fast jede Strecke gleich schnell gefahren werden kann. Wer im Flachland ein Ziel hat, weiß genau, wie er dorthin kommt, wie lange es dauert und wie viel es kostet. Weil alles gut bekannt ist, lässt sich jedes Vorhaben auch gut planen.

Innovation ist dagegen wie ein Umzug in ein unbekanntes Land! Innovation ist das Betreten von etwas Neuem, sagen wir, von einer Gebirgslandschaft durch einen Flachländer. Es gibt nur vereinzelt Straßen, fast kein Ziel ist mit dem Auto erreichbar, für viele Wege braucht man Seile, Steigeisen und wirkliches Können. Das Wetter überrascht Unkundige und auch Kundige, der Flachländer muss sich daran gewöhnen, Regenkleidung und Wasser selbst bei himmlischem Wetter mitzunehmen ...

Stellen Sie sich einen Innovator im Gebirge vor, der seine Fortschritte an Flachländer im Management über Handy berichten muss. »Chef, es geht nicht voran – eine unpassierbare Steilwand. Ich muss eine Umgehung suchen. Das Projekt verzögert sich jetzt unbestimmt.« – »Ja, was ist das denn? Eine Steilwand? Was ist das? Das ist doch eine Ausrede! Wir bitten um eine exakte, uns verständliche Beschreibung dieser Steilwand und dazu um eine Begründung für die avisierte Verzögerung. Wir bestehen zudem nachdrücklich auf dem Erarbeiten eines neuen Zeitplans. Wir verlangen außerdem einen Plan, wie die entstehende Zeitverzögerung wieder aufgeholt werden kann, damit der ursprüngliche Zeitplan in Kraft bleiben kann.« – »Ich kann nicht mehr lange telefonieren, der Akku ist alle. Auf dem Berg ist keine Steckdose.« – »Wieso ist da keine? Kann doch nicht sein. Es liegt mitten im zivilisierten Europa.« – »Ich mache jetzt Pause, ich bin vom Mitschleppen der Ausrüstung müde.« – »Wozu hast du die denn mitgenommen? Im Sinne von Lean Management musst du effizient wandern.«

Innovation ist wie ein unbekanntes Wesen, wie eine andere Welt. Der Erfinder kennt diese Welt oft besser als der Flachländer, aber er stellt sich die Besiedelung dieser neuen Welt in aller Regel viel zu einfach vor. Er träumt meist sehr schlicht so: »Ich erbaue ein Wirtshaus oben auf diesem noch unbekannten Berg, dann kommen Touristen in großen Massen vorbei und geben hier viel Geld aus. Das ist meine Idee. Ich werde jetzt steinreich.« – »Und wie soll das gehen?«, so frage ich dann oft die Erfinder. »Woher wissen Touristen, dass da ein neues Wirtshaus ist? Ist es auf Wanderkarten drauf? Kann man mit dem Auto in seine Nähe kommen? Gibt es dort Shops, Anziehungspunkte, Skilifte? Sind die Wanderwege zum Wirtshaus attraktiv und gut beschildert? Sind sie so schön, dass sie weiterempfohlen werden? Wie wird der Plan von den anderen Wirtshäusern gesehen, die es schon gibt?«

Da sagen die Erfinder: »Das kann ich natürlich nicht allein machen. Da müssten doch die Umlandgemeinden und Hotels in der Gegend mithelfen, weil mein Wirtshaus so viele Touristen anzieht. Die verdienen doch mehr an meiner Idee als ich selbst. Also, ich baue das Wirtshaus und die anderen sorgen für alles andere, zum Beispiel für eine Bahnstation und die Skipisten. Jetzt brauche ich nur noch einen Kredit für den Bau, eine Garantie für das Mindestaufkommen an Touristen und dann muss mir jemand sagen, wie ich die Baumaterialien auf den Berg hinauf bekomme. Die Gemeinden müssen erst einmal eine Straße bauen, das ist klar, daran müssen sie doch ein so großes Eigeninteresse haben, dass sie schnell anfangen.« Und ich frage die Erfinder: »Kann es nicht sein, dass die Wirtshäuser unten im Ort, die ja im Gemeinderat vertreten sind, gegen diese Idee opponieren?« – Der Erfinder zeigt sich erstaunt: »Warum sollten sie das?« Et cetera.

Wie gesagt: Erfinder kaprizieren sich zu sehr auf die Kernidee (»Wirtshaus betreiben«), und beachten das Umfeld und die Interessen anderer zu wenig. Das Management denkt sich dagegen zu wenig in die Besonderheiten einer neuen Idee ein und glaubt, alles mit den herkömmlichen und lange geübten »Flachlandmethoden« lösen zu können. Seltsamerweise erscheint es dem Management oft unnötig, das Neue überhaupt anzuschauen, geschweige denn zu verstehen. »Flachlandmanagement besucht nicht einmal die Berglandschaft.« Es sagt sich: »Diese fachlichen Feinheiten sind Sache der Experten – dafür haben wir sie ja.« Ich habe viele Manager kennengelernt, die ihre eigenen Produkte nicht benutzen – zum Beispiel einen Vorstand einer Direktbank, der kein Online-Konto hatte. Er zeigte sich sehr überrascht, welche Kundenwünsche ich ihm aufzählte. »Ist es nicht dasselbe wie eine Bank, nur im Internet?«

Zwischen dem naiven Glauben an die Idee und dem unbedarften Flachlandbewusstsein gegenüber dem Höherdimensionalen scheitern deshalb die Innovationen reihenweise, wenn sich nicht wirklich wetterfeste Unternehmer auf den wirklichen Weg machen. Man muss erfahren, explorieren, verstehen, Wege suchen, den neuen Charakter des Umfelds erkunden und auch für später gestalten. Dabei stehen sich Manager und Erfinder oft selbst und natürlich gegenseitig im Wege. Dabei ginge es noch einigermaßen, wenn sie die einzigen Parteien im großen Spiel der Innovation wären! Da kommen aber noch die Investoren, die Verkäufer, die Marketingfachleute dazu, die die Innovation auf wieder andere Weise nicht gut verstehen. Alle prallen aufeinander und verderben wie die sprichwörtlich zu vielen Köche den Brei, den der Kunde dann nicht runterwürgen will. Ach der Kunde! An den hat kaum jemand gedacht … Heutzutage versuchen Tausende Berater und Beratungsunternehmen teure Kurse und Methoden zu verkaufen, wie man Kunden versteht. »Mach es wie Apple mit den iPhones, iPads, iMacs!« Das ist leicht gesagt. Aber es bestehen so unendlich viele Hindernisse für Innovationen im Vorfeld, dass »man kaum zur Erkundung des Kunden kommt«.

## Die Professionalität der Innovation – der unterschätzte Anfang

Alle einigermaßen verändernden Innovationen werden heute weitgehend unprofessionell betrieben. Das stelle ich hier einmal unverblümt in den Raum. Für Produktweiterentwicklungen und Innovationen der Form »Jetzt 10 Prozent weißer« sind die Unternehmen gut eingespielt. Wenn es aber um tiefgreifendere Veränderungen oder Neugründungen geht, kann oft nur mit dem Kopf geschüttelt werden. Das werde ich im Verlauf dieses Buches noch klarer herausarbeiten. Aber Sie selbst lesen ja sicher immer wieder, dass die meisten Innovationsprojekte scheitern. Es gibt viele Studien von Beratungshäusern, die alle paar Jahre wieder per Umfrage erheben, warum Innovationen misslingen. Die Antworten sind stets ewige Abwandlungen weniger Grundfehler. Ich liste hier einmal das Typische auf:

- Nichterkennen der allerwichtigsten Ideen (»leider verschlafen«),
- Langsamkeit oder Hast oder beides gleichzeitig,
- viel zu wenig Zeit für Innovation im Management,
- mangelnde Koordination im Projekt,
- zu wenig Kooperation verschiedener Unternehmensbereiche,
- Angst zu scheitern als sich selbsterfüllende Prognose,
- kaum Arbeit an der gründlichen Erschließung der Idee,

- ungenügende Marktanalyse im Vorfeld,
- Ignoranz möglicher oder tatsächlicher Wettbewerber,
- mangelndes Verstehen von Kundenbedürfnissen und dadurch inakzeptable Produkte,
- schlechte Vermarktung.

Das sind die Antworten von Tausenden Managern auf die Frage »Warum hat es nicht geklappt?« Hinter diesen Antworten können Sie mein Grauen über die mangelnde Professionalität erahnen. Warum werden denn die allerwichtigsten Ideen übersehen? Na, weil die oft großartig sind, aber das Unternehmen zu stark verändern würden – da lassen sie alle lieber die Finger davon. Große Ideen sind Internetbanking für Banken, Mobilfunk für Festnetzbetreiber, Internethandel für Filialkaufhäuser oder Katalogversender. Diese Ideen werden aber doch gar nicht übersehen! Sie werden gehasst und kleingeredet. Und dann: Wenn es keine Arbeitspläne gibt, arbeiten besonders die technischen Leute zu gründlich daran, also zu langsam. Wenn es aber detaillierte Pläne gibt, sind diese meist überoptimistisch geschönt, damit sie überhaupt genehmigt werden. Innovationen verlangen eine abteilungsübergreifende Zusammenarbeit, die aber klappt nie gut – weil Unternehmen aus gutem Grund in einzeln funktionierende Abteilungen eingeteilt sind. Kunden werden kaum gefragt, Wettbewerber nicht ernst genommen (»Wir sind einfach besser«). Bitte lesen Sie aus diesen Statements nicht heraus, dass ich selbst jetzt schimpfe. Es sind die Antworten der Gescheiterten.

Im Grunde laufen die Antworten eben nur darauf hinaus, dass fast nichts richtig angefangen wurde. Man begann ein Projekt, hatte umgehend Ärger mit anderen Abteilungen, hatte keinen Nerv, sich Kenntnisse über Markt und Wettbewerber zu ergoogeln und wollte einfach nur in Ruhe arbeiten. Kennen Sie einen solchen Dialog? »Ich habe zufällig beim Surfen entdeckt, dass eine andere Firma etwas Ähnliches schon halb fertiggebaut hat, was wir gerade als Neuheit anfangen. Huiih, ein Glück, dass es keiner außer mir gemerkt hat, sonst würde der Chef unser Projekt gleich stoppen.« – »Ach, der Chef wird doch bald pensioniert, er will es gar nicht stoppen. Sonst bekommt er eine neue Baustelle und muss sich noch einmal umstellen. Vielleicht wursteln wir uns ja durch. Wir hoffen einmal, die Kunden finden den Mitbewerber auch nicht.«

Woher kommt diese atemberaubende Unprofessionalität? Ich will darstellen, dass die Unternehmen vollkommen von ihrem Tagesgeschäft absorbiert sind und dies seit einigen Jahrzehnten übertriebenen Effizienzmanagements noch immer weitertreiben. Jeder arbeitet unter Druck in seiner Tagesroutine, aus der er kaum ausbrechen kann. Jeder hilft dann ein bisschen bei Veränderungen, bei Wandel oder bei Innovationen, aber eigentlich lustlos, mit niedriger Priorität und auch oft schon frustriert, »weil da ja doch nichts herauskommt. Warum anstrengen?«. Die Innovatoren oder Erfinder schaffen es in der Regel nicht, mit den verschiedenen Interessen im Unternehmen klarzukommen. Das liegt oft daran, dass sie diese Interessenkonflikte gar nicht kennen oder ignorieren. »Ihr MÜSST mir helfen, der Chef hat es gesagt!« So stellen sich Erfinder das vor, aber es klingt natürlich offensichtlich naiv, ja fast albern. Irgendwann gehen die frustrierten Erfinder zum Chef und klagen an, dass sie niemand unterstützen will. Sie fordern ein Machtwort vom Boss, so wie zu Hause manchmal zum Ehepartner gesagt wird: »Nun tu du auch einmal etwas und sei energisch!« Der Boss aber hat kaum Zeit für den Erfinder. Noch schlimmer aber ist das Klagen des Erfinders für einen Topmanager. Im Management gilt: »Helden weinen nicht.« Und wenn einer kommt und »weint«, weil er sich nicht durchsetzen kann, dann ist er kein Held und vielleicht auch kein geeigneter Innovator. Wer vor dem Management klagt, verleiht sich selbst das Stigma der Unfähigkeit.

## Heroischer Entrepreneur – oder Innovationsmanagement?

Im Grunde ist Innovation Chefsache! Die berühmten Milliardäre haben »ihre« Innovation mit Herzblut vorangetrieben, beharrlich, begeistert und begeisternd. Sie sind die sagenhaften Entrepreneure, die einen Traum verwirklichten – den »American Dream« der *self-made(wo)men* in den USA. Solche besonderen Menschen können es schaffen, die Barrieren im Unternehmen zu überwinden, die sich der Innovation oder überhaupt allem Wandel entgegenstellen.

Es gibt eine alte, oft wiederholte Maklerweisheit für die Bewertung von Immobilien. Makler schauen besonders auf die drei wichtigsten Kriterien für Investitionen in Häuser: Die Lage, die Lage und drittens die Lage. Diese Pointe ist jedem bekannt, sie ist so oft verbreitet worden, dass nun fast jeder weiß: Die Lage ist der springende Punkt – alles andere lässt sich richten, renovieren oder aufpeppen.

Dieselbe Pointe gibt es für Innovationen, ich hörte sie das erste Mal von einem Venture-Capitalist in New York. Worauf kommt es bei Innovationen an? »Auf den, der sie mit Herzblutenergie professionell vorantreibt, zweitens auf den, der sie mit Herzblutenergie professionell vorantreibt, drittens auf den, der sie mit Herzblutenergie professionell vorantreibt.« Oder auf »den Entrepreneur, den Entrepreneur, den Entrepreneur«.

Venture-Capitalists stecken ihr Geld nicht in bloße Ideen, sondern in Ideen mit einem, der sie mit Herzblutenergie professionell vorantreibt. Die Idee als solche ist nicht der springende Punkt, sie lässt sich verbessern, ändern und aufpeppen! So wurde ich aufgeklärt, als ich von der IBM bei Gifford Pinchot III eine Ausbildung zum »Intrapreneur« bekam. Pinchot selbst prägte das Wort *Intrapreneuring* im Titel seines Innovationsbuches *Intrapreneuring: Why You Don't Have to Leave the Corporation to Become an Entrepreneur* (Berrett-Koehler Publishers, 2. Auflage, San Francisco 1985).

Nach den Vorschlägen dieses Buches habe ich selbst seitdem möglichst weitgehend gearbeitet. Der Lehrgang in der IBM-Zentrale gehört zu meinen prägendsten beruflichen Erlebnissen. Ich erfuhr, wie viel Kraft, Mut und Umsicht, wie viel gesunde Unbefangenheit und Standkraft gegenüber dem Unternehmen nötig sind, um wirklich etwas auf die Beine zu stellen. Gifford zeigte uns damals eindringlich »The Gap of Innovation« oder das Niemandsland zwischen Idee und Plan einerseits und dem blühenden Geschäft andererseits. In diesem Niemandsland zwischen Erfindung und innovativem Business liegt die Zone, wo wir alle lernen, lernen und nochmals lernen sollten, unsere Idee möglichst komplikationslos in die Welt des Unternehmens und des Kunden einzubetten. »Rapid adjustment to reality« nannte es Pinchot, die möglichst schnelle experimentelle Einpassung der Idee in das gesamte Umfeld.

Ich weiß noch genau, wie der Workshop begann. Jeder präsentierte seine neue Business-Idee. Dann mussten wir alle auf einen Zettel schreiben, wie viel Prozent »Mist« wir bei der Arbeit auszuhalten bereit wären. Dann sollten wir angeben, wie sehr wir auf einer Skala von 0 bis 5 sicher wären, dass unser Business reich macht. Ich war damals mit meinem geplanten mathematischen Optimierungsbusiness auf dem Lehrgang und schrieb: »55 Prozent Mist kann ich aushalten« und »Bin zu 4,5 sicher, dass es was wird«. Uiih, da wurde mir und allen anderen der Kopf gewaschen! Auf seine Fragen kannte Pinchot nur eine richtige Antwort: 100 Prozent und 5. Er fragte mich dann, ob ich mein Haus in Waldhilsbach verkaufen würde und die damals vielleicht 200 000 Euro als Eigenkapital hergeben würde. Er gäbe dann 1 Million als Investor dazu, und wir würden reich. Da kratzte ich mich am Kopf … Haus verkaufen? Ich zögerte und sagte, dass ich nicht sooo sicher wäre, ob alles klappen könnte und malte mir die Reaktionen meiner Frau aus.

Merken Sie, dass ich bei diesen Fragen und bei meinen zögerlichen Antworten langsam verstand, was Herzblut und Engagement, was Feuer und Flamme bedeuten? Mir wurde auch klar, dass wir fast alle bei Projekten unbefangen mit dem für uns fremden Geld der Firma Projekte durchführen, die dann oft scheitern – das tut uns ein bisschen leid, aber nicht sehr. Verstehen Sie den Unterschied zu der Variante, bei der ich mein Haus verkaufe und das Geld ins Projekt stecke? Verstehen Sie, wie schlecht wir eigentlich mit dem Geld der Firma oder den Fördergeldern des Staates umgehen? Wir verbrauchen diese Gelder ohne Umstände oder Skrupel. Mit eigenen Euros machen wir lieber nichts – unser Sparbuch ist uns geheurer als Aktienkäufe. Risiko für uns selbst? Lieber nicht.

Viele Innovationsansätze zielen darauf ab, *den* Intrapreneur/Entrepreneur oder Innovator zu finden, der es im zitierten Geiste von Gifford Pinchot wirklich mit Herzblut anpackt. Lehrbücher überbieten sich mit überschwänglichen Beschreibungen der Helden oder *heroes*, die die Welt verändern und bewegen. Sie sollen es wie Sisyphos anpacken und dann trotzdem gegen alle Widerstände schaffen. Dieser Ansatz mag funktionieren, wenn man problemlos auf Helden zugreifen kann. Leider sind diese sehr rar, und unser Erziehungssystem treibt uns Heldentum eher aus, als uns zu Helden zu formen. Was tut man also, wenn man keine Helden hat? Man greift zu einer Notbesetzung und schlägt den

Erfinder selbst zum gefeierten Ritter, der dann meistens aus Gründen versagt, die ich im zweiten Teil des Buches genauer studiere.

Was tun ohne Helden? Man greift zur bewährten Methode des Managements in der Variante des Innovationsmanagements. Am besten engagiert man sich Beratungshäuser, die verkaufen dann »Ideenerkennungsmanagement«, »Kommunikationsmediation«, »Marktanalysen«, »Wettbewerbsanalysen« und organisieren Kundenbefragungen auf Facebook – das ist derzeit cool.

Dieser Ansatz ist in der rauen Wirklichkeit nicht viel besser, denn so wie der Innovator ein Held sein muss (was er eben meist nicht ist), muss das Management von Innovation wirklich absolut exzellent sein, sonst klappt es gar nicht. Auch das will ich später ausführlich erläutern.

Das Management erkennt aber immer, spätestens unter Nachhilfe von Beratern, dass es das Neue nicht richtig managt. Das frühere Management hat es versucht, es lief aber nicht. So bequemt sich das neue Management wieder, durch Berater noch einmal ein Innovationsmanagement aufzuziehen, das diesmal sicher klappt. Die Erwartungen sind immens und vollkommen überzogen – man glaubt den Beratern nur zu gern ...

Auf der einen Seite werkelt ein überforderter Erfinder – er dringt nicht durch. Auf der anderen Seite bastelt das Management immer wieder hoffnungsvoll an einem Ansatz, der wie auf einem Fließband lauter Neues ausspuckt.

Da ist wirklich eine große klaffende Lücke, die »Gap of Innovation«, irgendwo im unbekannten Terrain zwischen Lehrsatz und Geschäft. Dieses unbekannte Land möchte ich mit Ihnen nun nach und nach beschreiben. Meine Hoffnung ist, dass mit der Kenntnis dieser sonst unbeachteten Topografie viel weniger Wunder geschehen müssen, damit Innovationen gelingen.


### Diffusion und »The Chasm of Innovation«

Das für viele Manager und vor allem Erfinder mysteriöse Sterben vieler guter Ideen in der rauen Wirklichkeit wird in den letzten Jahrzehnten langsam immer besser verstanden. Inzwischen haben sich die wichtigen Erkenntnisse von Everett Rogers und Geoffrey Moore allgemein etabliert, die ich im Folgenden kurz darstelle. Die von Rogers und Moore benutzten Begriffe gehören heute zum Kanon der Innovationskenner, leider aber gehören sie noch nicht (noch lange nicht?) zum allgemeinen Gedankengut – und das wäre unbedingt nötig. Es reicht ja nicht, wenn nur der Innovator etwas von Innovation versteht, auch seine Umgebung müsste sich auskennen! Für diese Umgebung sind griffige Vorstellungsmodelle wichtig, wie ich sie jetzt skizziere.

Rogers untersuchte schon 1962 in seinem Buch *Diffusion of Innovations* die Ausbreitung von Innovationen in einer Bevölkerung. Zuerst gibt es die Idee oder Vision eines Erfinders oder Innovators, dann bauen Innovatoren erste Prototypen, die schon von den ersten technisch Interessierten (»Early Adopters« oder »Erstanwender«) benutzt werden. Diese ersten Anwender verbessern entweder selbst oder durch konstruktive Kritik die ersten Prototypen, sodass die neue Erfindung langsam reift und schließlich so gut wird, dass sie die fortschrittlich denkende »erste Hälfte« der Menschen nützlich findet. Jetzt erst ist aus der Erfindung eine wirkliche Innovation geworden. Die »Pragmatics« haben die Innovation für sich selbst als nützlich akzeptiert! Die konservative Hälfte der Menschen freundet sich mit der Innovation erst später oder viel später an, ein letzter Rest vielleicht nie (»Ich bin stolz, jetzt schon seit 50 Jahren keinen Fernseher zu besitzen.«).

Das Buch von Rogers wurde erst im Laufe der Jahre breiter bekannt. Laut Wikipedia ist es Mitte des letzten Jahrzehnts das zweitmeist zitierte Buch aus den Sozialwissenschaften gewesen. Jeder, der sich um Innovation kümmert, kennt nun mindestens den Begriff des »Early Adopters«, auch im deutschen Sprachraum – die englischen Begriffe werden kaum eingedeutscht. Die Abbildung der Glockenkurve mit den Ausbreitungsphasen der Innovation hat sich fest in allen Fachhirnen etabliert.

Die Glockenkurve soll uns den Eindruck geben, dass es vielleicht 10 bis 15 Prozent Early Adopters gibt und möglicherweise je um die 40 Prozent Early Pragmatics und Late Conservatives.

Der Amerikaner Geoffrey Moore hat das Verständnis für Innovation wesentlich geschärft. 1991 erschien sein heute schon als »Klassiker« bezeichnetes Buch *Crossing the Chasm: Marketing and Selling*

## Geoffrey Moore: Crossing the Chasm

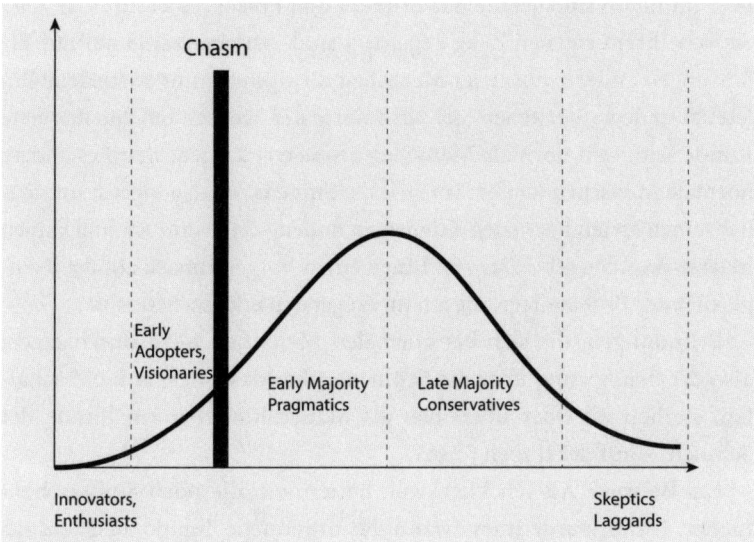

*High-Tech Products to Mainstream Customers.* Moore schärft darin die Sicht auf das Problem, eine Erfindung, die einige frühe Nutzer schon länger benutzen, nun auch der fortschrittlichen Hälfte der Menschen nahezubringen. Moore beschreibt mit »Chasm« oder griechisch Chasma (»Schlucht«) als erster *sehr plakativ* den größten Problempunkt zwischen den ersten Nutzern und dem ersten Massenmarkt. Hier, genau hier, ist die Überlebensschwelle – hier entscheidet sich, ob eine Erfindung nur ein »Spielzeug für Spezialisten« bleibt oder wirklich zur allgemeinen Verwendung gelangt. Die Erfindung muss über einen breiten Graben springen oder besser die tiefe Schlucht überwinden (mit »Chasma« bezeichnen Wissenschaftler traditionell die tiefen Gräben auf dem Planeten Mars).

Ich selbst habe einige Innovationen aus der IBM-Forschung heraus in den Markt getragen. Der wirkliche Durchbruch wurde immer erst erzielt, wenn ein »normaler Kunde« etwas Neues zum Normalpreis gekauft hatte. Wenn etwas allzu neu ist, wollen die Kunden ein Produkt erst einmal zur Probe bekommen oder geschenkt haben. Sie krausen die Stirn und fragen einen Innovator *immer* dies – immer!: »Bitte zeigen Sie mir ein paar normale Menschen, die dieses neue Produkt schon einige Zeit verwenden und mit denen ich über ihre Erfahrungen telefonieren kann. Hier im Raum sind gerade nur Erfinder und Freaks, es ist mir klar, dass Sie von Ihrem eigenen Zeug begeistert sind. Ich aber zähle nur auf Erfahrungen anderer normaler Menschen. Bringen Sie mir zufriedene Referenzkunden.« Verstehen Sie? Kein normaler Mensch möchte der erste Kunde sein, weil normale Menschen etwas erst kaufen, wenn es andere normale Menschen kaufen. Im strikten Sinne ist es also logisch unmöglich, einen ersten normalen Kunden zu finden, weil es am Anfang keinen Referenzkunden gibt. Das gibt Ihnen einen Vorgeschmack auf die Komplexität der Problemlage, die ich im Folgenden erläutern möchte.

Erfindungen, die sich bei normalen Menschen nicht durchsetzen, also die den Sprung über die Schlucht, über das Chasma nicht schaffen, sterben oft oder überleben als Mauerblümchen am Rande der Schlucht – auf der linken Seite.

Ein Beispiel: Als ich klein war, hatten wir alle noch Stofftaschentücher! Dann wurde irgendwann das brandneue Tempo-Taschentuch aus Papier propagiert. Ich stamme aus einem Bauernhaus – da hätten Sie einmal meine Eltern über die wahnsinnige Verschwendung von Papier schimpfen hören sollen! Ich bekam Mitte der 60er-Jahre zur Konfirmation ungefähr 50 Stofftaschentücher in Zweier- oder Dreierpacks zum Teil mit Monogramm geschenkt. Ich war sooo enttäuscht – aber Stofftaschentücher waren nun einmal das übliche Geschenk von Leuten im Dorf, die nicht so viel Geld ausgeben wollten. Irgendwann brach aber die Front der »Papier = Verschwendung«-Partei gegen die »Stoff = Unhygiene«-Fraktion. Als meine Eltern alt wurden, nutzte meine Mutter dann sehr spät in ihrem Leben dann doch Zewas (die sie natürlich immer mehrmals benutzte) und wusch parallel im Keller die traditionellen Stofftaschentücher für meinen Vater bis zu dessen Tode. Er hatte einen lebenslangen Vorrat davon, denn meine Schwester und ich hatten ihm unsere Konfirmationstaschentücher überlassen. Inzwischen gibt es seit vielen Jahren eine weitergehende Innovation, nämlich Feuchtpapier, das nun wirklich ganz hygienische Toilettenpapier. Das hat den Sprung zur Massennutzung noch nicht geschafft, oder? Warum breitet sich das eine aus, das andere nicht? Vielleicht ist das im Beispiel so: Tempos sind »einfach«, sie ersparen das Waschen. Feuchtpapier ist zu teuer und wird deshalb kaum im Flughafen oder auf der

Autobahn frei verfügbar sein. Was passiert, wenn man uns daran gewöhnt, für Toilettenbesuche grundsätzlich überall einen Euro zu zahlen? Dann können wir doch Feuchttücher verlangen? Werden wir das? Warum wahrscheinlich nicht? Warum ist das in Japan anders?

Es ist eine große Kunst, die pragmatischen oder fortschrittlichen Menschen zu überzeugen oder dafür zu sorgen, dass sie Lust auf etwas bekommen, oder ihnen einen unbekannten Nutzen aufzuzeigen. An dieser Stelle wird vom Innovator das meiste abverlangt. Stellen Sie sich bildlich vor, Sie müssten auf dem Bauernhof meiner Eltern Papiertaschentücher anpreisen! Oder heute Älteren das Musikhören über Kopfhörer in der Straßenbahn ...

## Gartners Hype-Curve und das Tal der Tränen

Eine andere Sicht auf den Innovationszyklus ist durch Jackie Fenn bekannt geworden, die zuerst 1995 darüber schrieb. Seit dieser Zeit benutzt die Gartner Group die *Hype-Curve* (Jackie Fenn arbeitete bei Gartner), um den Reifegrad einer neuen Technologie darzustellen.

Gartner Inc. ist weltbekannt für ihre Analysen der Neuheiten in der Informations- und Kommunikationstechnik. Das Börsenkürzel für Gartner an der New Yorker Börse ist deshalb auch schlicht »IT«. Gartner gibt regelmäßig für alle neuen Technologien rund um Netz und Computer an, wie weit sie schon auf der Hype-Curve fortgeschritten sind, wie sie in der folgenden Abbildung zu sehen ist. Diese Kurve mit ihren amerikanischen Bezeichnungen gehört heute exakt so zum Allgemeinwissen der Berater.

Die Kurve stellt dar, wie viel Hype oder »Medienrummel« (*to hype up* bedeutet auch »sich einen Schuss Drogen setzen«) über die Zeit um eine neue Idee oder Erfindung gemacht wird. Ein Erfinder propagiert eine neue Technologie (»Technology-Trigger«). Die wird in der Presse besprochen. Manche Ideen schaffen es dabei, sich fortzupflanzen und zu verbreiten. Die werden dann immer mehr und öfter, auch großartiger besprochen. Es wird bald spekuliert, ob da nicht Milliardengeschäfte winken könnten. Der Hype steigt rasant an. Alle überschla-

## Gartners Hype-Curve

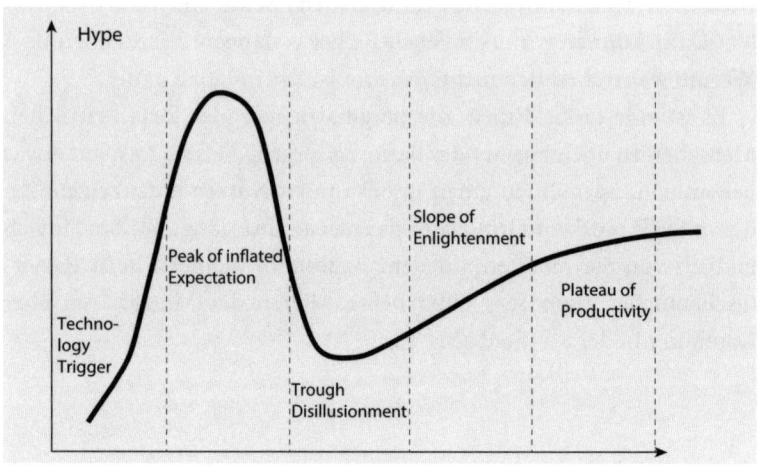

gen sich vor Begeisterung. Das liegt oft an den Presseleuten, die sehr froh sind, endlich einmal über etwas Neues schreiben zu können. Sie stürzen sich auf das Neue und treiben den Hype nach oben. Dadurch werden die Leser und Hörer neugierig – alle wollen mehr darüber wissen! Nun schreiben sich die Redakteure und Blogger die Finger wund. Der Hype erreicht eine Spitze:»The Peak of inflated Expectation«, die Spitze einer aufgeblasenen oder übersteigerten Erwartung.

Jetzt wollen die Leser aber das Neue wirklich einmal sehen. Ist es wirklich so toll? Das neue iPad? Das neue iPhone? Ein TomTom? Die ersten Leute probieren es aus und mäkeln herum.»Mein neues Navi merkt im Fußgängermodus nicht, dass ich mich im Stadtzentrum umdrehe, es sagt immer noch ›geradeaus‹ und ich bin total verwirrt. Das GPS findet den Satelliten erst nach zehn Minuten, das ist aber gerade die Zeitspanne, in der ich mich nicht auskenne, wenn ich aus dem fremden Innenstadtparkhaus zurück nach Hause fahre.« Wir finden, dass das Neue noch nicht alle Erwartungen einlöst, die wir in etwas Neues gesetzt haben.»Dafür ist es zu teuer!«, schimpfen wir.

Der Hype klingt nun merklich und oft dramatisch ab. Die Journalisten stürzen sich auf den nächsten Hype. Die Medien berichten nicht mehr davon. Die Kunden sind desillusioniert, die Produzenten enttäuscht.»Trough of Disillusionment«, das Tal der Tränen.

Nun müssen die Produzenten fieberhaft lernen, wie die Innovation zu retten wäre, ihnen geht ein Licht auf (»Enlightenment«) und sie bauen schließlich etwas wirklich Taugliches. Das merkt die Presse gar nicht, weil es still und langsam geschieht und keiner mehr darauf achtet. Die ersten Kunden kaufen jetzt das Neue. Unmerklich werden die Produkte besser und billiger (»Plateau of Productivity«). Sie sind jetzt im breiteren Markt angekommen.

Die echt harte Arbeit findet nach Gartners Sicht in der Phase zwischen der Desillusion und dem langsamen Erkennen statt, wie sich das Neue wirklich gut in unser Leben einpassen lässt. Der Ruhm und die Pressepräsenz werden weit vor der eigentlichen Innovation oder lange vor dem Anpassen des Neuen an die Bedürfnisse der Pragmatiker verteilt.

## Tipping Points

Das Tal der Tränen in Gartners Auffassung von einer technologischen Neuentwicklung ist durch harte Arbeit an vielen Widerständen geprägt, die technisch bedingt sein können (»Die Batterie hält nicht lange«) oder aus Befürchtungen resultieren (»Facebook macht süchtig«). Im Grunde ringt das Neue mit den Umständen und kann es eventuell doch zu einem Durchbruch bringen.

Es gibt aber auch Innovationen, bei denen normaler Hype vollkommen ausreicht. Ein bekanntes und deshalb immer wieder angeführtes Beispiel ist der Red-Bull-Energydrink. Die Werbung »Red Bull verleiht Flüüügel!« verhalf ihm zum Durchbruch. Plötzlich kaufen »alle«, eben die Aufgeschlossenen, ein Produkt aufgrund einer Werbung oder eines rührenden oder spektakulären Ereignisses. So wird das Tal der Tränen oder das Chasma der Innovation im Sinne von Moore fast ruckartig überwunden.

Man spricht hier seit einigen Jahren von einem »Tipping Point« oder einem Umschlagpunkt. Die Vorstellung oder Denkfigur des Umschlagpunkts wurde durch das Buch *Tipping Point – How Little Things Can Make a Big Difference* von Malcolm Gladwell bekannt, das erstmals im Jahr 2000 erschien. Gladwell zeigt an vielen Beispielen, wie oft nur winzig kleine Veränderungen an Systemen eine Lawine auslösen können. Diese Beispiele legen sofort nahe, solche Phänomene mit der Ausbreitung von Epidemien oder der Verbreitung »schlagender Ideen« oder Meme im Sinne von Richard Dawkins in Verbindung zu bringen. Natürlich ist es der Traum eines jeden Innovators, einen solchen Hebel zu finden, mit dem sich die Welt in seinem erhofften Sinne aus den Angeln heben lässt. Bücher über Tipping Points studieren natürlich erst im Nachhinein, wie sich neue Ideen schlagartig ausbreiteten und etablierten. Die Gretchenfrage ist immer, ob sich so ein Ausbreitungswunder im Vorhinein planen und erzeugen lässt. Geht das überhaupt? Und wenn ja, wie?

Gladwell diskutiert drei Erfolgsfelder:

- *Das Gesetz der Wenigen (The Law of the Few)*: Nur wenige tragen wirklich zur Ausbreitung von Nachrichten bei, Gladwell nennt speziell die *Kenner, Vermittler* und *Verkäufer*. Innovatoren müssen die Ausschlaggebenden für sich gewinnen und für das Neue einspannen.

- *Verankerungsfähigkeit (Stickiness)*: Welche Botschaften bleiben haften? Welche wirken? »Rauchen tötet« oder »Hamburger machen fett« sind ja weitverbreitet und allgemein bekannt. Sie wirken aber nicht! Innovatoren müssen Botschaften aussenden, die positiv wirken und lange haften bleiben.

- *Die Bedeutung des Kontexts (The Power of Context)*: Oft schlägt etwas um, wenn sich der Kontext ändert, in dem etwas gesehen wird. »Rauchen tötet« juckt offenbar keinen Raucher, aber der Vorwurf, andere durch Passivrauchen umzubringen, wirkt anders. Der Raucher erscheint jetzt nicht mehr als potenzieller Selbstmörder (was wir ihm verzeihen), sondern als bösartiger Übeltäter. Innovatoren müssen das Neue so in einen vorteilhaften Kontext setzen, dass erste Käufer willig ihren Argumenten folgen.

Heute wird von professioneller Innovation einfach erwartet, nach Hebeln für einen Umschlagpunkt zu suchen (*how to find a tipping trigger*). Das geschieht in der Realität kaum, die meisten Versuche sind erbärmlich. In großen Unternehmen predigen Manager oft: »Erwähnen Sie beim Kunden täglich unsere neue Innovation!« Viele Eltern

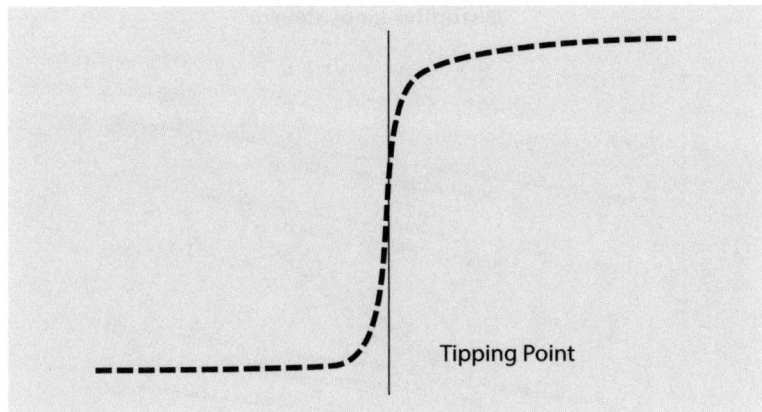

Tipping Point

versuchen es mit: »Gute Zensuren machen für das Leben erfolgreich.« Das sind heute die appellativen Amateurmethoden, andere Menschen zu beeinflussen! Leider wirken sie ungefähr so gut wie »Rauchen tötet« auf den Zigarettenpackungen – eben fast überhaupt nicht. Wird Ihnen nicht schwindlig bei dem Gedanken, wie wenig wir über die Wirksamkeit von Botschaften nachdenken?

Ich werde auf diese Problematik im weiteren Verlauf wieder zurückkommen müssen – sie ist überaus wichtig. Wir konzentrieren uns in unseren Botschaften zu sehr auf normale Informationen und Wahrheiten und erwarten, dass sich Wahrheit durchsetzt. Wir kümmern uns kaum darum, wie unsere Kommunikation wirkt! Wir klagen über die Borniertheit derer, zu denen wir selbst erfolglos predigen. Zum Beispiel: »Iss Spinat!«, wirkt bei Mutti kaum, obwohl sie es gut meint und besser weiß. Wenn aber Verona Pooth Spinat in der Blubb-Werbung anpreist, wird er das Lieblingsessen vieler Kinder! Wie schafft man es, den Tipping Point zu finden – von grünem Ekel zu größtem Genuss?

### Disruptive Innovation

Eine weitere Vorstellung brachte es zu einem »anhaftenden« Mem oder einem »sticky meme« in uns: Der Begriff der »disruptiven Innovation« etablierte sich im Denken aller Innovatoren. Er erschien zuerst 1995 in

## Disruptive Innovation

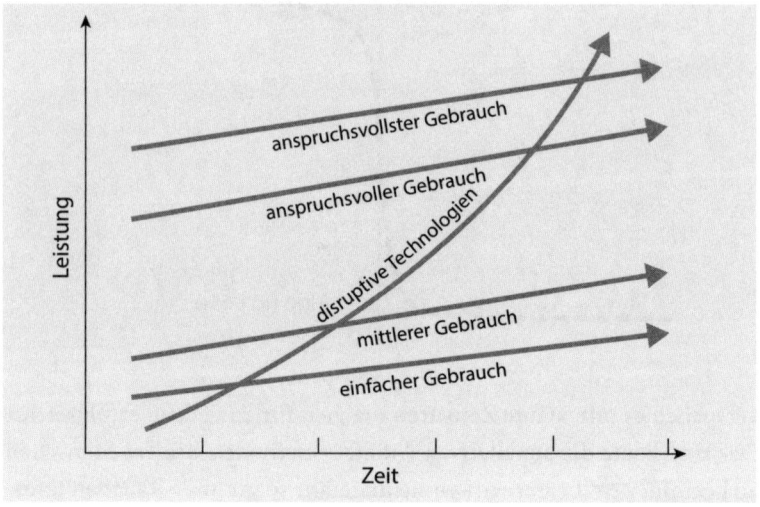

Quelle: Wikipedia

einem absolut bahnbrechenden Artikel von Clayton M. Christensen und Joseph L. Bower unter dem Titel »Disruptive Technologies: Catching the Wave« in der *Harvard Business Review*. Bekannt wurde das Modell vor allem durch Christensens nachfolgendes Buch *The Innovator's Dilemma: When New Technologies Cause Great Firms to Fail,* das 1997 erschien.

Disruptive Innovationen sind meist im unteren Qualitätsbereich angesiedelte Neuerungen, die nach und nach den ganzen Markt aufrollen und dabei etablierte Konzerne und sogar Industrien zum Einsturz bringen oder verdrängen.

Da beginnen Bastler in der heute sprichwörtlichen Garage und bauen etwas Neues, was im Prinzip ganz gut wäre, aber im Vergleich zum herrschenden Qualitätsstandard »nichts taugt«. Die Jungunternehmer werden belächelt. Wenn sie aber von den geringen Anfangseinnahmen leben können (das ist am besten!) oder geduldige(!) Investoren finden (selten), dann arbeiten sie sich langsam immer weiter empor, Qualitätsstufe für Qualitätsstufe, und rollen langsam den Markt auf. Das geschieht oft unter ständigem Hohn der Anbieter der besten Qualität. Dieser Hohn führt zum Verharren des Etablierten und letztlich zur Zerstörung des Alten.

Beispiele:

- Discounterware (»no name«) wurde lange vom etablierten Handel und den Markenartiklern verachtet, heute sind die Discounter vorn, die Warenhäuser sterben vor sich hin und die Marken erleben Ausdünnung auf Ausdünnung. Soeben gab Bahlsen bekannt, keine Zimtsterne oder Lebkuchenherzen mehr zu produzieren, die seit Jahrzehnten im Markt gewesen sind. Bahlsen gibt gegen die Discountherzen und -sterne auf.

- Es gab jahrelange Häme über die mangelnde Qualität »dieser billigen Digitalkameras«. Sie hielt wohl etwas bis 2005 oder 2006 an. »Schandbilder!« Diese Verachtung verkannte, dass viele Gelegenheitsknipser auch mit teuren Kameras kaum bessere Bilder machen, also mit Digicams total zufrieden waren. Zudem kostete das wilde Rumknipsen kein Extrageld. Im Jahr 2012 meldete Kodak Konkurs an.

- In den Kameras wurde ein Flash-Speicher (der ist auch in USB-Sticks) verbaut. Er ist dramatisch teurer als der Speicherplatz normaler Festplattenlaufwerke. Heute kostet ein 64-GB-Flash-Speicher so viel wie eine 2-TB-Festplatte. Beide Produkte liefern sich ein Rennen, immer billiger zu werden. Flash-Speicher brauchen aber wesentlich weniger Strom und verbrauchen kaum Platz im Gerät. Sie können in Smartphones eingesetzt werden, Festplatten verbrauchen da zu viel Energie. Seit vielen Jahren verdrängt der Flash-Speicher die Festplatten, jetzt auch schon in den neuesten hauchdünnen Ultrabooks. Die Priorität hat sich von Speichergröße zu Batterielaufzeit verschoben. Das Alte – hier Desktop-Computer und schwere Laptops – stirbt (diese spezielle Entwicklung der Flash-Speicher ist ein Hauptbeispiel in Christensens Buch!).

- Die Telekoms dieser Welt höhnten lange über die schlechte Tonqualität beim mobilen Telefonieren – sie stiegen nur zögerlich in den mobilen Markt ein. Auch die Internettelefonie mögen sie nicht – sie hängen immer an der alten Technologie und brechen irgendwann ein. Sie zögern, wo andere mit Herzblut Neues erschaffen.

- Banken lachten lange über Internetbanken – »schlecht und unsicher, keine Beratung!« In einer vor kurzem erschienenen Studie schneiden Internetbanken bei der Beratung besser ab als Filialbanken, denn man ist durch bloßes Durchlesen der Webseiteninfos schon besser dran als bei Erklärungen in einer Bankfiliale!

- Brockhaus und Duden nahmen Wikipedia nicht ernst, nun hat Brockhaus die Papierausgabe eingestellt und ist nur noch online. Na und? Googeln Sie jetzt im Brockhaus, der ja in der Qualität »irre viel besser« als Wikipedia ist? Kinder kennen den alten ehrwürdigen Namen »Brockhaus« wohl kaum noch.

Lachende Unternehmen sterben sehr oft, das sehen Sie an den Beispielen aus der Vergangenheit. Haben Sie diesen Punkt jetzt gut verinnerlicht? Ja? Echt? Dann komme ich Ihnen einmal mit einigen Quellen heutigen Gelächters. Beispiele für Hohn und Häme:

- Der Trend zu eBooks und deren Lesen auf Pads und Smartphones wird so stark zunehmen, dass die papierenen Bücher im Wesentlichen aussterben und viel Platz in der Wohnung machen werden, wo wir ja die Riesenbildschirme für TV/Internet hinstellen müssen. Wir haben unsere eBooks im Internet und können sie mal im Bus auf einem Tablet lesen, dann am Computer oder auf der Großleinwand. Alles ist immer direkt verfügbar, egal wo wir sind. Ich selbst bin gerade dabei, einen Roman als eBook und gleichzeitig als gedrucktes Buch erscheinen zu lassen. Bei einem Buchpreis von 20 Euro bekomme ich 2 Euro Honorar, bei einem eBook-Preis von 6 Euro bekomme ich 3 Euro Honorar. Was raten Sie mir? Sie lachen noch?!

- Wir werden Hausbetriebssysteme bekommen, mit denen wir im Haus alles elektronisch regeln können: Wir sehen auf dem Smartphone per Digicam, wer unten klingelt, wir können die Kaffeemaschine bei Annäherung ans Haus anschalten oder im Urlaub noch das Bügeleisen ausschalten. Viele Leute haben Angst, ihr Haus allein zu lassen! Kein Problem mehr! Ein paar Kameras und Sie haben Ihr Haus in aller Welt im Blick. Mein Sohn Johannes sagte gerade Folgendes, und ich habe (– Entschuldigung, jetzt auch ich!) gelacht: »Du, da kann ich schon im Bett liegend mit dem Handy das Licht unten ausschalten und muss nicht mehr aufstehen, um den Schalter zu betätigen. Toll! Kauf ich!« Jetzt lachen Sie mit mir oder Sie sind irritiert über solche Wünsche, weil Sie keine Early Adopter sind. Was kommt irgendwann dabei heraus? Das Hausbetriebssystem verbindet Elektrik, Aufladen von Autobatterien im Keller und Internet zu einem System aller Dinge. Daran werden die Telekoms und die Energieversorger zugrunde gehen, weil sie nur »an Leitungen denken«. Irgendein googleartiges Unternehmen wird das alles von unten unter langem Gelächter aufrollen. Und ganz im Ernst: Ich fürchte, es wird wieder einmal kein deutsches Unternehmen sein, weil Deutsche länger lachen und stärker verachten.

■ Die teureren Autos haben heute Anti-Crash-Systeme, die uns mit Tönen warnen, wenn wir einer Mauer oder einem anderen Auto zu nahe kommen. In naher Zukunft übernimmt das Auto sogar das Notbremsen, wenn wir zum Beispiel ein Stauende übersehen. Noch etwas weiter in der Zukunft wird es unmöglich sein, dass die Autos irgendeinen Crash produzieren können. Sie werden sich gegenseitig verständigen und alles im Team unfallfrei regeln. Und nun komme ich zum Punkt: Wenn die Autos automatisch keine Unfälle machen, sollten sie auch gleich ganz selbst fahren. Die Firma Google hat schon solch ein Auto vorgestellt. Wie gesagt: Es war kein deutscher Hersteller, es war Google. Wenn die Autos selbst fahren, ist es am besten, den Privatbesitz von Autos aufzugeben und alle Autos als Ruftaxis zu betreiben, die per Smartphone bestellt werden und sofort kommen. Und jetzt überlegen Sie bitte mit: Wenn alle Autos Taxis wären, dann bräuchte man eigentlich nur so viele davon, dass sie alle gut ausgelastet sind. Unsere heutigen Autos sind fast gar nicht ausgelastet. Ich schreibe heute an diesem Buch, mein Auto wird nun 36 Stunden nicht genutzt. Mein Auto hat 120 000 Kilometer in fünf Jahren hinter sich, vielleicht ist es im Durchschnitt 80 Stundenkilometer schnell gewesen. Daher ist es wohl 1 500 Stunden lang tatsächlich gefahren. Fünf Jahre haben aber 43 800 Stunden, die Hälfte davon am Tag. Wie viele Autos brauchen wir also, wenn alle Autos selbst fahrende Taxis wären? Drehen Sie es, wie Sie wollen – erfinden Sie Stoßzeiten und Gegenargumente. Wir brauchen wohl nur ein Zehntel des heutigen Fuhrparks. Dann aber brauchen wir viel weniger Straße mit Parkrand, kaum noch Parkhäuser, keine Haftpflichtversicherungen, keine Fahrer und so weiter. Was wird geschehen? Die Versicherungen, die Fahrzeughersteller, die Verkehrszeichenunternehmen, die Parkhausbetreiber, die Straßenbauunternehmen – sie werden lachen.

■ Heute beginnen die ersten Professoren (die bekanntesten Namen sind Sebastian Thrun – er hat das selbst fahrende Google-Auto entwickelt – und Salman Khan mit seiner Khan Academy), außergewöhnlich gut vorbereitete Vorlesungen als Video ins Netz zu stellen – frei für jedermann. Viele Studenten in aller Welt schauen sie sich jetzt an, auch die Studenten von Thrun selbst kommen nicht mehr in den physischen Hörsaal. »Man kann daheim zurückspulen!« Und man kann Thrun in Afrika sehen. Ich selbst denke gerade darüber nach, wie man einen beliebigen Stoff am besten im Internet erklärt – eben nicht notwendig über Vorlesungen. Im Internet kann man ja im Gegensatz zum Hörsaal Beispiele zeigen, also »100 Windpocken-kranke« oder »100 Mal Tonprobe, wie Keuchhusten klingt« … Was sagen die dazu, die heute schon studiert haben oder gar Professor sind? »Die Qualität ist im echten Hörsaal besser.« Irgendwann werden wir aber nur noch Prüfungsprofessoren haben, oder?! Studenten lernen online, allein oder auch über so etwas wie Facebook mit-einander, sie stellen berühmten Forschern im Internet Fragen, diskutieren dort mit Unternehmern … Wenn die Studenten dann glauben, alles genügend zu können, gehen sie irgendwo an einer Uni zur Prüfung oder zu einer Rating-Agentur für Akademiker. Stellen sich die Universitäten darauf ein? Nein, dort ist noch Kreidezeit. In der Schule auch noch, deren disruptive Neuerfindung wird folgen.

Ich schreibe diesen Abschnitt ein bisschen grimmig. Ich lebe als Person schon lange mit dem schallenden Lachen und den halb fragenden »Bist du verrückt«-Blicken. 1994 hatte meine Abteilung im IBM-Wissen-schaftszentrum in Heidelberg ein Optimierungsprogramm zur Lager-planung erstellt, das die erste digitale Straßenkarte benutzte. Oh, waren da noch viele Fehler drin! Die Karte kostete etliche Zehntausend Euro und der Computer, der die 2-GB-Karte auf den Chip laden musste, kostete eher Hunderttausende. Wir hatten aber dafür eine allererste Routenplanung! Stolz präsentierte ich diese im höheren Management. »Bald werden wir ein Navi im Auto haben!« Die Manager fragten, wer so viel Geld haben könnte – das Navi wäre doch viel teurer als das Auto. »Bald gibt es das für unter 1 000 Euro!« Und sie fragten, ob das über-haupt ginge und wo dann noch der Gewinn für IBM läge. Ich sprühte vor neuem Denken und legte nach: »Ich habe mir überlegt, dass die Tankstellen und Fastfood-Restaurants, eigentlich alle Unternehmen und Ärzte, alle Schulen und Privatmenschen eine kleine Gebühr für den Eintrag bezahlen könnten.« Da wurde ich endgültig für seltsam be-funden und gebeten, die Präsentation zu beenden. Ich wankte wie ein Loser hinaus. Wütend! Fluchend! Ich kann hier noch ein paar mehr Seiten mit solchen Erlebnissen füllen, Sie finden auch viele meiner Pro-gnosen in meinen älteren Büchern. Ich weiß heute, dass man eigentlich ganz gut in die Zukunft sehen kann. Es ist auch klar, wer daran scheitert, weil er gelacht hat.

Ich weiß heute aber auch, wie schwierig es ist, Gehör oder Glauben zu finden. Auch ich habe damals vollkommen fruchtlos appelliert – so wie »Rauchen tötet!« – und gar keine Wirkung erzielt, außer dass ich mir den zweifelhaften Ruf erwarb, immerfort Querdenker zu sein. Ich will sagen: In diesem Buch steckt auch meine Leidensgeschichte als »Jungmanager« und meine Lernkurve aus den letzten 15 Jahren. Ich musste als Innovator erkennen, dass ich mich vom Lachen nicht beeindrucken lassen darf. Ich muss es besiegen! Ich muss es langsam, durch harte Arbeit, nach und nach ersticken.

## Die Hybris-Curve oder
## »Wandel ist wie Müssen«

Unter der Bezeichnung »Hybris-Curve«, also »Überheblichkeitskurve«, habe ich selbst einen neuen Begriff analog zur »Hype-Curve« geprägt. Er hat noch nicht wirklich Eingang in das allgemeine Vokabular gefunden, sie verstehen gleich, warum (man kann nicht darüber lachen). Ich will daran deutlich machen, warum etablierte Unternehmen so oft durch disruptive Veränderungen zerstört werden oder bis an den Rand eines Kollapses kommen. Es heißt so oft: »Ihr bisheriger Erfolg ist das Hauptproblem der großen Unternehmen, sie haben noch keine Erfahrung mit ernsten Krisen.« Einen anderen Faktor habe ich schon aus eigener Erfahrung heraus beschrieben. Er steckt implizit in diesem Lachen über die »Anfänger«, die da mit Billigmethoden versuchen, große Unternehmen herauszufordern.

Der große Goliath verhöhnt da den kleinen David. Diese Häme bis hin zur Niederlage des Goliaths will ich in der folgenden Grafik verdeutlichen. Die Abbildung zeigt die schon vorgestellte Hype-Curve gestrichelt, die Hybris-Curve fett durchgezogen.

Wenn ein Erfinder das Neue enthusiastisch schildert, wird er zuerst einmal für verrückt gehalten. In der nächsten Phase wird dann in jeder Zeitung und auf jedem Blog ein Hype um das Neue gemacht. Das

## Hybris-Curve

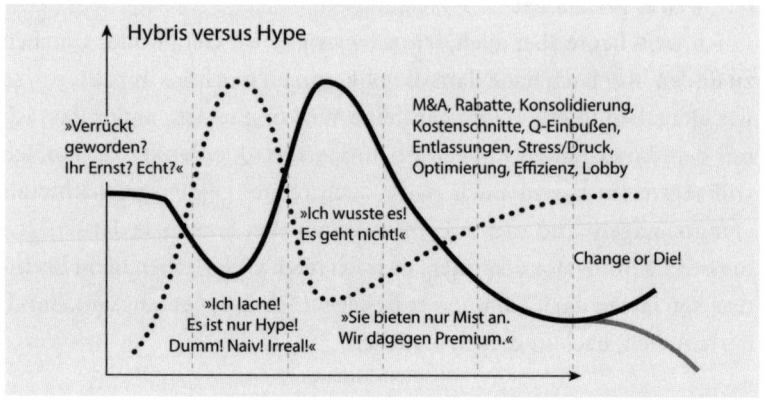

Etablierte reagiert sehr ärgerlich darauf, es kritisiert die naive Begeisterung der Journalisten, die durch keinerlei Expertentum getrübt ist. Das Lachen wird nun gehässig, wo es vorher nur ungläubig entgeistert war. Im Tal der Tränen kommen nun alle Probleme und Nebenwirkungen des Neuen zutage, die Presse beginnt nun, gnadenlos zu meckern, wo sie vorher Heilsbotschaften verbreitete. Das ist die Zeit des absoluten Triumphs des Establishments. »Internetbanken sind unsicher und können leicht geknackt werden!« – »Digicams machen schlechte Bilder!« – »Navis sind ungenau, ein Lkw mit Navi hat versucht, den Ärmelkanal zu durchqueren, weil der Eurotunnel im Computer als Autobahn eingezeichnet war!« Kennen Sie diese Horrorgeschichten? Sie treiben den Hochmut des Alten auf den absoluten Höhepunkt.

Viele Neuheiten scheitern jetzt tatsächlich. Sie verschwinden ins Unbedeutende. Ein Beispiel: Monatelang war die virtuelle Welt »Second Life« ein Megathema, es wurde prophezeit, dass wir uns dort bald alle versammeln ... Heute? Es ist ganz still. Andere Neuheiten aber, wie Internetshopping, Internetbanking, Digitalfotografie oder Navigation, sind langsam aus der Meckerecke herausgekommen. In manchen Fällen akzeptieren die Pragmatiker das Neue langsam, oft geht es aber sehr schnell – wir beobachten derzeit einen echten Tipping Point oder Umschlagpunkt bei Smartphones und Tablets.

Jetzt stoppt das Lachen des Alten fast abrupt. Es muss nun reagieren. Kunden sagen:»Internetbanking ist nicht so toll, aber billiger.« –

»Digicams sind nicht so toll, aber billiger.« – »Im Internet sind viele Sachen billiger, auch wenn ich den Läden da nicht vertraue. Ich habe aber schon echte Schnäppchen gemacht und kann einen Betrug auch mal verschmerzen.«

Das Alte reagiert auf dieses »noch nicht vertrauenswürdig, aber billiger« des Neuen zuerst mit eigenen Vertrauenskampagnen (»Bei uns sind Sie König, dort aber werden Sie billig behandelt«) und Hinweisen auf die fabelhafte Premiumberatung und -betreuung. Fast zugleich beginnt man in den alten Unternehmen, auf die Kostenbremse zu treten, um im Preisvergleich mit dem Neuen nicht hoffnungslos unterzugehen. Banken bieten nun kostenlose Konten an, Händlerrabatte, alle versuchen es mit undurchschaubaren »Gesamtpaketen«, die kaum Preisvergleiche zulassen. Alle optimieren die Organisation, drängen auf Effizienz und Kostendisziplin, versuchen, möglichst viele Jobs zu streichen oder ihre Mitarbeiter schlechter zu bezahlen – kurz: sie bekämpfen den Billigfeind, der disruptiv von unten droht, nun mit einer Annäherung von oben. Sie geben die absoluten Qualitätsansprüche auf und versuchen ihre Produkte billiger anzubieten. Banken zum Beispiel stellen jetzt kaum noch Starberater ein, sie versuchen mit angelernten Zeitarbeitskräften, den Kunden eher mithilfe eines Flachbildschirms mit Daten zu versorgen als selbstdenkend zu beraten. Wenn ein Kunde dann doch eine Superberatung will, schickt man ihn zum VIP-Center 30 Kilometer weiter. Das funktioniert sogar recht gut, weil sich inzwischen herausstellt, dass die ausgiebige Beratung von Kunden eigentlich gar nicht mehr gebraucht wird, denn sie informieren sich schon lange im Internet. Man sieht es auch daran, dass die Kunden absolut nicht bereit sind, für Premiumberatung gutes Geld zu bezahlen.

Verschiedene Problemkreise entstehen:

■ Kunden wollen das Tolle am Neuen, aber sie bewerten das Tolle am Alten nun nicht mehr entfernt so hoch wie früher. Die Stärken des Alten werden nicht mehr gewürdigt, sie werden als selbstverständlich hingenommen und in jedem Fall nicht mehr geldlich oder durch hohe Anerkennung honoriert.

■ Das Alte baut oft die eigenen Stärken ab, um effizienter und kostengünstiger zu werden. Dadurch nähert es sich dem Neuen an, aber von *oben*, während das Neue sich dem Alten von *unten* annähert.

- Das Alte versäumt es oft, die Stärken des Neuen zu kopieren oder sich selbst anzueignen. (Zum Beispiel ist das Internetbanking bei Großbanken nicht so gut wie das der ursprünglichen Internetbanken.)

Das alles dreht die alte Seele des Etablierten vollkommen um. Nach dem Höhepunkt der Hybris herrscht nun halb gelähmtes Durchwursteln. Können Sie sich die früher als wirklich ehrenwert behandelten Bankangestellten vorstellen, die nun standardisierte computergesteuerte »Flachbildschirmrückseitenberatung« betreiben müssen? Sie fühlen sich wie ein promovierter Arzt, der jetzt als hektische Pflegekraft unter Druck arbeiten muss. Es dreht sich den Fachkräften die Seele um, wie einem Arbeitslosen, der »Arbeit unter seinem Ausbildungsstand (= Würde)« annehmen soll, der das deshalb ablehnt und dafür wütende Proteste erntet, die »Realitäten nicht anzuerkennen«.

Zuerst hat das Alte über das Neue laut gelacht! Es hat es danach gehasst und muss sich am Ende fragen, »wozu denn das alles gut war«, wenn das Neue nun siegt.

Das erzeugt Stress! Das Wort »Stress« wird in zweierlei Sinn gebraucht. Mit Eustress wie Euphorie + Stress bezeichnet man die Stimmung, unter hohem Druck siegesgewiss oder zeitvergessen fröhlich gut zu arbeiten. Es ist die Stimmung, in der man große Herausforderungen stemmt. Es ist die Stimmung, in der sich das Neue befindet, wenn es langsam am Markt Fuß fasst und merkt, dass es das Chasma der Innovation überwunden hat. Alle im Neuen werden nun reich! Der zerstörerische, angstbesetzte und beklemmende Stress aber wird Distress genannt. Er lässt uns unter Tunnelblick und Seelenhölle hektisch agieren oder lähmt bis zum seelisch-körperlichen Totstellen. Das Neue erobert unter Eustress die Welt, während das Alte unter Distress sein Revier verteidigt. Ich hole einmal plakativ aus:

Das Neue feiert unter Eustress Innovation.

Das Alte bezeichnet seine Reaktion auf das Neue
als notwendigen Wandel – unter Distress!

Und noch einmal plakativ:

Innovation ist wie Wollen, Wandel ist wie Müssen.

Eine Internetbank *will* die persönliche Beratung obsolet machen, die Bank *muss* die Topberatung in VIP-Center konzentrieren, um kostengünstig zu sein. Sie hasst die Kostengünstigkeit unter Distress, während die Internetbanker unter Eustress jubeln. Die Logistikmitarbeiter bei Amazon verdienen nicht so arg viel, so heißt es oft in der Presse, aber sie sind pfauenstolz, bei Amazon arbeiten zu dürfen. Die Buchhändler verdienen auch schlecht, weil sie ihren Job lieben oder bisher liebten. Sie beginnen zu trauern. Es ist ein Unterschied wie zwischen gefühltem baldigen Sieg und gefühlter nahender Niederlage. Die großen etablierten Unternehmen arbeiten fieberhaft an ihrem Überleben. Change-Agents fordern zum Wandel auf. Mitarbeiter werden mit positiven Botschaften überschwemmt, wie gut und notwendig, wie unausweichlich der Wandel sei. Topmanager befehlen oder flehen, den anstehenden Wandel bitte schön positiv zu sehen – sie beschwören, es gebe auch immer eine neue Chance im Wandel. Die Change-Manager verlangen, dass die Mitarbeiter den in ihnen wütenden Distress in eigenverantwortlicher Seelenverdrehung als Eustress empfinden. »Man muss alles positiv sehen! Jeder, den wir feuern, macht die verbleibenden Arbeitsplätze sicherer! Freut euch darüber!«

Die Manager spüren, dass der unausweichliche Wandel wegen des Distresses ausbleibt. Sie können die Gehirne der Mitarbeiter vielleicht noch intellektuell überzeugen, aber der Distress sitzt in allen Körpern. Die Manager werden am Distress scheitern – und das Alte stirbt. Die Kunst der Innovation ist, unter dem Gefühl des Wollens zu arbeiten – unter Eustress. Das will ich im Folgenden noch stärker herausarbeiten.

### Kurze Psychologie der Innovation und des Wandels

Der Psychoanalytiker Fritz Riemann publizierte 1961 ein berühmtes Buch mit dem Titel *Grundformen der Angst*. Es ist längst zum Klassiker geworden. Ich habe es schon in meinem Buch *Professionelle Intelligenz* zitiert – in vielen Leserreaktionen wurde dieses Buch geradezu verehrt! Riemann studierte darin vier Persönlichkeitsausrichtungen des Menschen, die sich in ihren Grundängsten unterscheiden:

- Angst vor Wandel (Merkmal der *zwanghaften* Persönlichkeit).
- Angst davor, dass alles notwendig so bleibt (Merkmal der *hysterischen* Persönlichkeit).
- Angst vor der Selbstwerdung (Merkmal der *depressiven* Persönlichkeit).
- Angst vor zu viel Nähe (Merkmal der *schizoiden* Persönlichkeit).

Klar? Es gibt Menschen, die grundsätzlich Angst vor Wandel haben und diesen ganz natürlich als Distress empfinden oder geradezu phobisch darauf reagieren. Andere haben Angst, dass alles so bleibt! Sie werden krank vor Langeweile, wenn alles nach Tradition und Geschäftsprozess zum ewig Gleichen werden sollte. Ich beschreibe nur diese beiden Pole, das Zwanghafte und das Hysterische, hier einmal normalpsychologisch, und lehne mich dabei an Rudolf Sponsels Buch *Die vier Grundstrukturen nach Fritz Riemann's Grundformen der Angst* an.

*Zwanghafte Persönlichkeit*: Sie zielt auf Recht und Ordnung, wahr und falsch, jede Frage hat eine richtige Antwort, sie liebt Kontrolle, Macht und Beherrschung. Alles muss perfekt sein. Sie ist gewissenhaft, ehrgeizig, ausdauernd, hartnäckig, sauber und sachlich. Sie strebt nach Sicherheit, Eigentum, ist deshalb vorsichtig und sparsam. Sie ist bodenständig, konservativ, konsequent und immer verlässlich.

*Hysterische Persönlichkeit*: Sie möchte ein anregendes, interessantes, spannendes Leben voller Abwechslung und Abenteuer, dafür sind ihr auch Risiken recht (»no risk, no fun«). Sie ist impulsiv, unternehmungslustig, liebt die Show, das Stehen im Mittelpunkt und den damit verbundenen Applaus. Sie giert nach Kontakten, begeisternden Momenten, neuen Ideen. Gleichzeitig ist sie unstet, oberflächlich und immer auf der Suche nach Neuerungen.

Und ich lese jetzt einmal für Sie heraus:

> Das hysterische Prinzip sehnt sich nach neuer Zukunft, Wandel, Innovation und neuen Sinnenfreuden – das zwanghafte Konzept setzt fleißig strebend die geliebte Vergangenheit als immer perfektere Zukunft fort.

Die zwanghafte Körperdisposition hat Angst vor Wandel, empfindet ihn also grundsätzlich als nervös machenden Distress. Es hat nur begrenzt Sinn, Zwanghafte durch bloße (»hohle«) Worte zum Hysterischen bekehren zu wollen. Dieser wortreiche Ansatz aber stellt in großen Unternehmen die wichtigste Strategie dar. Kommunikations-abteilungen preisen in überschäumenden rhetorischen Begeisterungs-berieselungen den Wandel als selig machend an. Ein Großteil der Mit-arbeiter aber sieht jede Andeutung von Wandel als Bedrohung, und ganz besonders jede Andeutung, die den Wandel *generell* positiv sieht, die also gegen ihre zwanghafte Seelenhaltung gerichtet ist.

Das verstehen Manager großer Firmen entweder gar nicht – oder sie nehmen an, dass vielleicht die Hälfte der Mitarbeiter eben »hysterisch« ist, den Wandel daher als Chance sieht, ihn stark erhofft, freudig begrüßt und dann die zwanghaften Mitarbeiter mitreißt. Das geschieht fast *nie*! Es liegt daran, dass Großunternehmen mit wachsender Größe ein Hort der Stabilität und der zuverlässigen Prozesse werden. Sie werden zu einem Sammelbecken von neuen Mitarbeitern, die gesicherte Nor-malarbeitsplätze suchen – ohne Risiko, ohne Überraschungen. Groß-unternehmen stellen also vorrangig Zwanghafte ein, keine Abenteurer, Unternehmer, Querdenker, Erfinder, Forscher oder Weltverbesserer. Sie wollen Mitarbeiter, die voraussehbar funktionieren. Wenn die Unternehmen eine gewisse Größe überschreiten, werden sie also ge-samtkulturell zwanghaft. Fast alle! Dann aber lehnen sie innerlich jeden Wandel ab. Die Strukturen verkrusten.

Predigten helfen nicht mehr. Die klingen so, wie ich es in der fol-genden Auflistung dargestellt habe: »Seid nicht so – sondern so!« Im Grunde predigt man »Seid hysterisch, nicht zwanghaft!«:

| | |
|---|---|
| Vermeide Fehler! | Probiere und erfahre! |
| Einheitlichkeit! | Vielfalt! |
| Benimm dich wie alle! | Sei besonders! |
| Sei diszipliniert! | Sei leidenschaftlich! |
| Fokussiere dich! | Sei überall! |
| Setze auf Bewährtes! | Setze auf Neues! |
| Erfüll deine gesetzten Ziele! | Setze dir neue Ziele! |
| Frage um Erlaubnis! | Handle selbstständig! |
| Quartaldruck | Zukunft |
| Mehr vom Gleichen! | Was Anderes! |
| »Zwanghaftigkeit« | »Hysterie« |
| Erwachsener | Kind, Next Generation |
| Betriebswirtschaftslehre | »Wissenschaft der Kreation« |

Sie haben es in der Gegenüberstellung schon gelesen, aber ich möchte einen Punkt daraus prominent wiederholen (»stressen«!):

Betriebswirtschaftslehre ist eine durch und durch zwanghafte Wissenschaft.

Es gibt noch kein hysterisches Pendant zur Betriebswirtschaftslehre, oder? Vielleicht Entrepreneurship? Dieses Fach gibt es an manchen Universitäten schon, aber die Vorlesungen sollten dann lieber von »hysterischen« Entrepreneuren gehalten werden, nicht von »zwanghaften Wirtschaftswissenschaftlern«, die den Menschen als rationalen Homo Oeconomicus ansehen, also auch als zwanghaft vernünftig und berechnend. Haben Sie schon einmal eine ernsthafte Erörterung gesehen, dass ein den Nutzen optimierender Homo Oeconomicus innovativ ist oder sich langweilt?

# INNOVATION TRIFFT

# AUF RESISTENZEN UND

# IMMUNREAKTIONEN

## Über Immunsysteme und »Never Change a Winning Team«

Was erfolgreich ist, soll natürlich Bestand haben. Wenn eine Mannschaft im Sport mehrmals hintereinander gewinnt, lässt man sie besser unverändert. Manchmal ist im Sport der Mannschaftsbeste einige Zeit verletzt – und er kommt mitten in einer Siegesserie gesund wieder. Soll man ihn einsetzen? Doch lieber nicht! Da gibt es Krach, weil er auf seine Rechte und Fähigkeiten pocht ...

Dieses Prinzip gibt es auch als andere Variante bei Rechenzentren, die komplexe IT-Systeme betreiben. Sie sagen immer: »*Never change a running system*«. Das kennen Sie sicher von Ihren Smartphones und Computern, oder? Dass plötzlich vieles nicht mehr funktioniert, weil Sie eine »deutlich bessere« neue Version einer Software installiert haben, die sich nun als »leider nicht voll kompatibel zum alten System« herausstellt.

Wenn alles gut klappt, lassen wir es so, wie es bisher gut funktionierte. Das ist ein vollkommen vernünftiges Prinzip, besonders für die Zwanghaften! Die Hysterischen langweilen sich aber und wollen wieder und wieder einmal etwas Neues probieren. Einfach so! Das macht die Bewahrer böse, weil sie wissen, dass bei Veränderungen immer wieder kleine oder große Unglücke passieren können. Sie reagieren deshalb mehr oder weniger allergisch gegen neue Vorschläge.

Pinchot spricht in seinem Buch *Intrapreneuring* (1985 erschienen) auch schon kurz über den Umgang mit dem »Corporate Immune System«. Wer etwas in einem System bewegen will, darf den Bewahrern des Systems nicht als Störenfried oder gar als Feind auffallen. Wenn das nämlich passiert, bemüht sich das System, die Störungen zu beseitigen und Feinde zu besiegen. Pinchot riet uns damals immer eindringlich: »Work underground as long as you can« (»Arbeite im Verborgenen, solange es geht«).

Oh, das wusste ich selbst früher nicht! Meine eigenen Innovationen habe ich, bevor ich diesen Rat hörte, immer gleich begeistert in der übrigen Welt propagiert – und zwar so triumphierend über das »olle Alte«, dass ich die Abwehrkräfte des Systems aktivierte und dann irgendwie wieder ins Glied gestellt wurde.

Gute Systeme sind hoch effizient designt und funktionieren wie am Schnürchen, alles erledigt sich absolut perfekt und zuverlässig, ein Rädchen greift ins andere. Je besser ein System funktioniert, umso problematischer wirkt eine Veränderung. Wenn in einem rigorosen System etwas nicht wie vorgesehen funktioniert, nimmt es die Angelegenheit nicht als Veränderung wahr, sondern als »Ausnahme«, die nicht sein darf. Ausnahmen sind ein Ausdruck für Unordnung. Da setzt in einem System sofort »exception handling« ein. »Wer hat das erlaubt? Das ist nicht vorgesehen. Bitte füllen Sie folgenden Fragebogen aus.« Gute Systeme wollen alles automatisch regeln – da sind ihnen Leute, die Ausnahmen produzieren, von Herzen zuwider, weil diese Ausnahmen einzeln »per Handarbeit« geregelt werden müssen. Ausnahmen werden also nach Möglichkeit und oft mit aller Macht bekämpft. Besonders die zwanghaften Menschen im System sehen in Ausnahmen so etwas wie Abweichlertum oder gar »Sünde«. Wer sich nicht an die Regeln hält, ist wie ein Feind. Sie kennen sicher Erziehungsprediger mit Sätzen wie diesem: »Wenn du es einmal einreißen lässt, ist Tür und Tor offen für Willkür und Anarchie.«

In diesem Sinne bildet ein Unternehmen oder ein System in natürlicher Weise eine Art Immunsystem, das alle nicht vorgesehenen Situationen wie Störungen behandelt.

Innovationen, Veränderungen und jeder Wandel werden vom Immunsystem sorgfältig gecheckt. »Freund oder Feind?« Was ist noch tolerierbar, was nicht? Auch wir Menschen haben ein Immunsystem, das zum Beispiel Krankheitsbakterien abwehrt. Die nützlichen Millionen Darmbakterien aber lässt es natürlich in Ruhe! Wenn wir in fremde Länder reisen, wo ganz andere Bakterien vorkommen, müssen wir meist unter Durchfallerkrankung unser Immunsystem anpassen. Wenn unser Körper das nicht könnte, müsste er ja sterben oder schwere Schäden hinnehmen! Für ein Unternehmen ist es ebenso lebenswichtig, ein gutes Immunsystem zu haben. Das muss gut im Regelfall funktionieren, sich aber auch wandeln und anpassen können. Die Bewahrer des Systems wollen dabei ein möglichst starkes Immunsystem, das gegen Einwirkungen von außen resistent ist. Die Innovatoren wollen das System hingegen ändern oder weiterentwickeln, im Extremfall sogar neu konzipieren – sie möchten es flexibel und durchlässig haben. Was gut ist, liegt in der Mitte, auf die man sich weise verständigen muss. Das geschieht leider kaum. Statt weiser Verständigung gibt es meistens Streit, den die Mächtigen nur allzu oft gewinnen – das sind fast immer die Bewahrer des Unternehmens. Das ereifert die Innovatoren, die das herrschende Zwanghafte als Unterdrückung empfinden. Leider sind die Vertreter des Neuen oft so ungeschickt, dass sie den Streit selbst erst anzetteln. Ich habe ja schon gesagt, dass ich auch zum Anzetteln neigte – bis Gifford Pinchot mir klarmachte, dass ich das System nicht zu sehr reizen soll, am besten gar nicht. »Halt die Klappe und mach!«

## Das Resistenzmodell

Die Innovationstheorien sind zu sehr darauf fokussiert, die Idee in die Welt zu setzen und dann per Marketing am besten allen Menschen auf dem Erdball zu verkaufen. Bei meiner Erörterung des hysterischen und zwanghaften Konzepts haben wir gesehen, dass es eigentlich bei *jeder* Innovation und bei *jedem* vorgeschlagenen Wandel zum Teil erbitterte oder zumindest hämende Gegner gibt. Im politischen Raum zum Beispiel gibt es absolut gar keine Reformvorschläge ohne starken Widerstand, weil sich die jeweilige Opposition zur reflexhaften Gegenrede verpflichtet fühlt und auf alles vom Gegner Vorgeschlagene erst einmal beherzt draufhaut. Aus Prinzip! Es wird dabei angenommen, dass opponierendes Dauerkritisieren zu mehr Wählerstimmen und damit Machtgewinn führt.

Wer zum Beispiel Innovationen propagiert, die in einer Zeitung diskutiert werden könnten, bekommt Gegenwind, wieder fast aus Prinzip. Steuern rauf oder runter? Es gibt Opposition. Reiche be- oder entlasten? Gegner schimpfen. Privaten Waffenbesitz abschaffen? Da traut sich kaum noch jemand, auf seinem Waffenbesitz zu bestehen, aber das Schweigen ist noch groß genug – es passiert nichts. Frauen an die Managementspitze? Da sind wieder alle laut dafür, geben nur zu bedenken, dass es so viele gute Topfrauen nicht *sofort* gibt – es passiert nichts. Die Beharrungskräfte eines Systems sind unglaublich hoch. Selbst etwas, was von 90 Prozent befürwortet wird, muss nicht unbedingt verwirklicht werden.

Genauso wird absolut jeder Topmanager glühende Lippenbekenntnisse zur Innovation ablegen. Wie aber wird er im Einzelfall agieren? Engagiert er sich? Oder sieht er der Entwicklung nur wohlwollend zu? Viele da ganz oben »sind dafür«, nicht dagegen. Sie meinen damit, dass sie die Innovationen nicht verhindern. Sie gehen nicht so weit, sich für sie energisch in die Bresche zu werfen. Bloßes wohlwollendes Zuschauen aber überlässt das Feld dem Immunsystem, es ist gegen das Neue resistent und stößt es unter den wohlwollenden Augen der Führung in unerklärlich anmutender Weise ab. Wohlwollen reicht nicht für Innovation oder Wandel! Das verstehen wieder viele Innovatoren nicht. Sie sind glücklich, wenn sie auf Wohlwollen treffen, wo aber Energie nötig wäre. Sie denken, mit Wohlwollen allein ginge jetzt gleich etwas voran. Wohlwollen ohne Energie ist Befürwortung, aber nur im Prinzip, ohne Konsequenz, so wie man ein Luxusauto oder eine Sauerkrautsaftdiät gut finden kann, ohne zu kaufen oder abzunehmen. Das Immunsystem eines Systems muss also nicht einmal aggressiv gegen das Neue kämpfen, wenn es zu wenig Eigenenergie hat. Man kann als eigentlich Opponierender etwas Energieloses sogar befürworten, es zerschellt ja von allein. Die bloße Befürwortung von »Viel mehr Frauen in Toppositionen« ist schon Abwehr. Das Verwehren von Energie ist Resistenz genug:

- »Ja, aber ich habe keine Zeit.«
- »Ja, aber die Kassen sind derzeit leer.«
- »Ja, aber erst steht noch XY an.«

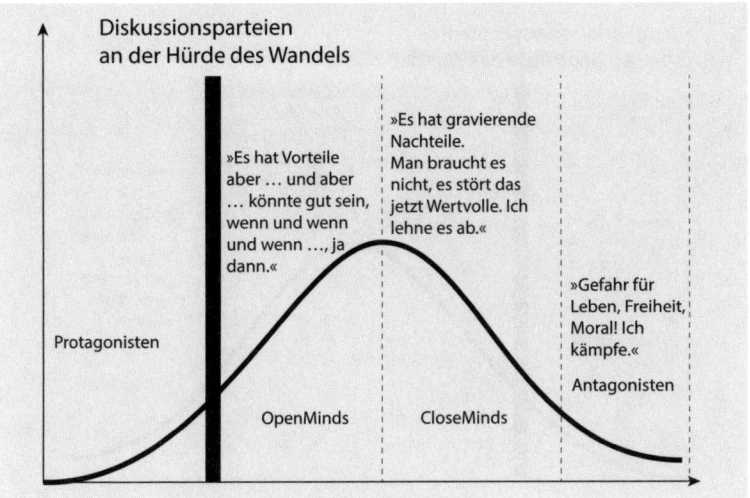

## Resistenzen gegen Wandel und Neues

**Diskussionsparteien an der Hürde des Wandels**

»Es hat Vorteile aber ... und aber ... könnte gut sein, wenn und wenn und wenn ..., ja dann.«

»Es hat gravierende Nachteile. Man braucht es nicht, es stört das jetzt Wertvolle. Ich lehne es ab.«

»Gefahr für Leben, Freiheit, Moral! Ich kämpfe.«

Protagonisten

Antagonisten

OpenMinds    CloseMinds

- »Ja, aber völlig überzeugt bin ich nicht, es muss noch reifen.«
- »Ja, aber anderes hat derzeit Priorität.«

Alle diese Abwehrmechanismen muss ein Innovator verstehen lernen. Sehr oft sind die klaren Neinsager in der harten Opposition leichter zu nehmen als diese Ja-aber-Befürworter, die Zustimmung ohne Energie signalisieren. In jedem Fall kann der Innovator aus den unterschiedlich starken Abwehrmechanismen Schlüsse ziehen und Wertvolles lernen. In Abwandlung des Innovationsadoptionsmodells von Everett Rogers schlage ich folgendes Modell vor:

Ich betrachte in diesem Modell, wie die Protagonisten etwas vorschlagen, was die anderen drei Parteien aus verschieden starken Gründen nicht umsetzen, ablehnen oder energisch bekämpfen. Diese vier Parteien streiten nämlich fast immer, wenn eine Idee zur Innovation werden soll:

- *Protagonisten* einer Innovation,
- *OpenMinds*, die eine Innovation gut fänden, wenn »sie so weit ist« – wenn!,
- *CloseMinds*, die fast nur nachteilige Konsequenzen im Neuen sehen und mit »so etwas braucht kein Mensch« den Kopf schütteln,
- *Antagonisten*, die das Neue aktiv und fundamental bekämpfen (»Unsicher! Gefährlich! Unmoralisch!«).

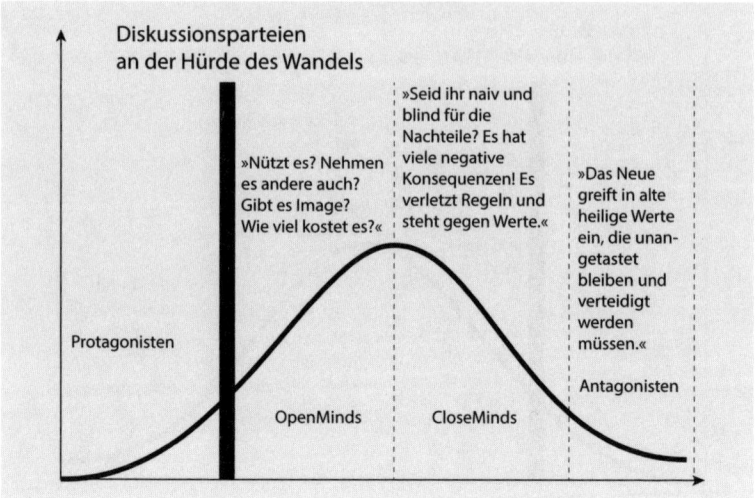

**Reaktionen auf Neues**

Diskussionsparteien
an der Hürde des Wandels

»Seid ihr naiv und blind für die Nachteile? Es hat viele negative Konsequenzen! Es verletzt Regeln und steht gegen Werte.«

»Nützt es? Nehmen es andere auch? Gibt es Image? Wie viel kostet es?«

»Das Neue greift in alte heilige Werte ein, die unangetastet bleiben und verteidigt werden müssen.«

Protagonisten

Antagonisten

OpenMinds   CloseMinds

Ich will diese vier Parteien nochmals in derselben Grafik zeigen – mit den gleich danach auftretenden Fragen und Kommentaren.

*OpenMinds* sehen das Neue meist als mögliche Chance und beurteilen nun von allen Seiten, wie groß diese Chance ist. Nützt das Neue? Hilft es? Hat es einen Imagegewinn? Macht es Freude? Ist es teuer? In der Regel kommt ein »Ja, aber« heraus. Die OpenMinds beschließen oft, das Neue zu kaufen, »wenn es unter 100 Euro kostet« oder »wenn es schon viele ausprobiert haben, die ich dann fragen kann«. OpenMinds im Management fragen zuerst nach Referenzen – wo ist das Neue schon erfolgreich im Einsatz? Wie hoch war der monetäre Nutzen? Bloßes Gerede von einer *gewiss* besseren Zukunft durch die Protagonisten lehnen sie als »wolkig« ab. Sie sagen meist: »Das ist eine interessante Entwicklung, die ich im Auge behalten möchte. Bitte informieren Sie mich gerne, wenn es in dieser Sache etwas Konkretes gibt – mit messbarem Nutzen.« OpenMinds können Chancen in speziellen Einzelfällen sehen, die sie dann auch wahrnehmen würden, wenn ... Immer steht ein Nutzen im Vordergrund, den sie im Besonderen gerne für sich selbst sähen.

*CloseMinds* sehen zuerst die Nachteile des Neuen, das ihre heile Welt stört (Erinnern Sie sich bitte an frühere Reaktionen: »Wenn überall und unaufhörlich die Handys klingeln, wo kommen wir da hin?«). CloseMinds fragen immer: Ist es gesund, pädagogisch wertvoll, nützlich, erlaubt, wünschenswert, innerhalb der Ordnung und so weiter. Sie stellen sich das Neue gleich als neue Lebensregel vor. Wenn etwa »das Internet« propagiert werden soll, sind sie nicht etwa neugierig darauf, sondern sie überlegen gleich, welche Konsequenzen es hätte„ wenn so ziemlich jedermann das Internet nutzen würde. Sie fragen sicher:»Können sich das alle Leute finanziell leisten? Spaltet sich nicht die Gesellschaft in solche und solche? Wie regeln wir, dass keine Ungleichgewichte entstehen? Ist das Internet sicher? Schützen die Gesetze? Ist detailliert geregelt, was man da tun darf und was nicht? Was passiert, wenn ein Mensch Schlechtes über mich im Internet verbreitet?« CloseMinds finden die grundsätzlichen Haken an der Sache. Sie betrachten alles aus einer allgemeinen Perspektive. Sie wollen ausschließen, dass eine Innovation zu sehr in das Leben eingreift und Regeln verändert. Diese mehr Zwanghaften möchten auch keine Ausnahmeregeln für das Neue, um es einmal unter noch nicht geklärten Umständen zu probieren. »Wenn ich das *einmal* erlaube, kommt ihr *immer* damit. Da bricht der Damm. Das reißt ein. *Einmal* Smartphone für *einen* Enkel, dann *immer* Smartphone für *alle* Enkel. Wir müssen uns über die Konsequenzen für unser Leben klarwerden. Darf man beim Essen Mails checken? Doch nicht, oder? Werde ich nach und nach selbst gezwungen sein, ein Smartphone zu bedienen? Haltet mich da raus.« CloseMinds sehen die Gefahr im Vordergrund, wenn sie das Neue betrachten. Insbesondere fürchten sie sich vor persönlichen Konsequenzen – das sagen sie nicht gerne offen, aber sie drücken es dadurch aus, dass sie »im Namen der Schwächeren« argumentieren – dass es also Menschen gibt, denen das Neue schadet. Ich bin zum Beispiel jemand, der in der Öffentlichkeit als Protagonist für höherwertige Erziehung und Bildung eintritt. Viele schleudern mir entgegen, dass dann die Schwächeren noch weiter als bisher schon abgehängt werden. Niemand spricht über ein eigenes Unwohlsein bei dem Gedanken, sich höchstpersönlich selbst weiterentwickeln zu müssen.

*Antagonisten* sind grundsätzlich gegen eine vorgeschlagene Innovation. Sie verbreiten Angst (»Smartphones strahlen gefährlich«), appellieren an Ethik und Heiliges (bei Stammzellenforschung oder Abtreibung) oder verdammen das Neue als Unkultur (»Fernsehen macht dumm, aber Internet noch mehr!«). Sie sind polar und grundsätzlich auf der Seite der militanten Gegner. Sie kämpfen aktiv gegen das Neue.

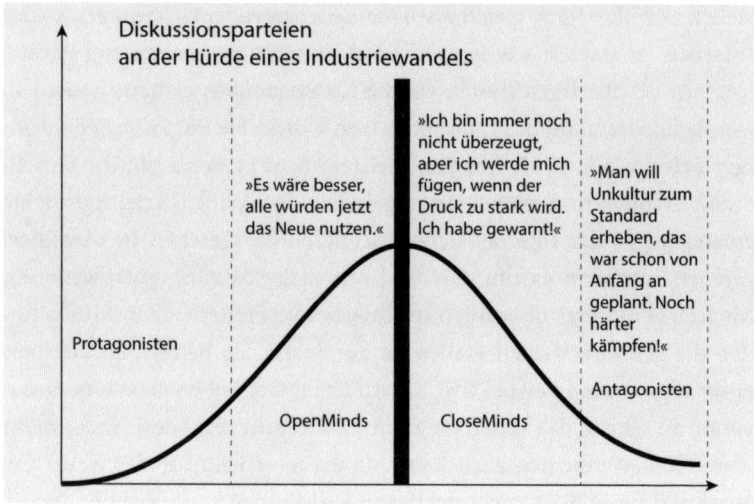

**Verbleibende Resistenzen an der zweiten Hürde**

Diskussionsparteien
an der Hürde eines Industriewandels

»Es wäre besser, alle würden jetzt das Neue nutzen.«

»Ich bin immer noch nicht überzeugt, aber ich werde mich fügen, wenn der Druck zu stark wird. Ich habe gewarnt!«

»Man will Unkultur zum Standard erheben, das war schon von Anfang an geplant. Noch härter kämpfen!«

Protagonisten

OpenMinds    CloseMinds

Antagonisten

Dies sind die vier Standpunkte der Parteien *im Augenblick der Entscheidung*, ob es eine Idee zur Innovation schafft oder nicht. Innovation ist wie die Erschließung eines neuen Landes. Die Protagonisten schwärmen, dass dort wahrscheinlich Milch und Honig fließt, wenn erste Besiedlungen einsetzen würden. Die OpenMinds warten, bis die ersten Siedlungen zu besichtigen sind. Sie wollen Milch und Honig tatsächlich vor Augen sehen. CloseMinds wollen nicht umziehen, das jetzige Land ist seit langer Zeit gut eingerichtet, es bietet gute Lebensqualität. Antagonisten fürchten Schreckliches – wilde Tiere, Gesetzlose und Krankheiten erwarten die wahnsinnigen Abenteurer, die mit dem Leben spielen!

## Die zweite Hürde –
## von der Innovation zur Allgemeinkultur

Fast alle Innovationsforschung und -anstrengung richtet sich auf den Moment, an dem ein neues Produkt vom normalen Markt angenommen wird. Diese zweite Hürde der Innovation macht ein neues Produkt quasi zum Standard. Das geschieht nicht von selbst oder durch Warten, wie es oft suggeriert wird! Es ist eine *Hürde*. Der Übergang von den OpenMinds zu den CloseMinds wird nie wirklich gesehen, ich habe jedenfalls noch nie etwas darüber gelesen oder davon gehört. Und genau diesen wichtigen Punkt sehe ich daher in der Innovationsdiskussion unterrepräsentiert.

Betrachten wir das Mobiltelefon. In den 90er Jahren war es eine Technologie für Angeber, die so unverfroren waren, im Restaurant, auf der Straße oder im Zug ihre Mitmenschen an ihrem banalen Privatleben teilnehmen zu lassen oder die es hinbekamen, hoch wichtige Anrufe laut inmitten zuhörender Menschen zu beantworten. »Herr Bundespräsident, Sie kommen zu uns? Ich freue mich, ich muss aber unser Gespräch um 20 Minuten verschieben, weil ich erst dann aus dem Fitnessstudio komme.«

Nach einer langen Zeit der Handy-Protagonisten oder Early Adopters begannen die OpenMinds, ein Handy nützlich zu finden. »Wo bist du jetzt? Kannst du noch Milch mitbringen?« Damit hielt das Mobiltelefon Einzug in unser Leben. Wer jetzt ein Handy gut findet, hat eines. Mit der Zeit gewöhnen sich die OpenMinds an die neue Bequemlichkeit. Jetzt rufen sie jedermann kurz auf dem Handy an. »Vater, es ist zum Haareausraufen. Wir suchen dich dringend. Seit heute Morgen! Schaff dir jetzt endlich mal ein Handy an!« Die OpenMinds finden nun in der Masse, es sei an der Zeit, dass nun absolut jeder die neue Technologie nutzen soll.

Das sehen die CloseMinds nicht ein. Sie pochen auf ihre eigene Lebensführung. »Ich will nicht immer erreichbar sein. Ich bin kein Hausmeister oder Notarzt.« Das sagen sie, jeder für sich, unendlich oft. Sie warnen vor den negativen psychischen Schäden des Erreichbarkeitsstresses. Heute haben die meisten Leute ein Handy, aber sie benutzen es nicht alle wirklich. Die meisten schalten es an, wenn sie kurz etwas Wichtiges durchgeben wollen. »Ich bin im Stau!« Das Handy ist längst noch nicht im Lebensalltag aller angekommen. Die CloseMinds fühlen sich durch den Anspruch der OpenMinds empfindlich in ihrer Lebensführung gestört, sie wollen nicht »immer online sein«. Sie fügen sich widerwillig ein und haben jetzt ein Handy, aber »nur nach Vorschrift« – sie verweigern sich der geforderten offenen Kommunikationshaltung. Sie zeigen sich weiter resistent oder leisten passiven Widerstand.

Die Antagonisten haben natürlich gar kein Handy und wüten gegen das Neue umso mehr, je verbindlicher es ins allgemeine Leben einzieht und umso selbstverständlicher das Nutzen des Neuen allgemein wird.

Heute, 2012, gibt es weitere Technologien, die gerade die zweite Hürde nehmen, zum Beispiel die E-Mail und die Homepage. Die OpenMinds werden jetzt böse, wenn jemand keine E-Mail-Adresse hat, damit man ihm einen Link oder ein Foto schicken kann. »Nun eröffne bitte einen Account, es kostet doch nichts!« –»Aber ich habe keinen Computer und will auch keinen, schon gar nicht, dass ihr mir einen aufzwingt.« OpenMinds werden ungehalten, wenn ein Geschäft oder eine Institution keine Homepage hat, auf der man Öffnungszeiten oder Anfahrtswege finden kann. »Warum haben Sie keine Website?« –»Das kann jeder halten, wie er will, wir können so etwas gar nicht. Es muss auch keineswegs sein.« Auch Facebook steht gerade vor dieser zweiten Hürde. Die OpenMinds wollen, dass jeder auf Facebook ist, so wie sie wollten, dass jeder eine E-Mail-Adresse oder ein Mobiltelefon hat. Bei Facebook stellen sich die CloseMinds heute noch energisch quer. TV-Sendungen schimpfen über die Preisgabe der Persönlichkeit. Das Mobiltelefon macht erreichbar, aber Facebook macht sichtbar. Die Antagonisten erklären Facebook zur Suchthölle, Mediziner führen Patienten vor, die keinen Tag ohne Facebook überleben würden und Entziehungskuren brauchen. Das alles ist der Kampf an der zweiten Hürde. Wenn Facebook die nicht nimmt, kann es wieder zusammenklappen – sobald ein anderes Unternehmen kommt, das mit Social Media die zweite Hürde nimmt.

Das Rauchverbot habe ich schon erwähnt, es hat die zweite Hürde schon genommen. Die OpenMinds haben mit dem Rauchen aufgehört, weil es schädlich ist. Sie haben sich von den Gesundheitsprotagonisten langsam weichschießen lassen. Die CloseMinds aber rauchten weiter. Es schert(e) sie nicht, dass Rauchen tötet. Die Antagonisten pochen auf die Freiheit des Menschen über den eigenen Körper. »Selbstmord darf nicht verboten sein.« Da finden schließlich auch immer mehr

CloseMinds, dass Raucher schlecht riechen und dass sie durch das erzwungene Passivrauchen gefährdet werden. »Selbstmord ist erlaubt, okay, aber ihr dürft uns nicht umbringen.« Das ist das entscheidende Argument für den Sprung über die zweite Hürde. Die Raucher werden kriminalisiert. Das war der Moment, an dem die CloseMinds das Rauchen begrenzten und nicht mehr gegen die Idee des Rauchverbots opponierten.

Zusammengefasst: Viele Infrastrukturtechnologien und kulturelle Gebräuche werden besser nutzbar oder sind für das gemeinsame Leben geeigneter, wenn alle Menschen eines Kulturkreises sie verwenden oder nach solchen neuen Regeln leben. In solchen Fällen tendieren die OpenMinds dazu, an den CloseMinds so lange herumzuzergen, bis diese endlich das Neue mindestens so weit adaptieren, dass eine Allgemeinkultur entstehen kann. In einer solchen Allgemeinkultur kann jetzt jeder erwarten, dass andere Menschen in der Regel eine E-Mail haben, dass jedes Geschäft und jeder Selbstständige eine Website hat, dass Mitmenschen über Handy erreichbar sind, mindestens über die Sprachbox und so weiter.

Sie können mich jetzt fragen, was das Überwinden einer solchen Hürde im engeren Sinn mit Innovation zu tun hat, weil ja die Technologie an diesem mittleren Punkt eigentlich nicht neu ist, sondern nur der Druck der OpenMinds auf die CloseMinds zunimmt. Das stimmt nicht ganz. Oft gelingt der Durchbruch einer Innovation zu einem Infrastrukturwandel erst durch eine *sehr einfache* Technologie, mit der *sogar die CloseMinds einigermaßen gerne technisches Neuland betreten*. Es zeigt sich gerade heute, dass viele CloseMinds, die sich gegen Computer gesträubt haben, nun ganz passabel oder sogar gut mit einem Tablet zurechtkommen. Damit beginnen sie dann doch zu googeln, bei Amazon zu kaufen oder sich etwas bei eBay zu ersteigern. Diese Unternehmen haben die CloseMinds erreicht, sie haben die zweite Hürde übersprungen. Diese Infrastruktur bildenden Technologien oder Innovationen machen ihre Innovatoren zu Milliardären!

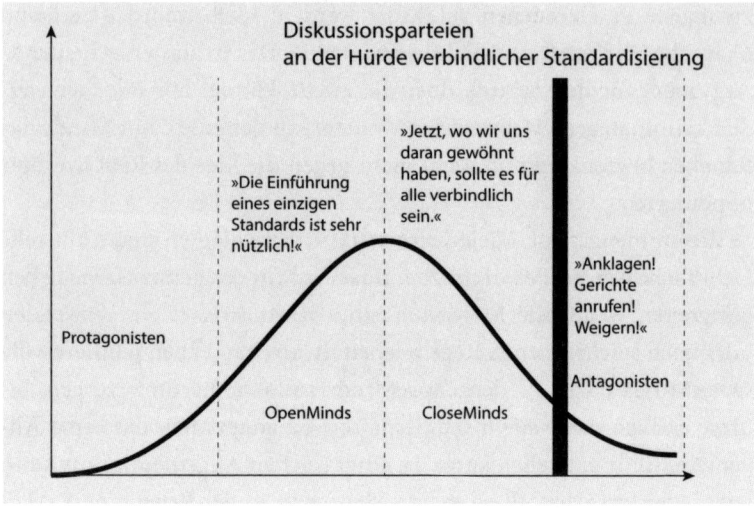

**Starke Resistenzen an der dritten Hürde**

Diskussionsparteien
an der Hürde verbindlicher Standardisierung

»Die Einführung eines einzigen Standards ist sehr nützlich!«

»Jetzt, wo wir uns daran gewöhnt haben, sollte es für alle verbindlich sein.«

»Anklagen! Gerichte anrufen! Weigern!«

Protagonisten

Antagonisten

OpenMinds          CloseMinds

## Die dritte Hürde –
## vom Standard zur verbindlichen Regel

Innovationen im Bildungsbereich müssen nach der Vorstellung der Länderregierungen oft einheitlich eingeführt werden. Sie werden dann per Verordnung verbindlich. Das kann man wohl erst dann erfolgreich tun, wenn die zweite Hürde übersprungen ist und sich auch die CloseMinds langsam an die neuen Strukturen gewöhnt haben. Wenn sie sich endlich und überhaupt (als mehr Zwanghafte) an etwas gewöhnt haben, wünschen sie meistens, dass es zur allgemeinverbindlichen neuen Lebensregel werden soll. Dann aber heulen die Antagonisten noch viel extremer auf, denn bisher argumentierten sie immer noch einigermaßen sachlich gegen das Neue, nun aber soll es ihnen selbst aufgezwungen werden. Jetzt werden sie militant.

Innovationen im Bildungsbereich sind ein gutes Beispiel. Sie treffen auf viel längeren Widerstand als normale Innovationen, weil sie eben auch noch die dritte Hürde überwinden müssen.

Steht man an der dritten Hürde, so ist es vollkommen gleichgültig, ob nun schon 90 oder 95 Prozent der Bevölkerung etwas als verbindlich festgesetzt haben wollen. Die letzten Antagonisten rufen jetzt eben die höchsten Gerichte an.

Wir können es schaffen, dass fast gar nicht mehr geraucht wird, aber das Rauchen prinzipiell verbieten? Das gibt Krieg. Wir haben eine beliebige öffentliche Mehrheit gegen privaten Waffenbesitz, aber ein Verbot bekommen wir nicht hin. Die Katholiken machen (glaube ich) in größter Mehrheit von Verhütungsmitteln Gebrauch, aber eine offizielle Erlaubnis bekommen sie nicht.

Wann also gibt es die ersten Schullehrbücher nur als Software im Netz mit freier Lizenz für alle? Wann Wahlen im Internet (»Geht nicht! Ich habe keinen Internetanschluss und will auch keinen! Dann ist es Wahlfälschung!«)? Verfolgen Sie das Drama um den Stuttgarter Bahnhof? Da gab es eine Volksabstimmung mit einer Mehrheit für das sogenannte S21-Projekt. Nach der Niederlage der Gegner akzeptierten die meisten CloseMinds die demokratische Entscheidung. »Es ist nun so – und wir gewöhnen uns an die neue Lage, die wir eigentlich nicht wollen.« Die Antagonisten aber arbeiten weiter an der Verhinderung, als sei nichts geschehen. Das kann sehr viel Sand ins Getriebe der Projekte streuen! Die Antagonisten erzeugen erhebliche Mehrkosten.

Viele Innovatoren begehen unverzeihliche Fehler, indem sie ihr Neues so konzipieren, dass es (viel zu) viele Antagonisten erzeugt. Facebook sagt zu Datenschutzproblemen so etwas wie:»So what?«, weil es die OpenMinds nicht so kratzt, wenn die Datenlage nicht total sicher ist. Aber es gibt wütende Angriffe der anderen resistierenden Parteien – und Facebook wundert sich über die Aggression und findet es auch nicht gerecht, dass die Anfeindungen ja nicht von den eigenen Kunden kommen, sondern von außen. Stellen Sie sich einmal vor, es gäbe eine Aggressionskampagne gegen den Geschmack von Erdbeerjoghurt von lauter Leuten, die nie Joghurt essen! Das würden wir nicht verstehen, aber wir können so eine Kampagne sofort erwarten, wenn das Essen dieses Joghurts Pflicht werden soll.

Immer, wenn etwas für alle gelten soll, kommt leicht solche Aggression auf. Wir nutzen zum Beispiel alle nach und nach die Suchmaschine Google, die uns immer mehr Nutzen bietet und dadurch zum allgemeinen Standard wird. Das Googeln ist nicht direkt verbindlich vorgeschrieben, aber so sehr bestmöglich, dass Google zum »de facto«-Standard geworden ist. Nun aber regt sich sofort Widerstand gegen jede Neuerung von Google, weil Google jetzt nicht mehr nur einfach eine Dienstleistung anbietet oder verändert, sondern weil Änderungen bei Google gleichzeitig unmittelbare Eingriffe in unser Leben darstellen – da müssen wir doch gefragt werden! Dieselben Aggressionen hatten wir vor einem halben Internetzeitalter gegen die Firma Microsoft, die uns das Betriebssystems Windows »aufzwang«. Neuerdings befürchten wir, dass das Unternehmen Apple uns etwas aufzwingt. Alle Innovationen, die bis zur dritten Hürde kommen, müssen sehr vorsichtig sein, sich nicht erbitterte Feindschaften einzuhandeln, wenn sie ihre Konzepte ändern. Sie verändern ja dadurch unser aller Leben, und bei »de facto«-Standardveränderungen haben wir keine Wahl, wir müssen sie »schlucken«. Ja, wir wollen alle das beste Produkt, aber keine Fremdbestimmung.

## Mehrere Hürden gleichzeitig

Viele Innovatoren sind ernsthaft verbittert, weil das eigene (meist Groß-) Unternehmen, in dem und für das sie arbeiten, einer neuen Idee verschlossener gegenübersteht als die Kunden draußen. Oft kommen schon die Kunden und fragen, wo die neuen Produkte des Unternehmens bleiben und wie viel sie wohl kosten mögen. Wann ist alles lieferbar? Währenddessen hat das Unternehmen immer noch nicht entschieden, ob es auf den neuen Trend aufspringen soll. Soll ein Festnetztelefonunternehmen in ein Mobilfunknetz investieren? Die Mitarbeiter des Unternehmens sind von der höheren Qualität des Festnetzes absolut überzeugt und sehen die Vorteile eines Mobilgeräts nicht wirklich. Sie fürchten sich auch, dass der Mobilfunk ihr Unternehmen stark verändert und vielleicht insgesamt schwächt. Was wird werden? Im Kopf sind sie überzeugt, dass das Alte besser ist, im Körper sitzt die Angst. Sie sind CloseMinds. Die Controller des Unternehmens zählen das schöne Geld, das mit dem Alten (noch) verdient wird. Sie scheuen die Investitionen ins Ungewisse. Die Innovatoren im Unternehmen schimpfen: »Unser Unternehmen sollte immer vorn sein und sich nicht hinten verstecken. Unser Unternehmen steht sich selbst im Wege.«

Wir sehen: Wenn die Hürde zum OpenMind auf der *Kundenseite* übersprungen ist, bedeutet das noch lange nicht, *dass sich das Unternehmen selbst der neuen Idee oder Innovation geöffnet hat.* Es ist oft selbst noch CloseMind oder gar Antagonist. Das ist besonders dann der Fall, wenn eigene Unternehmensprodukte durch die Innovation kannibalisiert werden, wie man sagt, wenn also das Neue die alten Produkte des Unternehmens bedroht.

Die Buchverlage mögen einfach nicht eBooks produzieren, die Banken keine Internetservices aufbauen, die Schulbuchverlage hassen interaktive Lehreinheiten im Internet, der stationäre Handel redet die Intershops klein, die Computerhersteller die Smartphones, Firmen wie Kodak haben bis kurz vor dem eigenen Tod nicht geglaubt, dass sie das Neue einfach verdrängt.

»Bücher sind haptisch – eBooks nicht!« –»Kunden wollen beraten werden, nicht im Internet selbst agieren.« –»Nicht jeder kann sich Internet leisten, aber Schulbücher zahlt der Staat!« –»Kleidung muss man anfassen, niemals kauft man die im Internet.« –»Personalberatung ist eine wichtige diskrete Angelegenheit, man kann nicht einfach Fachleute durch bloßes Googeln finden und anhauen.«

Als Chief Technology Officer der IBM habe ich mir viele Jahre lang diese Gegenargumente angehört. Ich war auf vielen Verbandstagungen für Büromöbel, Bankfilialausstattungen, Büroimmobilien, Druckmaschinen, Bücher, Bibliotheksorganisation, Headhunting und so weiter, die der eigenen Branche goldene Zeiten nach der kurzen Störung durch das Internet bescheinigten.»Das ist ein Hype, der geht vorbei.« Ich selbst habe diese liturgischen Wiederholungen immer wie Leichenpredigten empfunden und mit Trauer versucht, Industrien zu warnen. Ich erwähnte es schon: Ich wurde belächelt oder wie auf der Hybris-Curve glatt ausgelacht. Besonders die etablierten Unternehmen selbst sind oft nicht so aufgeschlossen wie ihre eigenen Kunden. Wenn die OpenMinds unter den Kunden schon das Neue kaufen, sind die Großunternehmen noch CloseMinds, und die auf Vergangenheit pochenden Keynote-Speaker ernten als flammende Antagonisten auf den Verbandstagen rauschenden Beifall für ihre Durchhalteparolen.

Ein Innovator muss in diesem Fall natürlich in seinem eigenen etablierten Unternehmen auf *viel mehr* Widerstand treffen als im Markt.

Er muss auch verstehen, dass sein Unternehmen überhaupt kein Gefühl für die neuen Wünsche der Kunden hat, weil es als CloseMind die OpenMind-Kunden nicht versteht. Jemand, der Bücher zu einem guten Teil nach Haptik (»wie es sich anfühlt«) beurteilt, kann nicht wirklich spüren, was ein eBook-Kunde will. Ein Buch von mir bekam vor einiger Zeit eine vernichtende Kritik (mit der schlechtest möglichen minimalen Einsternebewertung bei Amazon) – ein Leser hatte es als eBook eines ehrwürdigen Wissenschaftsverlags gekauft:

»... aber die kindle-version ist eine zumutung, und für den preis erst recht! das schriftbild ist verschwommen, die silbentrennung nicht gefiltert, das format ist blocksatz. blocksatz im ebook? ich kenne mich noch nicht mit dem kindleformat aus, aber das hier ist das schriftbild eines pdf's auf einem standard ebookreader. (mit allen diesbezüglichen macken, siehe oben) shame on you!!! (verlag) wer dueck kennt weiss, dass hier gerade etwas passiert ist, das er u. a. thematisiert.«

Inhaltlich drückt das wohl aus, dass die Kunstform des eBooks eine andere ist. Die versteht ein Verlag nicht gleich und »speichert das Buch einfach als pdf ab«, wahrscheinlich ohne sich die Mühe zu machen, das neue elektronische Buch einmal auf den meistverkauften eBook-Readern anzuschauen. Und wenn ein solcher Leser wie im echten Leben schimpft, wird ein Verlagsmanager vielleicht denken, dass die Rezension in sehr speziell eigenwilligem Deutsch formuliert ist und einige Rechtschreibeeigentümlichkeiten enthält. Zu einem Verständnisversuch aus der Initiative des Verlags heraus kommt es in solch einer Situation nicht. »Das ist bestimmt so ein ungebildeter junger Mensch ...«

Ein Innovator darf sich also keinesfalls nur um die OpenMinds aufseiten der Kunden bemühen, die sein Produkt oder seine neue Dienstleistung ja kaufen sollen. Er muss sich unbedingt auch um die CloseMinds und Antagonisten kümmern. Er muss sich spezielle Argumentationsketten und Zugangsweisen für jede Hürde zurechtlegen. Oft ist – wie gesagt – der eigene CEO (der Vorstandsvorsitzende) selbst ein Antagonist. »Wer das Neue unterstützt, ist ein Verräter – so einer gehört nicht hierher!« Das darf einen Innovator nicht einmal wundern und schon gar nicht in die Knie zwingen und gleich aufgeben lassen.

Und es gibt noch mehr Fronten als nur diese zwei (Kunden und eigenes Management): Da wollen die Mitarbeiter des Unternehmens nicht mitziehen, Betriebsräte sperren sich, Controller und Investoren haben ihre eigentümlichen Denkschemata, wann sie etwas finanzieren und wie sie etwas steuern. Es gibt eine Fülle von Resistenzen und Immunsystemen, die alle auf das glatte Funktionieren einer Prozesskette ausgelegt sind und nicht mit größeren »Ausnahmen« wie einer Innovation umgehen können.

Wir werden immer wieder sehen: Innovation hat wirklich etwas vom Geschmack der Art »Sisyphos schafft es!«

## Vom Innovator selbst erzeugte Resistenzen

Haben Sie noch die Zahl »100 Prozent Mist aushalten« im Kopf? Innovation hat so viele Barrieren zu durchbrechen, so viele Hürden zu überspringen und ein komplexes Gewusel von »unerwarteten« Problemen zu lösen, dass ein Innovator sehr viel Herzblut für »sein Baby« aufbringen muss, um die Last allein psychisch tragen zu können. Erfahrene Manager in Unternehmen sehen genau, wann jemand Innovationen mit dem gebotenen Ernst und der notwendigen Professionalität vorantreibt. Innovatoren müssen vor allem die Dinge sichtbar in Bewegung bringen, sonst werden sie vom Management nicht wirklich respektiert.

Diesen Respekt muss sich ein Entrepreneur, ein Intrapreneur oder allgemein ein Innovator ganz natürlich durch seine Arbeit erwerben.

Leider strahlen Mitarbeiter oder Manager, die mit Innovationsaufgaben betraut sind, oder Erfinder, die ihre Idee nun umsetzen wollen, so etwas wie eine Aura aus, dass sie allein deshalb schon etwas Besonderes sind. Es ist nicht die Aura des Erfolgs, die sie gerne ausstrahlen dürfen, es ist auch keine eines ausgeprägten Sendungsbewusstseins, was allgemein geachtet wird, sondern eine des Herausgehobenseins. Die wird übelgenommen.

Die Innovatoren diskutieren unter sich oft über die harten Arbeitsbedingungen beim Brechen von Widerständen und fordern auch zu Recht eine offenere Unternehmenskultur. Als Protagonisten der Innovation betonen sie immer wieder Prinzipien wie diese:

- Innovation geht nur mit Freude und Energie bei der Arbeit, unter »Flow«.
- Innovation sollte intrinsisch motiviert sein, nicht unter Druck von Incentives stehen.
- Der Innovator muss eine freiere Hand im Unternehmen haben als die meisten anderen, weil er agil sein und schnell entscheiden muss.
- Innovatoren müssen querdenken dürfen.
- Fehler bei der Innovation müssen erlaubt sein.
- Innovation »ist jung« beziehungsweise assoziiert mit jungen Leuten.

Das stimmt auch alles, aber diese Bedingungen können nicht jedermann einfach so geschenkt werden, das wäre eine gigantische Verschwendung! Die guten Ideen müssen sich schon durchsetzen und durchkämpfen.

Ein Innovator hat fast regelmäßig nur dann Erfolg, wenn er sich mit Haut und Haar seinem Projekt verschreibt und eben alle diese Probleme aushält, die ihm in den Weg kommen – zu 100 Prozent! Wenn er das nicht tut, will oder kann, wird es nichts. Ein Innovator kann aber nicht verlangen, dass ihn nun seine Umgebung in Watte packt und Verständnis dafür hat, dass er »Freude bei der Arbeit *braucht*«.

Innovatoren weigern sich in Unternehmen sehr oft, so wie alle Manager, bei der Bonusvereinbarung harte Ziele zu akzeptieren, also de facto »bei Misserfolg ein bis drei Monatsgehälter Abzug« hinzunehmen. Normalerweise prognostiziert man, wie viel ein Manager erfolgreich leisten kann und setzt ihm dieses Maß als Jahresziel oder Quartalsziel. Abweichungen vom Ziel hinterlassen Spuren auf der Gehaltsabrechnung, nach oben oder unten. Bei Innovationen kann man aber schlecht prognostizieren! Das ist eine ewige Quelle des Konflikts. Den sollte man besser in jedem Einzelfall regeln, nicht aber »tönen«, man sei als Innovator eine Ausnahme.

Ich bitte Sie als Innovator: Vermeiden Sie unter allen Umständen, für sich zu viele Ausnahmen zu produzieren oder sie gar zu fordern. Jede Ausnahme trifft auf das gesunde Immunsystem des Systems. Geben Sie sich nie den fahrlässigen Anschein, eine Ausnahme sein zu *wollen*. Drehen Sie es so, dass Sie sich lange sorgsam um Regeleinhaltung bemüht haben, aber nach langem Hin und Her Ihr Management am Schluss aus dessen eigener Überzeugung heraus eine Ausnahme *macht* oder machen muss.

Dasselbe gilt für die »freiere Hand für mehr Flexibilität«. Hüten Sie sich, so etwas auszustrahlen. Denken Sie einfach quer, aber fordern Sie nicht, dass Querdenken von allen begrüßt werden muss. Sie können auch Fehler machen, keine Angst – nur nicht solche, die man Ihnen als Unprofessionalität auslegt. Predigen Sie deshalb bitte nicht vorher, dass Ihre Fehler schon vorab verziehen werden müssten.

Sie müssen es schaffen, eine Ausnahme zu *sein*, diese eine. Erwerben Sie sich Respekt, in diesem *einen* Fall. Fordern Sie keine Generalabsolution. Bewegen Sie alles, schimpfen Sie nicht zu viel, wenn andere Ihnen nicht helfen. Vermeiden Sie jeden Anschein, etwas Besonderes per se zu sein, bloß weil Sie an etwas Neuem arbeiten. Wenn es Anlass gibt, stolz auf Sie zu sein, wird es genug Leute im Unternehmen geben, die mit Ihrem Verdienst hausieren gehen. »Unser Unternehmen hat einen wichtigen Meilenstein in einem revolutionären Technologiegebiet überschritten ...« Alle im Unternehmen sind froh, solche Meldungen verbreiten zu dürfen! Aber die Innovation als solche trifft im Unternehmen immer auch auf CloseMinds und Antagonisten.

»Begeisterung einfach so« weckt das Immunsystem! Schauen Sie auf die beiden folgenden Grafiken, hier die erste, die den Normalfall illustriert:

### Reaktionen auf Innovation im Allgemeinen

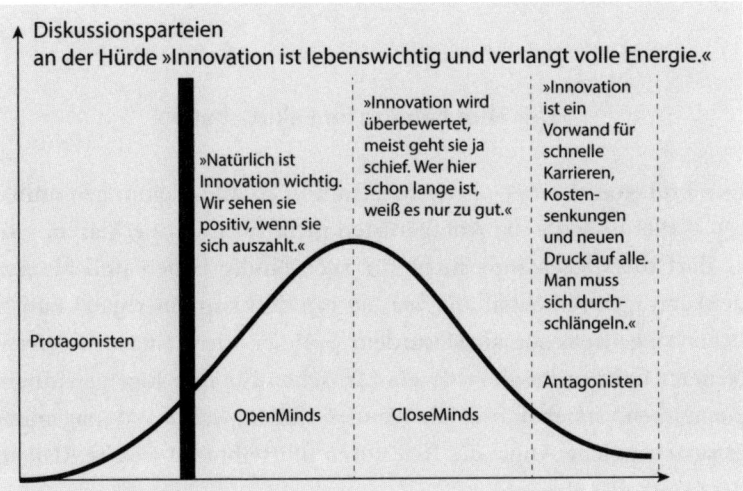

Diskussionsparteien
an der Hürde »Innovation ist lebenswichtig und verlangt volle Energie.«

»Natürlich ist Innovation wichtig. Wir sehen sie positiv, wenn sie sich auszahlt.«

»Innovation wird überbewertet, meist geht sie ja schief. Wer hier schon lange ist, weiß es nur zu gut.«

»Innovation ist ein Vorwand für schnelle Karrieren, Kostensenkungen und neuen Druck auf alle. Man muss sich durchschlängeln.«

Protagonisten

Antagonisten

OpenMinds   CloseMinds

Nur in den wirklich erfolgreichen Unternehmen denken die vier Parteien grundsätzlich so:

**Restresistenzen in innovativen Unternehmen**

Diskussionsparteien
an der zweiten Hürde »Innovation ist lebenswichtig
und verlangt volle Energie.«

»Wir sind stolz auf unsere Innovationen. Und auf uns. Vorn mitmischen ist toll.«

»Innovation verlangt viel von uns, das ist okay, solange sie gut ist. Sie bringt leider viel Unordnung, das müsste nicht sein.«

»Innovation ist viel heiße Luft. Wir streichen vieles als NEU an, im Grunde ist es immer neuer Wein in alten Schläuchen. Wir entwickeln uns langsam weiter, na und? Zu viel Getue.«

Protagonisten

OpenMinds    CloseMinds

Antagonisten

In jedem Fall gibt es auch in »innovativen Unternehmen« noch genug Reserve gegenüber der Innovation als solcher. Und diese bildet Abwehrreaktionen aus, die man nicht fahrlässig provozieren sollte.

## »Der Thor hält Rat für Feindschaft«

Der Protagonist einer neuen Idee sollte sich alle Meinungen anhören – alle! Er sollte die Antagonisten nicht für dumm erklären, und er darf die CloseMinds nicht für rückständig halten und als Bedenkenträger verachten. Sie werden ihn dafür in einer ganz natürlichen Gegenreaktion als Hasardeur, Spinner oder Fantast titulieren. Neuerer müssen möglichst viele Menschen für ihre Idee gewinnen. Sie müssen verstehen, was die Kunden wollen, was das Management erwartet, welche Angst die Investoren umtreibt und welche Risiken der Controller abwägt.

Alle Gruppen haben ihre OpenMinds, CloseMinds und Antagonisten, von denen der Innovator vieles verstehen lernen kann. Professionelle Menschen hören zu und nehmen ernst. Man muss beileibe nicht tun, was andere wollen. Zuhören und verstehen bedeutet nicht »gehorchen«. Man muss einfach verstehen, was all die anderen verlangen und welche Gründe sie dafür haben. Innovatoren innerhalb eines Unternehmens bekommen unsäglich oft so etwas gesagt:»Unser Unternehmen tickt nun einmal anders und das geht hier nicht.« Damit haben die CloseMinds im Management nicht unbedingt gesagt, dass sie nun feindlich gegen das Neue sind, sie sind oft nicht einmal dagegen. Nein, sie wissen aus ihrer intimen Kenntnis der Unternehmensstrukturen, dass etwas Neues im Unternehmen auf Ablehnung stoßen wird – und sie wissen aus langer Erfahrung, dass sie selbst deshalb nicht mitmachen sollten, weil ihr Mitwirken verschwendete Zeit wäre. Innovatoren werden in Unternehmen oft angefeindet.»Ihr nervt! Es geht doch nicht! Wir wissen das aus Erfahrung.« Auch das gilt es zu verstehen.

Das Schlimmste, was ein Innovator da tun kann, ist das beleidigte oder verachtende Zurückzucken. Seine Idee trifft doch ganz natürlich auf viele Barrieren und Resistenzen, die er verstehen muss. Aber so, wie er für einen Feind gehalten wird, beginnt er selbst, die Andersdenkenden für seine Feinde zu halten, *gegen* die er kämpfen muss. Dabei sind es einfach Resistenzen von CloseMinds und Antagonisten, die es praktisch immer gibt. Die Haltung, Andersdenkende für Feinde zu halten, ist weitverbreitet – sie ist einfach Ausdruck einer neurotischen Innenresistenz gegen Einflüsse von außen.

Immer, wenn ich die Schlossanlage in Schwetzingen in der weiteren Umgebung von Heidelberg besuche, erschauere ich vor einer Inschrift in der Moschee im Schlossgarten:»Der Thor hält Rat für Feindschaft.«

Der »Thor« hat ein inneres Immunsystem, das auf Kritik nicht in der Sache reagiert, sondern den Kritiker als seinen Feind möglichst aus seinem Gesichtskreis entfernt.

Wenn ein Innovator sich in diesem Sinne als Thor zeigt, ist eigentlich schon alles verloren. Er soll doch die Immunsysteme aufbrechen und verändern! Er soll nicht alles gleich zu Beginn zerstören, indem er selbst durch seine eigenen Immunsysteme erhebliche Störungen erzeugt.

Ich selbst werde so oft von Gründern nach meiner Meinung zu ihrem neuen Service oder Produkt befragt. Meist haben die Gründer alle diese Hindernisse, die ich im Verlauf dieses Buches zeigen will, nicht aus ihrem eigentlichen Grund heraus verstanden. Sie wissen meist nicht, wie Kunden denken, wie der Markt reagiert, sie können ihre Erfindung nicht einleuchtend darstellen oder gar attraktiv erscheinen lassen, sie wissen nicht, wer genau das alles kaufen soll und wie viel es kosten soll. Dann weise ich sie möglichst schonend auf die absolut gähnenden Lücken hin. Ich zeige ihnen den Abgrund, vor dem sie stehen und über den sie springen sollen. Meist muss ich leider sagen:»Ich verstehe gar nicht, *was* Sie überhaupt verkaufen.« Denn meistens steht im neuen Flyer nur, dass das neue Produkt die Welt verbessern wird, sonst nichts! Und die entgegengesetzte schlimme Variante ist es, so technisch wie in einer wissenschaftlichen Zeitschrift zu argumentieren. Es klingt wie »heiße Luft« oder sieht aus wie »unverständliche Tüftelei«. Und dann würde ich mir wünschen, die Innovatoren, die meinen Rat haben wollen, würden ab und zu einmal »Aha« sagen und zuhören. Ich muss nicht recht haben, aber ich habe doch wohl hörenswerte Argumente. Ich vernehme aber allzu oft am anderen Ende der Leitung ein stilles Stöhnen – es klingt wie »Dueck ist auch dagegen«. Dann verteidigen sie zäh ihre Idee und erklären mir, dass sie schon lange daran gearbeitet haben und es in der derzeitigen Form sehr gut finden. Ich frage:»Haben Sie schon anderswo Resonanz? Haben Sie Investoren gewonnen? Etwas verkauft?« Antwort:»Ich werde hin und her geschoben, keiner hört mir zu.« Und dann versuche ich zu erklären, dass es *gerade dann* doch wohl an der Zeit wäre, den anderen zuzuhören … »Na, Sie wimmeln mich ja jetzt auch ab. Was soll das heißen, man versteht es nicht, was ich will. Als wenn sich alle gegen mich verschworen hätten. Ich darf irgendwie nicht in die entscheidenden Zirkel.« Und ein wenig später lege ich traurig auf. Der Thor hält Rat für Feindschaft.

Geben Sie einmal einem von Scheidung Bedrohten einen Rat. Er nimmt ihn nicht an, er will nur Tröstung. Deshalb sollte man ihn trösten und ihm keinen Rat geben. Wenn ein Übergewichtiger klagt oder ein Raucher über seine kranke Lunge stöhnt, will er Trost, keine Entzugsvorschläge. Wenn jemand zaghaft zu mir kommt und andeutet, Manager werden zu wollen, will er Zustimmung, keinen Rat. Wenn alle diese Leute einen Rat bekommen, werden sie böse und halten uns Ratgeber für Feinde. »Du bist auch gegen mich!« Was können wir tun? Vielleicht trösten. Das löst die Spannung für den Moment. Aber der Trostsuchende bleibt weiterhin in sein Problem verstrickt – das ist sein Schicksal und sein Teufelskreis. Bei Innovationen ist es anders als bei Magersucht, Depression oder Prüfungsangst. Da tröstet keiner! Niemand nimmt an, dass ein Innovator getröstet werden muss. Man meint, man müsste ihm nur Rat geben und helfen! Und da ist das Zuhören als Innovator nicht so angenehm wie in fast allen anderen Fällen, wo die Menschen noch einen Sinn für Mitleid haben.

Hören Sie zu:

Hindernisse bei Innovationen sind meist ein wertvoller Hinweis auf noch Unverstandenes, das eher mit Neugierde untersucht als ärgerlich abgewiesen werden sollte.

Und ich bitte Sie jetzt, mir durch den ganzen Hindernisparcours zu folgen. Worüber muss ein Innovator mit seiner Innovation springen – wieder und wieder?

Die größten Hindernisse liegen in der als Prozess glatt laufenden Arbeitsteilung der Menschen, in die sich eine meist »quer« (im Amerikanischen »cross«) über das Ganze gelagerte Innovation nicht glatt einfügen lässt. Das Leben ist für den Normalfall ausgelegt und widersteht systematisch allen Veränderungen und Ausnahmen. Die einzelnen Menschen und Unternehmensabteilungen haben ja klare Verantwortlichkeiten in ihrem Mini-Kosmos. Nur der Innovator muss alles miteinander verbinden und in Bewegung setzen. Wie schafft er es, all die Menschen für eine günstige Zeit kurz von ihren engen Partikulärinteressen und Glaubenssätzen abzubringen? Viele Hindernisse lassen sich schon aus einer kurzen Aufzählung erahnen – und sie kommen Ihnen sicherlich bekannt vor (sie liegen unter anderem im Wort »nur«):

- Wissenschaftler träumen nur von Ruhm.

- Marketingchefs heischen nur nach Aufmerksamkeit.

- Kommunikationsmanager wollen nur ein positives Image.

- Manager wollen hauptsächlich Ordnung bei steigendem Gewinn.

- Berater suchen nach Schwachpunkten, um Beseitigungsaufträge zu bekommen – oder sie verkaufen Innovationsmanagement als Ware – Herzblut exklusive.

- Kunden zu verstehen ist schwer – auf welche soll man hören? Auf die Protagonisten unter den Kunden, die Neues euphorisch begrüßen? Oder auf im Prinzip offene potenzielle Käufer?

- Fast alle Zukunftsträumer verstehen nicht, dass erst die Infrastrukturen für die Idee wachsen müssen (Autos nützen nichts ohne Straßen, Smartphones nichts ohne Funkabdeckung), deshalb erwarten sie chronisch zu viel und alles zu schnell ...

- Investoren und Shareholder nennen Träume Erwartungen.

- Mitarbeiter haben Besitzstandsängste im Angesicht des Neuen.

- Der Innovator weiß mit all dem nicht umzugehen.

In diesen Sätzen liegen die Grundfesten der hohen Barrieren, die eine Innovation oder ein Innovator überwinden muss.

# TEIL 2

# SPEZIELLE INNOVATIONS- HINDERNISSE

Jetzt will ich mit Ihnen eine Reise durch die Unternehmensabteilungen beginnen, die sich mit dem Neuen auseinandersetzen wollen oder müssen.

Besonders große Unternehmen sind effizient organisiert, sie haben das Prinzip der Arbeitsteilung über eine lange Zeit hinweg wieder und wieder optimiert. Alle Arbeit verläuft in Workflows oder in Prozessbahnen wie am Fließband. Jeder Mitarbeiter ist Teil einer Wertschöpfungskette und soll möglichst zuverlässig wie ein Rädchen im Getriebe »seinen Job machen«. Jeder hat eine Rolle bei seiner Arbeit auszufüllen, und nur genau die. Schlimmer noch für Innovation: Mehr und mehr neigen Unternehmen dazu, die Mitarbeiter chronisch zu überlasten, sodass sie schon in ihrem engsten Arbeitsbereich unter Stress stehen und keinerlei Zeit haben, irgendetwas anderes zu tun oder gar irgendeiner anderen Abteilung einfach einmal auszuhelfen. Unter Überstress schaut jeder auf seine Arbeit, und zwar in einem immer engeren Sinne – es gibt keine Zeit mehr! Die Zeit ist sozusagen wegoptimiert worden.

In diesem Umfeld soll nun etwas Neues entstehen. Geht das überhaupt noch? Fast alle Innovationen scheitern an den Zwängen der verschiedenen Unternehmensabteilungen, die eigentlich gar keine Zeit haben *dürfen*, bei der Entstehung von etwas Neuem mitzuwirken. Und trotzdem!

Ich gehe jetzt mit Ihnen durch verschiedene Unternehmens- oder Arbeitsbereiche und zeige Ihnen, was Sie dort als Wegbereiter des Neuen vorfinden werden – an Pflichten, Erfordernissen, Denkweisen,

Arbeitsweisen und Geisteshaltungen zu Neuem. Erst wenn Sie wissen, wie die einzelnen Arbeitsbereiche »ticken«, können Sie Wege finden, das Neue trotzdem durchzutragen. Bereich für Bereich muss gut verstanden werden. Ich beginne mit denen, die zuerst die Idee haben – bei den Wissenschaftlern. Die müssen dann »raus aus dem Elfenbeinturm« und ihre Ideen und Prototypen auf Messen zeigen und verbreiten (Marketing) und dann mit potenziellen Kunden testen, die sie zum Beispiel mit dem Vertriebsbeauftragten besuchen. Dann kommt langsam das Management ins Spiel, das neugierig fragt, ob da Geld zu verdienen wäre – und es treten die Controller, Finanzfachleute und Vertragsexperten auf den Plan, die plötzlich in großer Zahl helfen sollen – sodass zu viele Köche den Brei verderben könnten. Wenn etwas in dieser Weise nicht gelingt, fragt man externe Berater, und die setzen mit Brainstormings wieder einmal neu an ...

Sie werden sehen: Die effiziente Aufteilung der Arbeit in normalen Unternehmen behindert das Neue – insgesamt wirkt sie eben wie ein großes Immunsystem gegen Feinde der Ordnung, zu denen alles Neue nun einmal gehört.

# IM ELFENBEINTURM
# DER WISSENSCHAFT

## Immunsystem Wissenschaftlerkarriere

Wissenschaftler sollen der Menschheit vor allem neue Erkenntnisse, Methoden und Einsichten schenken, sie sollen erfinden und entdecken. Die wissenschaftliche Methode verlangt vielleicht zu drakonisch – jedenfalls für meinen Geschmack – dass alles Neue vor der Veröffentlichung auch sorgsam hergeleitet und bewiesen wird. Wissenschaftler sollen keine spontanen Meinungen äußern, keinesfalls etwas noch Unausgegorenes nur zur Diskussion stellen, politisch argumentieren oder schon anwenden, was noch nicht rigoros verifiziert ist.

Die innere Haltung des Wissenschaftlers, die auf »Wahrheit getrimmt« ist, kann sich wohl nur selten mit dem »Verkaufen von Ideen zur Erzeugung von Innovationen« anfreunden. Wahrheitsfindung und Geschäftemachen wird traditionell und auch vom normalen Einzelmenschen als Gegensatz gesehen. Deshalb meidet der Wissenschaftler das Business eher. Diese klassische Wissenschaftlerhaltung beißt sich mit der Forderung der Gesellschaft, nun zusätzlich zum reinen Erfinden noch innovativ zu sein.

Die Gesellschaft empfindet das nicht so. Sie dringt deshalb seit einigen Jahren immer stärker darauf, dass Wissenschaftler sich aus dem Elfenbeinturm der Wahrheit in den Markt hinausbegeben und ihre zu Innovationen gereiften Erfindungen verkaufen. Gleichzeitig behindert dieselbe Gesellschaft durch ein auf reine Wissenschaft ausgerichtetes Karrieresystem das Entstehen von Innovationen im Forschungsbereich. Sehen wir uns die Pflichten eines Universitätsprofessors an:

- Lehre – Vorlesungen in seinem Fach für Studenten,
- Ausbildung von wissenschaftlichem Nachwuchs – Diplomanden, Doktoranden, Assistenten und Dozenten werden als »Schüler« herangebildet,
- Forschung,
- Innovation durch eigene Entwicklungen oder in Zusammenarbeit mit Unternehmen oder staatlichen Institutionen.

Wie wird man Professor? Zunächst muss ein angehender Wissenschaftler promovieren und dann mit seinem Doktortitel als Mitarbeiter oder Assistent einige Jahre lang weiterforschen, um sich zu habilitieren oder entsprechend hoch bewertete Forschungsleistungen erbringen. Die Habilitation ist in der Regel die Hauptanforderung bei der Einstellung eines Professors. Zur Habilitation müssen hervorragende Forschungsergebnisse vorgelegt werden, die weit über eine Doktorarbeit hinausgehen. Wenn Sie sich nicht richtig auskennen, erkläre ich das hier einfach über den Daumen und ganz inkorrekt so: »Habilitation ist so etwas wie noch fünfmal Doktor«. Eine Habilitation dauert nun zeitlich nicht so lange wie »fünfmal Doktor«, wie man naiv denken könnte; denn nach der Promotion ist man ja in das Forschungsgebiet gut eingearbeitet und kann nun viel effektiver Ergebnisse erzielen. Wissenschaftler brauchen dennoch lange Jahre bis zur Habilitation. Im Internet findet man Zahlen über das durchschnittliche Lebensalter bei der Habilitation aus den Jahren 1995, 2000 und 2005. Danach hält sich das Prüfungsalter über die Jahre stabil bei etwa 40,5 Jahren, in den Naturwissenschaften/Mathematik geht es mit rund 39 Jahren am schnellsten, in der Veterinärmedizin dauert es mit circa 42 Jahren am längsten; die Unterschiede variieren nach Fach also nicht sehr.

Für die Habilitation spielt die Befähigung für anderes, etwa für die Lehre, kaum eine Rolle. Ein gut gehütetes (falsches) Vorurteil lautet: »Wer gut in Forschung ist, ist wahrscheinlich auch so intelligent, dass er es einleuchtend erklären kann.« Es kommt also vor allem auf die Forschungsleistung an! Erst wenn jemand dann typischerweise nach dem 40. Lebensjahr endlich Professor geworden ist, verlangt die Gesellschaft von ihm »ganz plötzlich«, dass er mit Unternehmen zusammenarbeitet und auch durch seine Innovationen von der Wirtschaft/

der Industrie Gelder für die Universität einnimmt. Er soll also nicht nur innovativ sein, sondern seine Leistungen auch im Markt gegen gutes Geld verkaufen. Im Jargon der Universität: Ein Professor muss Drittmittel einwerben. Und wir müssen uns fragen: Kann er das jetzt? Hat er daran jetzt Interesse, wo er vorher nur in der Forschung eingespannt war? Und wenn nun tatsächlich »das Forschen menschlich das Gegenteil zum Durchfechten und Verkaufen« ist – kann das überhaupt gut gehen?

Lassen Sie uns genauer in die Forschungskarriere eines Wissenschaftlers hineinschauen. Früher war es eine gute Idee, bei einem Nobelpreisträger Assistent zu sein (das ist es heute auch noch)! Die Ausbildung ist hier am besten, und die eigenen Forschungsarbeiten haben ein höheres Ansehen bei anderen. Im Grunde hat man ja schon eine große Prüfung bestanden, wenn man überhaupt mit einem Nobelpreisträger zusammenarbeiten darf. Und am Schluss legt dann dieser Chef noch ein gutes Wort bei der Bewerbung ein – und schon ist man eine gemachte Frau! Heute ist das graduell anders. Die wissenschaftliche Leistung von Forschern wird durch Messkenngrößen »objektiviert«. Man »misst« die Bedeutung eines Forschers daran, wie viele Publikationen er hat, in welchen Qualitätsjournalen diese Publikationen erschienen sind und wie oft die Publikationen des Forschers von anderen Forschern zitiert worden sind. Was ist ein Qualitätsjournal? Das ist eines, bei dem nur gute Arbeiten erscheinen. Wenn also ein junger Forscher dort eine Publikation unterbringt, hat er den Beweis erbracht, dass seine Arbeit gut ist. Woran aber sieht man, dass eine Zeitschrift nur gute Artikel druckt? Das wird wiederum objektiviert. Man misst, wie oft die Artikel der Zeitschrift in anderen Zeitschriften durchschnittlich zitiert werden. Wenn sie sehr oft anderswo zitiert werden, dann ist das ein »Beweis« dafür, dass diese Zeitschrift nur gute Artikel veröffentlicht. Jede Zeitschrift bekommt als qualitative Messgröße einen so genannten »Impact-Factor« (Einflussfaktor). Jede Publikation eines jungen Forschers wird nun mit diesem Impact-Factor multipliziert. Nun zählt man die so gewichteten Publikationskennzahlen eines Forschers zusammen und bescheinigt den »persönlichen Wert« des Forschers quantitativ durch »Impact-Points«. Der spielt heute bei Bewerbungen eine wichtige Rolle. Außerdem schaut man nach, wie oft die Publikationen eines jungen Wissenschaftlers zitiert wurden. Die beste Quelle dafür ist das »Web of Science«, wofür Sie aber ein Passwort brauchen. Google bietet diesen Service als »Google Scholar« an. Dort können Sie einen Namen eingeben und erhalten alle Arbeiten dieser Person mit deren Zitierhäufigkeit angezeigt.

Diese Messungen, die heute ein wichtiger oder der entscheidende Bewertungsfaktor für einen Wissenschaftler sind, können mich persönlich fast auf die Palme treiben. Sie sind so ungenau und außerdem so leicht manipulierbar! Man kann sich selbst zitieren oder mit anderen vereinbaren, sich gegenseitig zu zitieren! Man schreibt Arbeiten in neuen Zeitschriften, die jede noch so schlechte Arbeit drucken und zitiert dort irre viel! Man schreibt Übersichtsarbeiten ohne Neuwert, die dann als Übersicht oft zitiert werden. Man baut in eine gute Arbeit einen Fehler ein, der dann unter Zitierung überall richtig gestellt wird. Wissenschaft bekommt dadurch so ein wenig den Touch vom Radsport, bei dem alle dopen. Die Wissenschaftler müssen jetzt also nicht nur gut forschen und alles publizieren – sie müssen sich taktisch ausgeklügelt verhalten, damit sie zu guten Impact-Factors et cetera. kommen. Und dann kommen noch skurrile Sonderfaktoren dazu. Früher schrieb man immer »G. Dueck« als Verfasser, nicht »Gunter Dueck«, da wird es schon doppeldeutiger. Was passiert, wenn Sie bei Google Scholar nach »Hans Schmidt« suchen? Was passiert mit Ihnen, wenn Sie unter Namensänderung heiraten?

Ich selbst habe meine meistzitierte Arbeit (die ist jetzt bei rund 900 Zitationen, Koautor ist Tobias Scheuer) einfach beim *Journal of Computational Physics* eingereicht, weil wir damals bei IBM dachten, da seien die meisten interessierten Leser zu erreichen. Wir haben an *Leser* gedacht!!! Es kann im Extremfall sein, dass ich meine Karriere dadurch ruiniere! Ich muss natürlich eine Zeitschrift suchen, die erstens meine Arbeit annimmt und die zweitens unter allen solchen Zeitschriften den höchsten Impact-Factor hat. Da ich das damals nicht beachtet habe, werde ich heute bestimmt eine lausige Kennzahl als Forscher haben. Ich bin übrigens erstaunt, dass meine meistzitierte Arbeit schon bei 909 Zitationen ist. Wie kann das sein? Sie erschien 1990 und lag lange, lange Jahre bei 100 bis 200 Zitationen – da muss doch eine Inflation stattfinden oder eine Zitationsblase entstanden sein, oder? Noch ein anderes Argument: Ich schreibe seit 13 Jahren alle zwei Monate eine lange Kolumne im *Informatik-Spektrum*, der Mitgliederzeitschrift der Gesellschaft für Informatik. Laut einer Marktforschungsumfrage wird meine Kolumne von durchschnittlich 8000 Lesern tatsächlich gelesen (bei einer Auflage um die 25000). Das sind sehr viele! Aber das *Informatik-Spektrum* ist nicht für Impact-Points angemeldet. Ich gehe deshalb punktemäßig leer aus. Ich verkrafte das, ich bin ja habilitiert. Aber jüngere Forscher wollen nicht mehr im *Informatik-Spektrum* publizieren. Zwar würden ihre Artikel *weithin* gelesen, aber leider gibt es keine Punkte. Kein Handschlag mehr ohne Punkte! Das üben die jungen Leute heute schon bis zum Bachelor im Studium, wo es auch »nur« um Punkte geht.

Mit alledem will ich sagen, dass Forschungspunkte für die Bewerbungen finster ernst und exzessiv bedeutend geworden sind. Jeder steht weltweit mit jedem anderen im harten Vergleichswettbewerb. Die Kennzahlen sind leider noch so schlecht und so sehr manipulierbar, dass jeder junge Mensch ein sorgfältiges Publikationsmanagement und Zitationsnetworking betreiben sollte. »Nur noch Impact-Factors im Kopf!« Denn mit den Impact-Factors steht und fällt seine Karriere.

Meine eigene meistzitierte Arbeit bezieht sich auf ein mathematisches Optimierungsverfahren, mit dem man großartige Verbesserungen bei Tourenplanungen, Flugpersonaleinsatz oder dem Verlegen von Drähten auf Chips erzielen kann. Sie gibt mir eine gute Kennzahl als Forscher. Aber das, was darin steht, kann doch offensichtlich angewendet werden! Es liegt nahe, nicht nur die paar Seiten Algorithmus zu publizieren, sondern das Verfahren wirklich einmal an echten Problemen des Alltags auszuprobieren und der Menschheit damit eine echte und wertvolle Innovation zu bescheren. Das haben wir bei IBM gemacht, es hat einige Jahre Arbeit gekostet. Hätten wir uns das als Forscher an der Universität leisten dürfen? Ein paar Jahre »ohne jeden Impact«?

Meine Arbeitsgruppe im Wissenschaftlichen Zentrum der IBM hat damals angefangen, für die wertvollen Optimierungsergebnisse von Kundenunternehmen Geld zu verlangen. Wir schafften es bis zu mehreren Millionen Umsatz im Jahr. Das wurde in der Universität fast übel genommen (»Die machen jetzt keine Wissenschaft mehr«), und es wurde sogar in der internen IBM-Forschung mit leisem Unmut bedacht:»Gunter, es ist ja okay, Geld zu nehmen, und wenn's dich freut, freut's mich auch. Aber das wird Kreise ziehen. Sie werden von uns anderen Wissenschaftlern auch verlangen, Geld zu verdienen, das können wir mit unseren viel zu theoretischen Forschungen gar nicht – und ehrlich: Das wollen wir auch nicht, aber wir dürfen es dann nie offen vertreten. Wir sind Forscher, keine Unternehmer. Wir wollen hier in Ruhe denken, nicht wie du in der ganzen Welt rumsausen und verkaufen, verhandeln und nachts im Hotel arbeiten. Wir haben uns schließlich an ein wissenschaftliches Zentrum beworben. Wir wollen unseren Lebensplan nicht verändern.«

Ich illustriere die Argumentationen nochmals in Kurzform:

**Resistenzen in der Wissenschaft gegen Innovation**

↑ Diskussionsparteien
an der ersten Hürde »Forscher sollen Innovationen vorantreiben.«

»Natürlich ist Innovation wichtig. Es muss aber bei der Karriere gewürdigt werden.«

»Wir sind zu 100 Prozent Forscher, für Weltexzellenz brauchen wir all unsere Zeit. Nicht noch Innovation.«

»Innovation ist ein Vorwand für Geldmachen – von denen da oben. Es ist eine Absage an die Erforschung der Grundlagen! Qualitätseinbußen überall! Die Forschung wird aus Geldgier ruiniert.«

Protagonisten

Antagonisten

OpenMinds          CloseMinds

**Resistenzen im Wissenschaftlercharakter**

Wissenschaftler sind von ihrem Verhalten her und in ihrer eigenen Vorstellung keine Innovatoren. Die typische Psyche eines antreibenden Innovators ist eine andere als die eines bedächtigen Forschers. Ich möchte das an einem gängigen psychologischen Modell erhellen.

Kennen Sie das schöne Vorstellungsbild von Leithammeln und damit assoziierten Hierarchien bei Tieren? Tierrudel werden von Leittieren angeführt, das sind oft Männchen (Stiere, Silberrücken-Gorillas) oder Paare (Pferdeantilopen) oder bei manchen Arten Weibchen (Mufflons). Beim Menschen gibt es alle drei Varianten, aber in schiefer Verteilung zum Mann hin. Das Studium der Rangordnungen bei Tieren untereinander hat zu einer fruchtbaren Begriffsbildung beim Managementtraining oder beim Teambuilding geführt. Lässt sich aus dem natürlichen Verhalten von Tieren etwas über das optimale Veranstalten von Meetings lernen? Man unterscheidet in der Gruppendynamik:

- Alpha-Tiere wie Leittiere,
- Beta-Tiere wie »Berater« oder »Wesire neben dem Kalifen«,
- Gamma-Tiere, die die arbeitsame Masse darstellen,
- Omegas (von Alpha bis Omega), die das revolutionäre Gegenelement bilden.

Es gibt viele unterschiedliche Beschreibungen dieser vier Sorten, jede hat ja ihre zwei Seiten. Alpha-Tiere sind eben oft grausam, Beta-Tiere Besserwisser, Gamma-Tiere nur träge Masse und Omegas oft Querulanten und Nörgler. Ich diskutiere das hier einmal nicht aus. Ich will ja nur die Wissenschaftler einordnen.

*Alpha-Tiere* (stabile Macht) sind Anführer. Sie stehen im Mittelpunkt und haben die »Power«. Sie geben Ziele vor, verteilen die Arbeit, machen Mut und haben im Idealfall Charisma. Es gibt verschiedene Versionen, mehr technokratische oder auch beschützende. Es gibt Caesaren und Macher. Alpha-Tiere repräsentieren die Werte und die Kultur des Ganzen nach innen und außen, man denke an Chefs politischer Parteien, die ihre Macht verlieren, wenn sie hierbei versagen.

*Beta-Tiere* (grundsolide Vernunft) sind mehr auf Erreichen der Ziele aus (»Achievement«, nicht »Power«). Sie beraten als Experten, bleiben der (und ihrer) Sache treu, wollen ihre Erkenntnisse einbringen und sind im Idealfall weise. Sie schlichten den Streit, beruhigen hinter dem Alpha-Tier alle anderen und suchen Lösungen, für die sie lange nachdenken. Eine Bundeskanzlerin ist typischerweise Alpha-Tier, ein Bundespräsident im Normalfall ein Beta-Tier. (Die derzeitige Frau Merkel benimmt sich oft wie ein Beta-Tier, was dann übelgenommen wird; der derzeitige Joachim Gauck hat Alpha-Tierseiten, die man fürchtet und dann auch übelnimmt.)

*Gamma-Tiere* (gedeihliches Miteinander) sind normale Mitarbeiter, die genau die Rolle ausfüllen, die ihnen aufgetragen worden ist. Sie halten Ordnung, sind fröhlicher Stimmung, helfen aus und sind »Kumpel«. Das heißt nicht, dass sie völlig unscheinbar sein müssen. Bud Spencer ist in den Filmen eher so ein gutmütiges Gamma-Tier, das den Schwachen durch Verprügeln von Unmengen von Bösewichten hilft. Er ist der Allerstärkste, aber kein Anführer. Und die beste Mutter von allen ist oft Gamma-Tier …

Das *Omega-Tier* (Veränderung) hat eine eigene Meinung, kritisiert offen und scheut keine Konfrontation. Es würde am liebsten alles revolutionär verändern und kann darüber natürlich eigentlich nur mit dem Alpha-Tier persönlich vernünftig reden. Dieser notwendige Anspruch, *ausschließlich* mit dem Chef selbst sprechen zu wollen, wird als Anmaßung verstanden. Die Umgebung des Chefs fürchtet Verwicklungen, weil das Omega den offenen Widerspruch ganz da oben wagt. Ein konstruktives Omega, das trotz aller Meinungsverschiedenheit mit dem Alpha-Tier klarkommt, kann segensreich wirken. Ein Omega, das auf zu viel (zu harten oder sehr berechtigten) Widerstand trifft, ist versucht, »zu toben«. Dann kann es leicht auf alle anderen destruktiv wirken, und seine Position wird schwierig. Omegas können viel bewegen, sie können das Richtige ansprechen, sie können als »Hofnarr« beliebt sein oder auch als extreme Querdenker kritisch beäugt werden. Im Gegensatz zum Alpha-Tier repräsentieren die Omegas eben nicht genau die Werte des Ganzen, sondern sie wollen andere Werte – sie stellen vieles infrage. Das ist ein Drahtseilakt, der immer nur eine feine Trennlinie zwischen Fruchtbarkeit der Veränderung oder echtem Krach kennt.

(Anmerkung: Hier verwende ich das Omega-Verständnis der Gruppendynamik, nicht das der Biologen, die das Omega als schwächstes Tier ansehen, es gibt auch Versionen, wo das Omega mit dem »Sündenbock« gleichgesetzt wird.)

Sie haben sicher schon bemerkt, worauf ich hinauswill: Wissenschaftler sind großenteils Beta-Typen, und zwar nicht nur als Individuen –

auch ihr gesamtes Selbstverständnis gründet darauf. Sie möchten am liebsten von den Herrschenden um Rat gebeten werden, wie die Welt bestmöglich zu gestalten wäre. Im »Rat der Weisen« zu sitzen – das ist ein Traum! Ein Alpha-Tier müsste kommen, sich Rat vom Beta-Tier einholen und dann all den Gamma-Tieren die Umsetzung des Rates befehlen. Das Beta-Tier als solches arbeitet nicht selbst wie ein Gamma, das ist sein eigenes Verständnis. Beta-Typen sagen doch nur, wie alles prinzipiell zu gehen hat und wohin sich am besten alles bewegen sollte. Sie *wissen*, wie es geht! Die Alpha-Typen dagegen setzen alles durch und setzen alles um. Zwischen den Alphatypen und den Beta-Typen klafft ein riesiger Unterschied: Alpha-Typen ringen um Macht über Menschen! Beta-Typen aber möchten die Deutungshoheit über alles Objektive, sie sind Herrscher im Raum des Wissens. Alphas und Betas sind Kaiser ganz verschiedener Reiche. Deshalb sind Beta-Typen oder Wissenschaftler in der Rolle des Machtausübenden meist ein glatter Ausfall. Sie mögen nicht befehlen und Härten gegen Menschen begehen, während für die Alpha-Typen das ungenierte Befehlen eine Lust ist.

Omegas möchten verändern, nicht unbedingt herrschen. Sie wollen die Welt auf einem anderen Weg sehen und sie konfrontieren die Alpha-Typen mit harten Forderungen. Sie sind kreativ, unkonventionell und neugierig, oft intelligent und wach …

Und in diesem Buch über Innovationen müssen wir eigentlich folgerichtig fragen, wer eigentlich der beste Innovator wäre. Ein Omega als Entrepreneur – das ist vorstellbar. Ein Alpha-Typ auch. Ein Beta-Typ? Kaum, er packt wahrscheinlich nicht konkret genug an. Ich selbst bin irgendwie schon immer ein Beta-Typ gewesen. Das hat sich bei mir im Laufe meiner Neugeschäftsentwicklung rund ums Optimieren von Abläufen aller Art geändert. Ich hatte einen Plan für ein ganz neues Geschäft, und alle fanden die Idee gut! Sie waren aber aus den verschiedensten Gründen dagegen, dass wir den Plan wirklich umsetzen! Darüber bin ich immer mehr und mehr in den Omega-Bereich hineingewachsen und habe schließlich in meinen ersten Büchern Fundamentalkritik an den Bildungs- und Managementsystemen geübt. Ich wurde überall als Querdenker herumgereicht, als »Wild Duck« (amerikanisch für Querdenker). Ich erfuhr selbst, dass Innovation ja Wandel und Veränderung für andere bedeutet, die mich dann durch ihre Close-

Mind-Brille als Feind ansehen und auch persönlich bekämpfen. Da ich irgendwann wirklich umsetzen wollte, was ich theoretisch wusste, musste ich widerwillig die Last der Omega-Rolle auf mich nehmen. Ich bin aber ein originales natives Beta-Tier, ehrlich, auch wenn Sie das von außen anders sehen. Ich bin immer noch dünnhäutig, scheue mich vor den für Innovationen nötigen Kleinkriegen und sacke oft am Abend erschöpft zusammen. Ich will nur als Beta-Typ nicht immer vergeblich warten, bis mich einmal jemand da oben fragt!

Ich habe auch gelernt! Ich habe in den letzten Jahren immer darauf geachtet, dass ich in meinem engeren Team ein Alpha-Tier habe, das die Härten beziehungsweise die Machtausübung für mich übernimmt. Dann geht's! Als Chef eines Alpha-Tiers komme ich durch. Ich sage, was zu tun ist, das Alpha-Tier setzt es um. Dafür wird es irgendwann über mich hinaus befördert, das ist klar, aber so lange klappt alles wunderbar.

Wissenschaftler können nicht so leicht Alpha-Tiere zum Anführen finden, weil fast alle Wissenschaftler an der Universität Beta-Typen sind. Alle wissen richtig gut Bescheid! Alle könnten jemanden gebrauchen, der das umsetzt, was sie wissen, und wozu sie selbst zu wenig Durchschlagskraft haben. Wissenschaftler wollen eigentlich nicht gerne an etwas arbeiten, was keine Impact-Points gibt, aber sie können es als Beta selbst dann nicht, wenn sie es wollten. Noch schlimmer: Wer wirkliche Innovationen in den Markt bringen will, braucht auch normal arbeitende Ingenieure für die Produktion und Programmierer für die Software, also brave Gamma-Typen, die alle Aufgaben sauber erledigen. Solche Menschen sind aber an den Forschungseinrichtungen gar nicht vorgesehen. Dort sollen ja *alle* forschen und berühmte Beta-Typen werden. Ein Gamma erledigt nur seine Arbeit, ganz ohne die Aspiration einer steilen Professorenkarriere!

Mein Fazit: Psychologisch gesehen gedeihen vorrangig Beta-Typen in der Forschung, also unter den Publikationsanforderungen und unter den Bedingungen für eine Forscherkarriere. Macht über Menschen spielt an der Universität kaum eine Rolle. Wer Machtrangeleien anfängt, wird als fehl am Platze angesehen und nur stöhnend toleriert. Gammas braucht die Forschung per se nicht, hat sie also nicht, muss sie aber haben, wenn es um die Umsetzung von größeren Ideen zu Innovationen geht. Man kann ein Auto allein erfinden, aber nicht wirklich allein bauen. Bill Gates hat Windows erfunden, aber Windows 95 nicht allein programmiert. Omegas unter den Wissenschaftlern wollen radikal Neues, werden aber tendenziell nicht so oft zitiert, weil sie allein arbeiten und von den anderen im Mainstream nicht wahrgenommen werden ...

Forschungseinrichtungen und Einzelwissenschaftler haben wissenschaftliche Zielsetzungen und eine entsprechende psychologische Lage, unter denen die konkrete Innovation nach einer Idee nur schlecht gedeihen kann. Es bleibt am Ende immer nur beim ruhmreichen Erfinden für Impact-Points. Wenn eine Idee also nicht »Impact-Point«-fähig gemacht werden kann, wird sie von Forschern auch nicht weiter verfolgt.

### Die Resistenz der Forscher gegen »normale Arbeit«

Wie gesagt: Fast alle Wissenschaftler sehen ihre Arbeit beendet, wenn sie eine neue Idee anhand eines Prototypen auf einer Messe oder eines Innovationsworkshops vorzeigen können. »So geht es im Prinzip! Seht her!« Stellen Sie sich vor, jemand hat das erste Navi entworfen (damit haben wir uns in den 90er Jahren bei IBM befasst). Das Programm läuft auf einem Großrechner, weil der gerade für die Forscher zur Verfügung stand. Die Forscher haben für den Prototypen nicht die allerbeste digitale Straßenkarte verwendet – die war billiger und leichter einzubauen. Aber das Programm funktioniert im Prinzip gut! Man zeigt es den OpenMinds. Die sagen: »Kann man die Tourenplanung bei uns in das SAP integrieren?« Nein. »Läuft das Programm nur auf Großrechnern oder schon auf PCs?« Noch nicht. »Geht es mit einer besseren Straßenkarte?« Im Prinzip ja, es müsste nur alles umprogrammiert werden. »Geht es auch im Ausland?« Nein. »Wenn wir das kaufen – ist es garantiert, dass das Forschungszentrum einen Telefonservice aufbaut und Fehler innerhalb von einer Woche behebt, außerdem drei Jahre Garantie gibt und sicherstellt, dass das Programm noch zehn Jahre weitergepflegt und ausgebaut wird? Kostet es mehr als 1 000 Euro? Sind die Menus in den gängigen Sprachen angelegt?«

So sieht ungefähr das erste Fünftel der Fragen aus. Wenn Sie sich diese Fragen einfach mal durch den Kopf gehen lassen, kommen Sie zu dem Ergebnis, dass sie sehr berechtigt sind. »Irgendwann sollte man das einbauen.« Aber die Kunden wollen alles sofort haben! Sonst können sie mit einem Programm nicht so wirklich arbeiten. Man kann die Anforderungen, die sich in den Erkundigungen ankündigen, auch so zusammenfassen: »Haben Sie aus Ihrer Idee schon ein vernünftiges, professionelles Unternehmen mit einen richtigen Produkt, mit Verkauf, Beratung, Finanzierung und Service gegründet?«

Das haben die Forscher natürlich nicht! Sie haben so sorgfältig über den Prototypen nachgedacht, sie sind so stolz und so unkundig über die reale Welt des Kunden, dass sie deren berechtigte Fragen als obsessive Dauermäkelei empfinden. Zwei Dinge werden fast nie richtig verstanden:

- Um aus einem Prototypen ein Produkt mit Wartung, Service und Weiterentwicklung zu machen, muss man erheblich investieren und lange Zeit normal hart arbeiten (nicht forschen – arbeiten).

- Die zusätzliche Arbeit am Prototypen, also das Einbauen aller Kundenanforderungen, ist absolut keine wissenschaftliche Arbeit – sie ist im Sinne der Forschung »nur« normale Berufsarbeit, die keinerlei typische Karrierepunkte verschafft und auch kaum zu Publikationen mit Impact-Points taugt.

Es gibt Schätzungen. Der bekannte Unternehmer August-Wilhelm Scheer (IDS-Scheer, Toolsets und Software im SAP-nahen Bereich) hat in vielen Vorträgen berichtet, wie er Prototypen aus der Forschung zu Innovationen führte. Immer wieder sagt er, dass er sich vorrechnen lässt, wie viel Personalkosten die jeweilige Prototypentwicklung, von Anfang an gerechnet, gekostet hat. Dann weiß er aus Erfahrung, dass er das Sieben- bis Elffache dieses Geldbetrags zusätzlich hineinstecken muss, um daraus etwas am Markt Verkaufbares zu formen. Oder einfacher – ganz grob: Die Innovation kostet zehnmal mehr als der Weg bis zum Prototypen. Das ist die Erfahrung bei Software. Wer zum Beispiel eine Wirkung im medizinischen Bereich entdeckt, braucht ja in der Folge irrsinnig viel Geld, bis das endlich zugelassene Medikament in der Apotheke verkauft werden kann.

Wer den Weg vom Prototypen zur Innovation einschlagen will, muss also im Prinzip ein Unternehmen dafür gründen, das entwickelt, produziert, vermarktet, Service bietet und verkauft. Ein Forschungszentrum kann so etwas gar nicht leisten, denn nach der Prototyperstellung haben nun 90 Prozent oder mehr aller Arbeiten nichts mehr mit »Ideen« und Wissenschaft zu tun. Sie sind im Sinne der Wissenschaft »nur normale Arbeit« und aus der oft arroganten Sicht des Wissenschaftlers »triviale Arbeiten« oder »niedrige Arbeiten«. Die will er selbst nicht auf sich nehmen. Und – wie gesagt – seine Forscherkarriere leidet eher, wenn er diese nichtwissenschaftlichen Arbeiten selbst erledigt.

Das Management der Forschungseinrichtungen und die staatlichen Förderstellen wollen diese Richtzahl (»Es kostet mindestens das Zehnfache bis zum Produkt«) in der Regel nicht zur Kenntnis nehmen. Sie verlangen einfach, dass die großzügigen Forschungsgelder allein schon zu fertigen Innovationen führen. Die Professoren versuchen ihr Bestes, das Unmögliche wahr zu machen. Sie beschäftigen eine Vielzahl von Doktoranden (»Forscher«), die aber den Großteil ihrer Zeit gar nicht an der Doktorarbeit sitzen, sondern Verfahren entwickeln und die Prototypen mit der Zeit zu Innovationen ausbauen. Teure Wissenschaftler arbeiten dann ganz normal an der Produktentwicklung, weil kein Geld für normale Mitarbeiter da ist. Viele Doktoranden stehen im Labor oder entwickeln Software, sie haben kaum mit Wissenschaft zu tun. Die Zeiten für das Anfertigen von Dissertationen werden endlos lang. Die Karriere eines Wissenschaftlers beginnt wegen der Beteiligung an Routinearbeiten denkbar schlecht. Er hätte so viel Spaß an der Wissenschaft, muss aber so lange praktisch und wissenschaftsfrei für einen Professor schuften. Wird er unter diesen Umständen Innovationen lieben können? Wahrscheinlich nicht, er stürzt sich wahrscheinlich sofort auf die reine Forschung, sobald seine Knechtschaft mit der Doktorprüfung beendet ist.

Oder, in den psychologischen Vorstellungen des vorigen Abschnitts beschrieben: Hoffnungsvolle Beta-Typen werden jahrelang als normale Facharbeiter, Laboranten oder Programmierer missbraucht. Drei Jahre Gamma vorweg als Eintrittsgeld? Ist das ein guter Entwicklungsplan für die Hoffnungsträger?

Die Wissenschaftler wollen so etwas wie Professoren werden, sollen aber gleichzeitig Innovatoren sein, ohne dass sie das Geld, die Unternehmensstrukturen und die Mitarbeiter dafür bekommen. Sie sollen alles »irgendwie selbst schnitzen«. Das geht gar nicht und deshalb scheitert fast alles. Es ist so leicht zu rufen: »Raus aus dem Elfenbeinturm, ihr Wissenschaftler!« Das ist sehr berechtigt, aber bitte, wohin außerhalb des Turms sollen die Forscher denn gehen? Überhaupt alle Wissenschaftler, die in den USA gearbeitet haben, schaudern anschließend über die Laborbedingungen in Deutschland und kommen nicht gerne zurück. Hierzulande sieht man nur, »dass die Förderung in den USA üppiger ausfällt«. Das hat aber weniger mit Geld zu tun, auch wenn man dies hier in Deutschland denkt. »Drüben in den USA« wird Innovation besser verstanden, insbesondere der Riesenunterschied zwischen dem Prototypen in der Universität und dem Produkt am Markt. Deshalb ist Deutschland das Land der Denker und der Ideen, die USA sind mehr das Land der Innovationen. Das wird allgemein bemerkt und stets bedauert – es bleibt aber bei verwunderten Tränen.

## Die Realitätsferne der Forscher

Neue Produkte oder Services treffen auf eine noch unvorbereitete Welt. Viele Menschen schauen sich alles an, überlegen kurz und schütteln den Kopf. »Zu viele Probleme, zu wenig Vorteile.« Neue Produkte gehen oft »an der Realität vorbei«, sie sind zu unpraktisch und nicht genug durchdacht. Viele sensationelle Küchenwerkzeuge sind auf den ersten Blick sehr nützlich, dann aber muss man sie nach dem Gebrauch länger reinigen als vorher Zeit gespart wurde – und wer öfter solche Wunderprodukte gekauft hat, findet sehr bald keinen Stellplatz mehr für Neues. Es gibt zwei bekannte Fehler bei der Produktentwicklung:

- Das Neue ist nahezu unbrauchbar, weil es bei der Nutzung zu viele Probleme gibt, die der Entwickler nicht bedacht hat.
- Das Neue ist derart durchdacht, dass es sehr teuer ist und zu viele Anwendungsmöglichkeiten hat, »die kein Mensch versteht« (»Diese winzige Digitalkamera hat 230 Motivprogramme für jeden speziellen

Anlass, geben Sie einfach die auswendig gelernte dreistellige Ziffer ein«) oder dass es erst dann auf den Markt kommt, wenn alle Leute schon ein einfaches Produkt nutzen, also Jahre zu spät.

Ein Produkt kann also mit zu wenig Realitätssinn oder mit zu viel davon entwickelt werden. Heute, wo es alle Unternehmen sehr eilig haben und jede Minute auf die Uhr schauen und nach Fortschritten fragen, kommt eher der erste Fall vor. In der Regel ist das Produkt nicht gut genug durchdacht.

Ich erwähnte schon, dass wir in meiner Abteilung eine Tourenplanungssoftware entwickelten. Wir konnten dafür ein paar Kunden gewinnen, die mit uns arbeiten wollten. Wir gingen also mit einer Software in den Testbetrieb. Die Software verlangt die Information, welche Pakete der Ablieferungsdienst wohin bringen soll und welche Lastwagen dafür zur Verfügung stehen. Dann berechnet das Programm, welches Paket wann und wo in welcher Reihenfolge geliefert wird. Also los! Zuerst berechneten wir das Abholen von Milch bei den Bauern. Leider brauchte die Molkerei sehr viel mehr Zeit für die Touren, als wir berechnet hatten. Grund: Die Navi-Adresse der Bauernhöfe in Mecklenburg-Vorpommern liegt an der Landstraße! Aber in Wirklichkeit muss das Milchfahrzeug noch eine längere, wunderschöne Allee bis zum Hof fahren. Wir mussten die digitale Straßenkarte von Hand umändern. Der nächste Fall: Wir probierten, Wein abzuholen. Da stellte sich heraus, dass größere Fahrzeuge in den engen Moseldörfern steckenblieben, weil sie nicht gut wenden können. Dann verteilten wir Tageszeitungen an Kioske. Zeitungen sind so furchtbar schwer, dass der Lastwagen nur halbhoch beladen werden darf. Unsere optimalen Touren waren dann aber sehr viel schlechter als die, die unser Anwender tatsächlich fuhr! Grund: Die Transportfirma belud den Lkw einfach mit viel mehr Zeitungen, als erlaubt war! Sie fuhren mit der Überladung vorsichtig zuerst zum Hauptbahnhof, luden richtig viel ab – dann stimmte es wieder. Wir berechneten das Verteilen von neuen Möbeln. Die Möbelspedition bezahlte den Fahrern als Prämie etwa 1 Prozent des Wertes für die ausgelieferten Möbel. Unsere Touren ergaben einen Krieg unter den Mitarbeitern. Es stellte sich heraus, dass manche so schlau waren, es hinzubekommen, nur Sessel auszuliefern! Und die anderen mussten zum Beispiel Schränke aufbauen. Da Sessel viel, viel schneller hinzustellen sind, als man Schränke aufbauen kann, bekommen »Hinsteller« im Endeffekt viel mehr Prämie als »Aufbauer«! Unser Computer wusste nicht, dass das irgendwie geheim abgemacht war und berechnete stur das Optimum. Das führte zum Eklat. Noch ein Beispiel: Wir optimierten die Bierauslieferung an Gaststätten, die bei der Brauerei Fässer bestellt hatten. Das ist nicht einfach, weil manche Fässer so schwer sind und manche Gaststätten so verwinkelt hinterhöfig, dass *dann* ein Beifahrer erforderlich ist. Bei anderen Gaststätten aber reicht der Fahrer allein völlig aus. Wie plant man nun die Auslieferung? Es stellte sich schnell heraus, dass man gar keine Tourenplanung braucht, weil die meiste Zeit beim Ausliefern für das Kassieren des Gelds gebraucht wird – das bisschen Fahrzeit ist dann egal. Wir mussten nämlich lernen, dass Bierfässer immer in bar bezahlt werden müssen. Das wussten wir nicht. Warum in bar? Weil »die Hälfte der Gaststätten dauernd den Besitzer wechselt«. Verstanden. Aber warum dauert die Bargeldübergabe so lange? Sie verhandeln zu oft. »Bitte, ein Fass, nur ein einziges Fass, doch *einmal* auf Kredit!« Ja, und dann gibt es einzelne Fahrer, die der Hund mag, während er andere Fahrer »beißt«, also nicht hereinlässt. Und es gibt Fahrer, denen Kunden so sehr vertrauen, dass er die Schlüssel zum Laden bekommt. Dann kann *dieser* Fahrer (und nur dieser) die Tour schon vor Ladenöffnung beginnen ...

So – jetzt habe ich Sie mit Problemen »zugetextet«, damit Sie eine schwache Ahnung bekommen, was alles passiert, wenn man »bloß« ein paar Aufträge auf Lastwagen verteilen soll. Eine einfache Software geht dann komplett »an der Realität vorbei«. Wir mussten erst ermitteln, bei welchen Kunden oder Problemstellungen unsere Software überhaupt brauchbar war. Das war eine harte, aber sehr interessante Lehrzeit.

Wenn wir an einer Universität gearbeitet hätten – woher hätten wir alles das erfahren können? Woher bekommt ein Forscher an einem Institut einer Universität diese tiefe Einsicht in die Realität? Sie wird ihm nur zuteil, wenn er sich, wie wir damals, sehr unternehmerisch mitten ins Leben stürzt. So weit gehen die meisten Wissenschaftler aber nicht. In der Regel zeigen sie ihre Software auf einer Messe. Da aber ist die Realität nicht! Die Kunden, die zuerst mit uns über unsere Tourenplanung redeten, wussten selbst gar nichts von den Lastwagenstaus vor dem Innenstadtkaufhaus, von Fußgängerzonenverkehrsbeschränkungen, von bissigen Hunden und dem Wunsch aller Lkw-Fahrer, dass sich alle Touren zur Mittagszeit »zufällig« an »Uschis Frikadellenschmiede« treffen. Die Messekunden stehen ja auch nicht in der Realität! Das erwarten sie selbstverständlich vom Innovator, warum sonst sollten sie sich beraten lassen? Und so kommt es, dass auf den Messen lauter Parteien von fast Ahnungslosen miteinander über sehr einfache Weltmodelle sprechen. »Diese Software spart 15 Prozent Benzin.« – »Aha, und wenn der Benzinpreis steigt, spare ich mehr. Toll!«

Theoretisch liest es sich so einfach, wann sich Kunden einer Innovation gegenüber aufgeschlossen zeigen:

- Das Neue muss insgesamt vorteilhaft sein – schöner, billiger, nützlicher und so weiter.
- Es muss kompatibel sein, sich also ins Bisherige einfügen können.
- Es soll einfach sein – zu bedienen, zu verstehen, zu reinigen, zu nutzen und so weiter.
- Es muss leicht auszuprobieren sein. (Das ist bei einer neuen Teesorte so, nicht aber bei einer neuen Fußbodenheizung.)
- Der Erfolg des Neuen sollte sichtbar sein (dann verbreitet sich eine Innovation sehr schnell, zum Beispiel, wenn die Wäsche urplötzlich um starke 21 Prozent weißer ist – Sie kennen sich da aus, denke ich).

Viele Erfinder sind schon glücklich, wenn das Neue nur ein paar Vorteile bringt. Um das Neue aber kompatibel zu machen, müssen sie viel von der Realität (nicht zu viel) verstehen. Um etwas einfach zu entwickeln, muss man sehr viele Nutzer, Kunden und Menschen kennen und ihren Wunsch nach Einfachheit warmherzig schätzen. Und was ist der Erfolg des Neuen? »Das Sparpotenzial!«, jubelt der Controller. »Aber ich muss damit arbeiten!«, schimpft der Fuhrparkleiter. Die Theorie ist da viel zu naiv. Die Realität kennt kaum jemand. Und letztlich muss der Innovator (wer sonst?) dieses erfolgreiche günstige Maß an Realität kennen, sonst scheitert er wohl. Für Wissenschaftler ist es unendlich schwer, sich dieses Reale »da draußen anzueignen«. Damit Sie das besser verstehen, habe ich die vielen Extras bei der Tourenplanung aufgezählt. Wer weiß das alles? Woher bekommt man diese Erfahrung?

Ganz klar: Durch eigenes Handanlegen ohne jede Aussicht auf wissenschaftliche Meriten.

Damit habe ich erklärt, dass es sehr schwer ist, das Neue vernünftig mitten in die Realität hineinzusetzen. Es bedeutet viel Arbeit und ist nicht wissenschaftlich. Damit haben wir aber nur verstanden, dass die Realitätsferne dann ein Innovationshindernis ist, wenn man sie wirklich erkannt hat und beseitigen will. Jetzt kommt das echte Problem: In der Regel glauben Forscher, dass sie bereits genug von der Realität wissen. Deshalb sind die Protagonisten einer neuen Welle auch immer so furchtbar sicher, dass sich die Welt sofort ändern muss. Besonders Wissenschaftler und Tüftler sind ungehalten über unsere Fragen:

- »Ist es besser?« – »Langfristig schon, man muss Geduld haben.« (Haben wir normalen Menschen ja nicht.)
- »Ist es kompatibel?« – »Das Alte wird ganz wegkommen, das Neue muss deshalb nicht kompatibel sein. Ihr müsst alle nur vollkommen umdenken.«
- »Ist es einfach?« – »Ich arbeite damit schon lange. Ich selbst kann es jetzt sehr leicht bedienen, man muss nur die noch vorhandenen kleinen Macken kennen.«
- »Ist es leicht auszuprobieren?« – »Ja.« – »Muss ich dazu programmieren können?« – »Ja, natürlich, können Sie das etwa nicht?«
- »Sieht man den Erfolg?« – »Implizit schon.«

In solchen Kurzdialogen spiegelt sich immer dasselbe wider, nämlich das Chasma der Innovation, hier zwischen dem Erfinder und den OpenMinds. Die Erfinder sehen und verstehen die Innovationshindernisse nicht. Sie hören nicht zu, wenn man sie mit ihnen diskutieren will. Sie sind meist ärgerlich, weil wir als Kunden den Bewusstseinswandel, den sie für erforderlich halten, nicht mitmachen wollen. Sie können sich einfach nicht erklären, warum Menschen fast reflexartig negativ auf Neues reagieren.

Der Begriff des Elfenbeinturms ist ein Gleichnis für die Reinheit und die Unberührtheit des wissenschaftlichen Arbeitens. Hier wird an den heiligen Prinzipien und an der klaren Wahrheit geforscht, die nicht durch das bunte Leben da draußen getrübt wird. Wer aus dem Elfenbeinturm hinausschaut, erblickt die Welt inmitten von Unreinheit, Unvernunft und Sünde. Von außen gesehen erscheint der Elfenbeinturm wie Realitätsferne. Es ist gut, wenn Wissenschaftler beide Perspektiven verstehen und auch mit beiden Beinen in dieser Welt leben. Oft ist aber der Elfenbeinturm im Kopf des Erfinders. Der fordert dann aus diesem Turm heraus den nötigen Bewusstseinswandel von uns allen, von der Mehrheit der Menschen. Folgen wir? Meistens nicht.

## Das Verhältnis der Forscher zu Marketing und Vertrieb

Nachdem ein Wissenschaftler einen Prototyp gebaut hat, der die Idee für eine Innovation gut sichtbar macht, muss er sie »verkaufen gehen«. Er muss jetzt als Protagonist einer Neuerung auftreten, OpenMinds überzeugen und in seinen Bann ziehen. Was tun?

Seine Aufgabe ist nun, das weite Land der anderen Menschen auszukundschaften. Wozu kann man das Neue benutzen? Wie wird es angewendet? Was verstehen die normalen OpenMinds darunter? Welche Gründe haben CloseMinds, sich zu verschließen? Durch das Vorführen seines Prototyps auf Messen oder Erfinderkongressen kann er eine Menge Einsicht erhalten. Daraufhin verbessert der Wissenschaftler seine Idee möglichst schnell, bis irgendwann die OpenMinds finden, sie müssten so etwas kaufen können. Sie hören dann mit dem vielen Fragen auf, ob das, das und das schon mit dem neuen Produkt »geht«. Sie wollen irgendwann wissen, ob es das neue Produkt schon zu kaufen gibt und wie viel es kostet.

Der große Triumph kommt, wenn endlich ein OpenMind (nach ersten Protagonisten) das Produkt zur Probe kauft, ausprobiert und gut findet. Dann ist der erste zufriedene Referenzkunde gewonnen. Das ist ein sicheres Zeichen, dass das Neue Anklang findet. Nun muss sich der Wissenschaftler voll umstellen.

Nach dem ersten zufriedenen Käufer eines Neuen zum normalen Preis geht die Explorationsphase in eine Marketing-»Posaunen«-Phase über. Jetzt wird getrommelt, um viele weitere Neukunden zu gewinnen. Jetzt setzt das Neue zum Sprung über die Schlucht zwischen den Protagonisten und den OpenMinds an.

Wenn sich die Kunden wirklich für einen Prototyp interessieren und fast schon eine Kaufabsicht in den Augen haben, werden die meisten Wissenschaftler sehr nervös. An sich halten sie ihren Prototypen schon fast für ein Produkt (das ist ein Irrtum), aber im Augenblick der ersten Verkaufsanfragen merken Wissenschaftler nun doch, dass ein Prototyp absolut noch kein Serienprodukt ist. Bisher wollten sie mit ihrem Prototyp glänzen und genossen Bewunderung für ihre Vorführung, aber im Augenblick einer echten Preisanfrage eines ernsthaft interessierten Kunden fällt ihnen siedend heiß ein, dass ihr Neues zwar schon »ganz gut« ist, aber noch so sehr »zusammengestöpselt« oder »mit der heißen Nadel gestrickt«, sodass sie es eigentlich in einem so elenden Zustand noch gar nicht an Fremde herausgeben würden. Da käme es nur zu Beschwerden! Genau jetzt bekommen sie fast Angst, dass plötzlich zehn oder hundert Kunden dastehen könnten, die ihren Prototypen kaufen wollen. Sie geraten in Verlegenheit. Was tun sie denn dann? Sie haben meist noch gar nicht an eine Mengenproduktion oder an eine organisierte Serviceerbringung gedacht. Wer produziert denn? Wer leistet die Services? Gibt es genügend Fachleute? Woher kommen die? Wissenschaftler stellen sich vor, dass es ihnen ähnlich geht wie der Firma Apple, die am Anfang einmal zehn neue iPads für eine Messe gebaut hat, und plötzlich wollen 100 Millionen Leute auch eines. Was macht man dann?

Ich habe das Folgende so oft gehört: »Hey, Gunter, du redest uns um Kopf und Kragen, wenn du das Neue so protzig anpreist. Stell dir vor, sie kaufen es jetzt alle …« – Ich: »Das ist ein Luxusproblem! Habt ihr je gehört oder gesehen, dass plötzlich alle etwas noch Unfertiges kaufen wollen?« – »Aber es kann doch sein.« Ungelogen, diese Dialoge habe ich bei jeder – wirklich bei jeder – Neuerung geführt. Aber noch nie ist es mir passiert, dass die Kunden in Scharen kamen und es vom Fleck weg kaufen wollten. Nein, zuerst passt ein Produkt noch nicht in die Realität der OpenMinds. Sie fragen nach Nutzen, Kompatibilität, Garantien, Preisen und Zusatzfunktionen, die in der Regel noch eingebaut werden müssen.

Der Erfinder zeigt auf Messen stolz sein Neues. Sein Ruhm wird widerhallen. Aber er hat insgeheim Angst, man könnte tatsächlich sofort kaufen wollen, was er zeigt. Er fürchtet sich vor Kunden, solange sein Produkt nicht perfekt ist.

Erfinder versuchen also auf Messen, ihren Ruhm zu mehren. Dazu darf es nicht auffallen, dass noch nicht alles produktreif ist. Außerdem fürchtet er sich vor dem Vorwurf, es sei »noch heiße Luft«. Er stellt also alles möglichst perfekt dar. Damit aber läuft er womöglich Gefahr, dass ein Kunde gleich kaufen will, so denkt er. Und er schwitzt! Auf den Messen geht der Erfinder natürlich auch ähnliche Stände besuchen. Ihn treibt die berechtigte reale Angst, dass andere Erfinder gleichartige oder gar bessere Produkte entwickelt haben. Er bekommt Herzflattern, wenn er solche findet. Dann fragt er ängstlich, ob »die anderen schon viel weiter sind« und vergleicht mit rotem Kopf, ob er seine eigene Entwicklung im schlimmsten Fall wegwerfen muss. In seinem Unbehagen sieht er nicht, dass es im Grunde genommen gut ist, wenn andere auf ähnliche Ideen kommen, weil das ein Zeichen dafür ist, dass die Welt für die neue Idee reif ist. Wenn man mutterseelenallein auf der Welt eine Idee hat, die kein anderer auch nur annähernd hatte, dann ist es hochwahrscheinlich, dass die OpenMinds den Erfinder für einen Spinner halten.

Erfinder schauen wie gebannt auf andere Erfinder, die ähnliche Ideen haben. Die sind seine Feinde! Die vernichten seine Arbeit! Die spionieren ihn aus und betrügen ihn um sein Werk! Deshalb fixiert sich der vermeintlich bedrohte Erfinder im Denken auf die anderen Protagonisten, nicht auf die OpenMinds. Das aber vernichtet ihn wirklich.

Wenn andere Erfinder Ähnliches anbieten, ist ja nichts verloren. Es gibt ja mehr als eine Brauerei oder eine Suchmaschine. Das Problem ist es doch, die Innovationshürde zum Kunden zu überspringen! Prototypen bauen können noch viele. Nun gilt es, die OpenMinds durch explorierendes Zuhören auszuhorchen. Weil aber der Erfinder Angst vor den anderen Erfindern hat, hört er nicht so sehr seinen späteren Kunden zu, sondern er lässt seine sorgenden Gedanken um sein Werk an sich kreisen. Er beginnt, sich innerlich zu rechtfertigen. »Ich kann das nicht so gut hinbekommen wie die da am Stand des Großkonzerns, die haben bestimmt mehr Geld im Rücken.« Oder: »Ihr Design ist hässlicher, und sie haben auch keinen zweiten Knopf dran wie wir, da sind wir ihnen noch ein paar Wochen voraus. Wir müssen verhindern, dass sie unseren Vorsprung sehen, sie werden sonst bei uns abkupfern.«

Gleichzeitig bekommt der Erfinder auf Messen Besuch von anderen Wissenschaftlern an seinem Stand. Die wollen penibel genau wissen, was es alles so gibt. Sie fragen ihm ein Loch in den Bauch. Sie wollen gar nichts kaufen, absolut nichts, sie wollen nur den allerneuesten Stand erfahren. Sie sind selbst Protagonisten des Neuen und forschen vielleicht auf diesem Gebiet. Wieder erfüllt den Erfinder ein Gemisch von Stolz und Angst. Er will sich vor den anderen Erfindern und Professoren hervortun, will aber andererseits keine Geheimnisse verraten. Alle sollen ihn bewundern, aber nichts abkupfern können. Er ist innerlich um seinen Ruf besorgt und denkt nicht so sehr an das eigentliche Business, das er auf der Messe betreiben sollte.

Ja, was sollte er genau tun? Er muss seine Schaustücke möglichst vielen Protagonisten zeigen, um die Möglichkeiten seiner Erfindung voll auszuloten. Er muss die vielen kleinen Einwände der OpenMinds notieren und später wohlwollend prüfen. Nur so bekommt er ein Gefühl für die Praxistauglichkeit eines späteren Produkts. Er soll sehr genau auf die Worte von CloseMinds hören – sehr genau! CloseMinds kommen gar nicht so häufig auf Messen. Es bietet sich nicht so oft die Gelegenheit, einmal die andere Seite zu hören. Am Anfang einer Entwicklung sind die Protagonisten noch zu sehr unter sich und wundern sich später, wenn sie harsche Kritiken einstecken müssen. Heute wird in der Öffentlichkeit fast ein Krieg um Datenschutzproblematiken bei Facebook geführt. Und da fragt man sich: Ist das den Topmanagern von Facebook denn nicht klar, dass diese Auseinandersetzung irgendwann kommen musste? Jeder beliebige CloseMind hätte sie auf die Problematik der Privatheit der Daten hingewiesen. Stellen Sie sich vor, Sie haben eine fabelhafte Nusscreme erfunden – Nutella. Sie testen sie an Kindern (»Protagonisten«), die sind hell begeistert. Jetzt gehen sie mit Nutella in den Markt und schon weht ein eisiger Wind. »Nutella hat viele Kalorien und ist nicht gut für die Zähne.« So etwas ist aber doch vorhersehbar? Man muss als Erfinder auch die kritischen Stimmen hören, vielleicht gibt es sogar Antagonisten, die seine Erfindung politisch umbringen.

Ich selbst habe so eine Erfahrung schon hinter mir. Ich habe ein Patent angemeldet (über meinen Arbeitgeber IBM), dass Cola-, Blumen- oder Pommes-Frites-Automaten die Preise variieren, je nachdem, wie sie gefüllt sind, welches Wetter herrscht und ob Feiertag ist. Wenn der Blumenautomat abends noch voll ist, verblühen die Blumen. Man muss sie wegwerfen. Dann würde der Automat die Preise senken. Wäre der Cola-Automat bei heißem Sommerwetter fast leer, erhöht er automatisch die Preise. Im Winter dagegen, wenn keiner Cola will, senkt er sie. Okay, darauf habe ich ein Patent angemeldet. Wenige Monate später erschien im *Handelsblatt* ein ganzseitiger Bericht über diese große Getränke-Company, dass ein solcher Automat schon gebaut worden war und auf heftigste Kritik der amerikanischen Behörden und Verbraucherschützer stieß, sodass der Versuch sofort eingestellt wurde. Da haben also die Antagonisten »meine« Erfindung glatt zu Null entwertet. Sonst wäre ich heute reich. Diesen Abschuss – ich gebe es zu – habe ich gar nicht im Kalkül gehabt. Ich war damals vollkommen vor den Kopf gestoßen. Ein anderer Erfinder hat dann nicht den politisch kritischen Verkaufspreis variiert, sondern einfach nur den Stromverbrauch für das Kühlen der Cola. Im Winter will man die Cola ja gar nicht so kalt, oder? In der Nacht auch nicht! Durch solche Überlegungen kann man den Stromverbrauch senken, indem sich der Automat selbst regelt. Dieser andere Erfinder ist vielleicht reich … Ich habe nicht richtig nachgedacht, verstehen Sie? Beim Stromsparen gibt es keine Antagonisten!

Fazit: Erfinder sollen lernen, lernen und nochmals lernen, welche möglichen Standpunkte es ihnen gegenüber geben könnte. Es geht erst nur um das Lernen! Nicht um das eigene Selbstbewusstsein oder die Berufsehre. Nicht um das Präsentieren, Stolzieren und Impact-Points.

Wie endet eine Messe typischerweise? Der Erfinder zählt zusammen: »Wir hatten 123 Anfragen auf der Messe, die einen Prospekt zugeschickt bekommen wollten. Die haben wir sofort rausgeschickt. Mensch, das war vielleicht aufregend. Leider hat sich keiner der Anfragenden je wieder gemeldet. Die vom Verkauf sagen, man muss immer nachfassen und anrufen. Angeblich fordern die Leute immer nur etwas an, haben es nach der Messe wieder vergessen und werfen dann die Werbepost weg, die sie doch eigentlich haben wollten. Das können wir kaum glauben. Ich denke, die Leute wollen nicht gestört werden. Ist doch peinlich, wenn ich 123 Leute anrufe. Sie werden mich verachten, wenn ich sie belästige. Was bringt es also?«

Kaum ein Erfinder kommt auf die Idee, dass zwar die meisten Anrufe mit »habe keine Zeit« abgebrochen werden, dass es aber zu vielleicht 20 Anrufen kommen könnte, bei denen der Kunde nochmals Feedback gibt. Der Erfinder kann dabei lernen, lernen und nochmals lernen. Ich habe also junge Erfinder ermutigt, überall anzurufen. Was kam heraus? »Sie haben nur über meinen Prototypen gemeckert, immer so ähnlich. Das machte mich so sehr niedergeschlagen, dass ich mit dem Anrufen aufgehört habe.«

## Zusammenfassung der Problemlage

Der Erfinder sieht sich nur im Lager der Protagonisten, was zu einseitig ist. Dort möchte er als Erfinder verehrt werden – von den anderen Protagonisten. Dort bekommt er Ruhm und Impact-Points. Er hat nur eine geringe seelische Verbindung zu den OpenMinds und sucht sie auch nicht aktiv. Die Restwelt ist ihm völlig fremd. Er springt nicht selbst über die Schlucht, er sieht nur hinüber.

- Die Karriere des Wissenschaftlers verläuft komplett vor dem Chasma der Innovation.

- Sein Lebensplan als Wissenschaftler ist für eine Welt vor dem Chasma erdacht. (Draußen, »in der Industrie«, geht es sehr rau zu!)

- Seine Beta-Typ-Psyche passt zu diesem Lebensplan, dies ist eigentlich der tiefere Grund. Seine Psyche ist mit seiner Berufswahl eng verknüpft. Er fühlt sich als Protagonist und will es in einer Forschungseinrichtung bleiben.

- Das Ausarbeiten einer Erfindung zu einer Innovation ist intellektuell niedrige Arbeit, die normale Menschen auch verrichten können. Ein Wissenschaftler wird bewundert, etwas zu bewerkstelligen, was nur er, ein Meister, kann. Arbeiten, die jeder ausführen kann, quälen ihn seelisch. Sie machen ihm keinen Spaß.

- Ein Beta-Typ braucht Anerkennung, aber eben nur von anderen Beta-Typen und natürlich von Alpha-Typen (was selten vorkommt und wertvoll für ihn ist). Bewunderung von Gammas macht ihn verlegen. Bei »Sie sind aber gut in Mathe!« eines Gammas ist er peinlich berührt. Deshalb lechzt der Beta-Typ nicht so sehr nach der Bewunderung der OpenMinds, die seine Kunden sein sollen.

■ Ein Beta-Typ kann seelisch nicht hinnehmen, dass er Feinde hat (CloseMinds, Antagonisten) – wo er doch nur sachlich ist und die Welt verbessern will. Die Angst vor Ablehnung an sich hemmt ihn, auch Ablehnung von Leuten, die ihm nichts bedeuten müssten.

Erfolgreiche Innovation erfordert Erfinder, die voller Tatendrang die reale Welt bereisen und kennenlernen. Erfinder müssen unendlich viel mit ihren zukünftigen Kunden reden und lernen, lernen und immer wieder mit verbesserten Prototypen in der wirklichen Welt erscheinen, bis es eben klappt. Das mögen sie oft nicht und verlangen deshalb, dass diejenigen mit Kunden reden, die es ihrer Meinung nach den lieben langen Tag tun, nämlich die Kollegen aus dem Marketing und aus dem Vertrieb. Aber auch sie sind es nicht wirklich gewohnt, mit Innovationen umzugehen. Das ist das Thema des nächsten Abschnitts.

# BLOCKADEN DURCH MARKETING UND VERTRIEBSUNTERSTÜTZUNG

### Die Angst des Verkäufers
### vor dem Kundenbesuch des Erfinders

Es ist fast normal, dass Erfinder verzweifelnd um Hilfe bitten, wenn sie es nicht schaffen, ihre Erfindung an den Kunden zu bringen. Wenn sie in großen Unternehmen arbeiten, werden sie wie selbstverständlich an die Kollegen vom Marketing und vom Vertrieb verwiesen. »Die Verkäufer kennen die Kunden!«

Nun soll also ein Verkäufer dem Erfinder helfen, indem er ihn zum Beispiel Kunden vorstellt, die selbst Protagonisten oder OpenMinds sind. Von diesen Kunden kann der Innovator viel lernen. Sie sind ohnehin schon gute Kunden des Unternehmens und viel gutwilliger als die unbekannten beziehungslosen Kontaktpersonen an den Messeständen. Von solchen guten Kunden kann am meisten gelernt werden. Am besten wäre es, so meine Erfahrung, man bietet dem Kunden das neue Produkt zum Ausprobieren an und beobachtet ihn, wie es ihm dabei ergeht.

Leider geht es in der Realität wieder mit dem Lernen schief. Es beginnt mit einem grandiosen Missverständnis. Der Verkäufer ist zum Verkaufen da und kennt eigentlich nur Produkte, keine Ideen oder Prototypen. Er denkt meist irrtümlich, der Innovator habe schon ein marktreifes Produkt. Der Innovator selbst klärt den Verkäufer nicht wirklich auf. Er fürchtet nämlich, dass ihm der Verkäufer nicht hilft, wenn er erfährt, dass das Neue bei Weitem noch nicht perfekt ist.

Merken Sie, wie sich langsam wieder eine Blockade bildet? Aber die wirkliche Problematik liegt viel tiefer.

So wie die Erfinder und Innovatoren zuerst zu sehr auf Ruhm, Aufmerksamkeit und Impact-Points schielen, so hat auch der Verkäufer bestimmte Ziele vor Augen, wie der berühmte Esel die ihm vorgehaltenen Möhren. Der Verkäufer wird nicht nach Impact-Points bezahlt, sondern ganz schnöde nach seinem Umsatz mit den ihm persönlich zugeteilten Kunden. Ein Verkäufer bekommt ein Vertriebsziel, eine so genannte Quote. Die Quote ist eine Umsatzzahl, die er erreichen muss, um einen ihm ausgelobten Bonus zu bekommen. Warum heißt diese Zahl Quote? Ein Vertriebsmanager bekommt von oben die Order, so und so viel Umsatz zu machen. Diesen geforderten Gesamtumsatz seiner Abteilung teilt er in die Ziele der einzelnen Verkäufer auf. Jeder Verkäufer oder Vertriebsbeauftragte bekommt also einen Teil des Gesamtumsatzes als sein Ziel zugewiesen, das ist seine »Quote«.

Das Management dieser Tage versucht, möglichst alles oder mehr aus den Mitarbeitern herauszuholen. Es ist daher fast zum Prinzip geworden, Vertriebsmitarbeiter durch viel zu hohe Arbeitsziele unter hohen Arbeitsdruck und Stress zu setzen. Das Management legt, so sagt es selbst ganz schneidig, »herausfordernde Ziele« fest, die meist auf schamlose Überforderungen hinauslaufen. Deshalb sind in einem Unternehmen eigentlich alle Vertriebsbeauftragten beziehungsweise überhaupt alle Mitarbeiter schon mit ihrem eigenen Job überlastet und reagieren entsprechend gereizt, wenn sie um Hilfe gebeten werden. Sie fragen sich also bei jeder Bitte: Hilft mir das zufällig selbst bei meiner Arbeit weiter? Oder übe ich mich in reinem Altruismus? Oder schadet mir der Zusatzjob sogar?

Schauen wir uns den Fall eines Vertriebsmitarbeiters an. Er hat viele Kunden des Unternehmens zu betreuen und bekommt eben seine tendenziell überlastende Verkaufsquote. Diese Quote macht ihm Angst. Wenn er sie nicht erfüllt, bekommt er kein Geld. In vielen Unternehmen bekommen Verkäufer nur das halbe Grundgehalt als »Fixum«, den Rest erhalten sie nach den getätigten Umsätzen. Es kommt wirklich öfter vor, dass es beim halben Gehalt bleibt. Der Verkäufer kann Pech haben, dass ein anderer Anbieter »den Kunden umdreht«, der Kunde kann warten, bis das neue Modell herauskommt, es kann einfach so wie im Jahr der großen Finanzkrise alles verhageln! Verkäufer spüren mindestens am Jahresanfang ein »Verzagen«, deshalb werden sie oft in Firmen-Kickoffs »zum Neuaufbruch in eine wunderbare Zeit« mental aufgepeitscht. Sie sollen hinter Aufträgen hinterherrennen und vollkommen optimistisch sein! Wissenschaftler verstehen die innere Lage der Verkäufer nicht. Das merken Sie an den üblichen herablassenden Bemerkungen von Forschern: »Pfui, Verkäufer sind nur hinter dem Geld her. Welche niedrigen Menschen! Es ist Gier.« Aber bitte – versteht man das nicht? Und ist das Hinterherhecheln nach Impact-Points nicht genau so moralisch oder unmoralisch?

Da also der Vertriebler eine beängstigend hohe Quote hat, muss er sich strecken. Er versucht daher, möglichst oft Kontakt zum Kunden aufzunehmen, um ihn für neue Produkte zu begeistern und zum Abschluss zu bringen. Ich gebe Ihnen hier einmal das Extrembeispiel eines Pharmavertreters, der bestimmte Medikamente bei Ärzten verkaufen soll. Dazu macht er bei Ärzten Termine und besucht sie. Die Ärzte haben aber kaum Lust auf Termine, sie gehen natürlich auch nicht selbst ans Telefon, weil sie ja (ebenfalls total überlastet) unter dem Druck eines vollen Wartezimmers zügig arbeiten wollen. Der Pharmavertreter muss sich die Termine bei der Rezeption fast erbetteln und erquengeln. Dann begibt er sich auf Reisen. Die Ärzte halten die vereinbarten Termine sehr oft nicht ein, weil sie ja dann, wenn der Vertreter kommt, gerade einen Kranken behandeln. Er muss also warten. Irgendwann kommt der Arzt ins Wartezimmer, sieht den wartenden Vertreter und schweift mit stressflackerndem Blick über die wartenden Patienten. Der Arzt stöhnt und sagt: »Okay, jetzt meinetwegen, aber schnell. Bitte lassen Sie mir am besten nur Probemedikamente und Prospekte da, ich habe keine Zeit.« Fünf stressig ungeduldige Minuten redet er mit dem Vertreter, am Empfang stehend, und schmeißt ihn dann sanft raus. Wir haben damals bei IBM auch Routenplanungen für Pharmavertreter optimiert, es stellte sich heraus, dass sie pro Tag durchschnittlich 72 Minuten mit Ärzten reden. Die meiste Zeit warten sie, vereinbaren Termine oder suchen Parkplätze. Diese Zahl (72 Minuten) habe ich vor kurzem einmal bei einer Pharmafirma erwähnt – oh, da wurde ich ausgelacht. »Das war die gute alte Zeit!« Heute könnte die Präsenzzeit eines Vertreters unter einer halben Stunde am Tag liegen. Die Ärzte sagen nur noch: »Legen

Sie die Proben neben den Eingang. Danke und Tschüss.« Das ist das etwas traurige »Klinkenputzerdasein«.

Und nun stellen Sie sich vor, ein Erfinder bittet einen Verkäufer in solcher Stresslage, ihn doch einmal zu seinen Kunden mitzunehmen, damit er denen seinen fabelhaften neuen Prototyp erklären kann. Erfinder haben normalerweise in Forschungsinstitutionen, Entwicklungsabteilungen und Universitäten für ein solches Erklären alle Zeit der Welt. Sie können sich die Zeitdruckproblematik »im echten Leben« überhaupt nicht vorstellen. Da bekommt ein Verkäufer Albträume, denn er will und muss ja jede Sekunde beim Kunden für Abschlüsse nutzen. Und dann will »da so ein Wissenschaftler« mitkommen, für den eine Stunde Rumreden rein nichts ist!

Deshalb nehmen Verkäufer die Innovatoren nicht gerne mit ... Das oberste Ziel ist es, keine Zeit beim Kunden zu verplempern. »Zeit beim Kunden ist Geld. Auch mein Geld.«

Neben dem Zeitproblem gibt es die leidigen Erfahrungen der alten Hasen im Vertrieb mit Innovationen aller Art. Die sprechen das Wort »Innovation« mit höhnischen Anführungszeichen aus. Originalton: »Das Unternehmen hat mir Mondziele als Quote gegeben, die ich bestimmt nicht erfüllen kann. Die Produkte sind längst nicht mehr so perfekt wie früher, man muss Kunden viel mehr überreden, außerdem sind die Produkte heute billiger, da muss ich stückmäßig mehr verkaufen und brauche daher mehr Zeit als früher! Ich erwarte von meinem verdammten Unternehmen verdammt nochmal Produkte, die sich bitte wie warme Semmeln verkaufen lassen. Ich will nichts Schwieriges, was ich dem Kunden erst noch lange erklären muss. Er will damit nicht belästigt werden. Er hat doch selbst schon konkrete Vorstellungen, was er will. Und mitten in diese schwierige Lage hinein kommt das Unternehmen und denkt sich fast jede Woche spinnige Zusatzprodukte und Plusoptionen aus, die ich noch zusätzlich zu meiner Quote verkaufen soll. Das geht aber nicht, denn ich bekomme doch gar nicht so viele Termine. Ich fordere, dass wir nur sehr wenige, aber tolle und leicht verkäufliche Produkte anbieten, aber das Unternehmen schüttet mich endlos mit schwer erklärbarem Sonderquatsch zu und verlangt, damit Zusatzumsatz zu machen. Und nun wird alles noch getoppt: Jetzt soll ich auch noch die Erfinder mitnehmen, damit sie dem

Kunden etwas anbieten. Diese kreativen Leute kenn ich, die hab ich gefressen. Die versauen mir die Kunden. Die einen Rumpuzzler reden unverständliches Zeug, die anderen Tagträumer behaupten, sie könnten in zwei oder zehn Jahren bessere Produkte liefern als die, die der Kunde gerade gerne kaufen will. Diese Leute kommen mir nicht mehr ins Gehege! Ich lösche alle Informationen über Neues aus meiner Mail. Man kann nichts davon verkaufen.«

Es fehlt also die Zeit, und die Verkäufer haben keine guten Erfahrungen mit »Innovationen« und »Innovatoren« (höhnische Anführungszeichen). Die Verkäufer können es aber nicht gut ablehnen, den Erfindern zu helfen, weil das Unternehmen es »von oben« irgendwie will. Daraufhin fordern sie, dass sie die Verkäufe der neuen Erfindungen wenigstens auf ihre unmenschlich hohe Quote angerechnet bekommen. Sie bekommen nämlich ihren Bonus nur, wenn sie vorgeschriebene Produkte verkaufen, und auf dieser Liste stehen die des Erfinders nicht drauf. Wenn sie also etwas Neues wie gefordert zusätzlich verkaufen, wollen sie über ihren Bonus auch partizipieren.

Das hält der Erfinder selbst für eine gute Idee, er interveniert über den Vertriebschef, dass »seine« Umsätze beim Bonus angerechnet werden.

Jetzt kommt es zu einer normalen Katastrophe in zwei Teilen. Sie entsteht durch das Missverständnis im Vertrieb, dass sich die Innovation wirklich schon verkaufen ließe. So weit ist sie aber noch nicht! Es gibt noch nichts zu verkaufen! Das ist jetzt noch nicht schlimm, weil es ja nichts ausmacht, wenn dem Verkäufer nur die Innovation zusätzlich angerechnet wird. So bleibt seine Lage ja noch die gleiche. Aber: Der Vertriebschef hat daraufhin fast immer eine noch viel bessere Idee. Er verpflichtet die Verkäufer *zusätzlich* zum Verkaufen der neuen Erfindung und erhöht damit deren Quote. Der Vertriebschef argumentiert so: Die Innovation bedeutet ein Zusatzprodukt. Also kann der Verkäufer mehr anbieten als vorher. Deshalb hat er plötzlich die tolle Chance, mehr Umsatz zu machen – und zwar nicht deshalb, weil er besser gearbeitet hätte, sondern weil ihm das Unternehmen mit der Innovation so viel mehr Chancen bietet.

Nun ist der Verkäufer richtig böse. Er hat eine höhere Quote und muss sich jetzt ernsthaft um das Neue kümmern. Wie verkauft er es? Nun fragt er den Erfinder, der doch eigentlich nur Feedback auf seine

Ideen haben will, wie viel sein »Produkt« kostet, wann es lieferbar ist, welche Produktnummer es hat und so weiter. Da gesteht der Erfinder langsam ein, dass der Prototyp »noch nicht ganz fertig ist«. Das wussten die alten Hasen sowieso ... Fazit: Der Verkäufer hat eine höhere Quote, aber *keine* höhere Chance. Implizit ist sein Gehalt gesenkt worden! Wutschnaubend herrscht er den Erfinder an, der ihm das alles eingebrockt hat, und erklärt es nochmals seinem Vertriebschef, damit der die Quote wieder senkt. Leider jammern Verkäufer immer, dass ihre Quote gesenkt werden soll. Deshalb ist ein Vertriebschef immun gegen Quotensenkungsargumente. Sie machen ihn ungeduldig und böse.

**Verkäufer verkaufen am liebsten Bewährtes, was kaum erklärt werden muss. In Bezug auf Innovationen sind sie tendenziell CloseMinds.**

Wodurch entsteht diese missliche Lage? Wenn der Vertrieb helfen soll, kommt die Erfindung in die Schieflage, sich als fertiges Produkt präsentieren zu müssen. Sie wird vorschnell mit »Zusatzumsatz« in Verbindung gebracht. Das muss ein Innovator absolut vermeiden. Verkauft wird erst, wenn das Produkt fertig ist! In diesem Punkt sollten sich Erfinder und Innovatoren nicht beirren lassen. Sie sollten sehr klar sagen, dass sie nur deshalb zum Kunden wollen, um dessen Reaktion auf seine Neuerung zu erfahren und zu lernen, was dem Prototyp aus Sicht eines OpenMinds noch fehlt. Er muss mit den Verkäufern die OpenMind-Kunden sorgfältig auswählen und dann nur diejenigen davon besuchen, die sich voraussichtlich für seine Neuerung interessieren. Dort muss er interessant sprechen und begeistern und nebenbei sehr gut zuhören. Sehr, sehr gut zuhören. Die meisten Erfinder aber bekommen endlich einen Termin und »texten den Kunden zu«, sie überfordern ihn, sind zu kompliziert, erklären schlecht, enttäuschen den Kunden und hören eben nicht zu. Man kann von Kunden so viel erfahren, so viel lernen! Es ist relativ selten, dass Erfinder sich wirklich Mühe geben, dass neue Land vor ihnen wirklich zu erkunden. Sie verstehen nicht, dass sie wieder einmal wie ein Flachländer naiv unkundig ins Gebirge gehen. Der Kunde schüttelt dann bei der Vorstellung der neuen Idee immer wieder mit dem Kopf und sagt, bei ihm gebe es andere Realitäten oder offenbar fehle es dem Erfinder an Branchen-Know-how. Oder im Gebirgsbild ausgedrückt: Der Kunde sieht die Realität schon in drei Dimensionen, der Erfinder noch in zweien, weshalb er als Flachländer noch alles einfacher findet, als es ist. Wenn der Erfinder noch halbblind für die Realität zum Kunden kommt, aber gleichzeitig durch hohes Selbstbewusstsein und Überlegenheitsgefühl nebst Doktortitel beeindruckt, blamiert er sich dort bis auf die Knochen. Dann aber schämt sich der beim Termin anwesende Vertriebsbeauftragte der Firma, flucht innerlich, dass sein schöner seltener Termin versaut wurde und warnt nach dem Fiasko alle seine Kollegen im Vertrieb davor, »diesen da« zum Kunden mitzunehmen.

Und ein letztes Problem, das nicht weniger hart ist: Oft handelt es sich bei einer Innovation um eine Erfindung, die eigentlich an *ganz andere* Kunden verkauft werden muss. Und dann? Ich greife auf das Beispiel der Tourenplanung zurück. Wir baten damals die IBM, uns eben zum Kunden mitzunehmen. IBM vertreibt aber IT und eben *nicht* Tourenplanung. »Der Kunde« der IBM ist daher in der Regel der IT-Manager eines Kundenunternehmens. Der interessiert sich nicht für Tourenplanung und hat auch keine Ahnung davon. Er will sie nicht kaufen und bestimmt nicht lange darüber bei einem persönlichen Termin diskutieren. Es hat also eigentlich keinen Zweck, zum Kunden mitgenommen zu werden. Der Vertrieb von IBM kann höchstens fragen, ob im Kundenunternehmen ein Fuhrpark- oder Logistikmanager bekannt ist. Da aber weiß der IT-Manager beim Kunden fast nie weiter … Und stellen Sie sich vor, irgendein Mensch auf der Welt hätte 1995 plötzlich den Wunsch verspürt, Tourenplanungssoftware zu kaufen, ja – hätte der ausgerechnet bei mir in Heidelberg angerufen?

Wer also Ideen hat, die neue Kunden anziehen sollen, muss sich überlegen, wie er an diese neue Gruppe herankommt. Wie bekommt man die neuen Kontakte, welcher Typ des neuen Kunden kann am besten durch Feedback weiterhelfen? Wie wird die spätere Vermarktung vorangetrieben? Die Folgeprobleme lassen sich schon erahnen: Diese neuen Kunden haben vielleicht gar keinen zuständigen Vertriebsbeauftragten, es wird Organisationsprobleme mit einem Produkt für neue Kundenkreise geben, lange interne Diskussionen, wer wofür zuständig ist und wer wie hohe Vertriebsboni bekommt. Da steht der Innovator vor der grundsätzlichen Frage, ob er das wohl stemmen kann …

Wir haben das damals lange hin und her erwogen und schließlich die Optimierung der Touren auf das Optimieren der gemieteten Datenleitungen von Unternehmen verlagert. Oder, hart gesagt: Die Tourenplanung wurde beerdigt.

Wir konzentrierten uns auf ein anderes Problem: Welches Datenautobahnnetzwerk muss man bei einer Telekom anmieten, sodass die geringsten Kosten anfallen? Wie mietet man die Leitungen strategisch günstig über die Zeit, wenn die Datenmengen immer weiter wachsen? Dieses Problem hat der IT-Chef jedes Unternehmens selbst. Da konnten wir zu ihm als Kunden mitkommen. Damit begeisterten wir sogar die alten Hasen im Vertrieb. »Schau mal, Kunde«, konnten sie zu ihrem Kunden sagen, »da haben wir etwas Exquisites, mit dem du viel Geld sparen und dafür mehr Computer kaufen kannst.« Das lief prächtig, denn der Vertrieb konnte seinem Kunden mit uns einen Gefallen tun. Dadurch bekam *er* selbst *mehr* Termine als ohne uns. Wir stellten also wegen des Vertriebsproblems unser Produkt so um, dass es überhaupt zum Kunden kam. Das war erfolgreich, hat aber auch dem Erfinderherzen wehgetan. Echte Innovatoren hätten sich wohl *nur* gefreut. So weit bin ich selbst heute immer noch nicht – ich trauere bei Ideenbegräbnissen!

## Resistenzen von Marketing und Communication gegen Ungewöhnliches

Marketingleute fokussieren sich ebenfalls wie alle anderen Berufstätigen darauf, ihren Job zu machen, für den sie bezahlt werden. Es gab Zeiten, in denen die Marketingmitarbeiter einfach die allgemeine Aufgabe hatten, viel Werbung unter die Menschen zu streuen, Prospekte zu entwerfen und zu verteilen, Messestände zu betreiben und für eigenwerbende Konferenzreden zu sorgen. In letzter Zeit überlegt man zusätzlich fieberhaft, wie entsprechende Aktivitäten auf Facebook oder allgemein in den »Social Media« aussehen könnten. Alle sollen das Unternehmen und seine Produkte »liken«.

Die Aufgaben der Marketingabteilungen sind beim überhandnehmenden Zahlenmanagement in Verdacht geraten, »»kein Geld zu verdienen« und »nur fragwürdige Geschenke an Kunden zu verteilen«. Was bringt denn Marketing überhaupt? Diese Frage (»Was bringt es?«) hat das Management in den letzten Jahren an jeden Bereich eines Unternehmens gerichtet, auch an die Forschungsabteilungen und die Kommunikationsbereiche, deren direkter Profitbeitrag schwer messbar ist. Bei Verkäufern ist es einfacher: Man berechnet, wie viel Rohgewinn seine Abschlüsse erzielen und zieht sein Gehalt davon ab. Was aber leistet ein Unternehmensblogger, ein Pressesprecher oder ein Messestandvertreter? Für diese Berufe sind in den letzten Jahren Erfolgskriterien entwickelt worden, anhand derer sie gemessen werden: Anzahl der Leser, Höhe des Bekanntheitsgrades der Firma, Anzahl der Messebesucher oder Zuhörer bei Reden, die Note der Kunden auf Bewertungsbögen für Marketingveranstaltungen. »Bitte sagen Sie uns, dass Sie uns gut fanden. Wir wollen daraus lernen und immer besser für Sie werden.« Das sagen alle Konferenzveranstalter – und das stimmt nur zum Teil, denn eigentlich dienen die Daten ihrem Chef als Beurteilungsgrundlage, wie gut sie als Event-Organisatoren gearbeitet haben. Je nachdem wertet er eine Veranstaltung als Erfolg oder nicht. Alle »Erfolgsdaten« werden in einem Erfolgsbericht festgehalten und in Managementmeetings präsentiert. Dann befinden die anderen, unter höchstem Quartalsdruck stehenden Manager immer noch mäkelig, dass die Marketingabteilung »zu viel Geld verbrenne«. Und sie fragen: »Geht es nicht billiger? Mit weniger Personen? Was kann man einsparen?«

Ein Innovator muss wissen, dass auch die Marketingfachleute unter gewaltigem Druck stehen und ebenso ihre Quoten haben. Er muss also versuchen, ihre Hilfe so zu bekommen, dass seine Marketingkollegen durch ihn Pluspunkte in ihrer Erfolgsbilanz erzielen können. Wenn er dies erreicht, arbeitet er ja quasi als ehrenamtlicher und unbezahlter Zusatzmitarbeiter im Marketing mit – dann ist er hochwillkommen. Wenn aber zu befürchten steht, dass seine Idee keine Pluspunkte erzielen wird, wimmeln ihn die Marketingleute ab.

Ideen, die näher an den normalen Marketingkampagnen des Unternehmens angesiedelt sind, passen besser zum Gesamtbild und haben eine bessere Chance. Um immer wieder mein Universalbeispiel der Optimierung zu bemühen: Marketing der IBM für Tourenplanung mag die Zentrale nicht wirklich, aber bei der Optimierung der IT-Netze sieht sie mehr Potenzial. Wenn also die Idee des Innovators nicht gut in ein Ganzes passt, wenn sie quer erscheint, ungewöhnlich oder revolutionär, dann fassen die Marketing- und Kommunikationsabteilungen die neue Idee nicht an. Sie haben ja die Funktion, das Image, das Gesamtbild und die »Message« der Unternehmensleistungen in der Öffentlichkeit und bei den Kunden in strahlendem Licht erscheinen zu lassen. Wenn ein Innovator mit seiner Idee dieses Licht trüben könnte, wird er nicht nur nicht gefördert, sondern gehemmt. »Es stört die Gesamtstrategie! Wir verkaufen gerade das Traditionsprodukt X. Machen Sie uns jetzt nicht unsere Stammkunden kirre, wenn Sie neue und noch unausgereifte Konzepte in den Diskussionsraum stellen. Wir stehen an vielen Stellen vor Geschäftsabschlüssen und wollen die Aufmerksamkeit der Kunden nicht ablenken.« Marketing und Kommunikation *müssen* ein gewisses Immunsystem gegen Störungen aufbauen und in Funktion halten.

Das ergrimmt die Innovatoren in der Regel sehr. Zu Unrecht – das Geschäft muss doch laufen! So sind eben die Regeln! Punkt. Wer als Innovator seine Ideen propagiert sehen möchte, muss eben unter diesen Restriktionen etwas Attraktives schaffen – oder den Versuch mit der Marketingabteilung einstellen, bis ein ausgereifteres Konzept oder gar ein Produkt zum Vorzeigen verfügbar ist. Wenn Sie eine neue Idee haben und vertröstet werden, dann denken Sie bitte an die wichtige primäre Aufgabe des Marketings und der Unternehmenskommunikation. Die Kollegen dort sind nicht unwillig, haben aber wichtige Aufgaben, die sich mit der Verbreitung besonders der schrägen neuen Ideen beißen. Jeder Innovator muss sich also ernsthaft »vor den Spiegel stellen« und sich fragen: Hat er etwas zu präsentieren (und kann er es zündend), was den Stern des gesamten Unternehmens heller strahlen lässt oder nicht? Ist die angedachte Innovation wirklich und wahrhaftig gut für das Unternehmen? Ja oder nein. Geben Sie sich bitte große Mühe mit der Antwort. Sie können viel dabei lernen, warum Sie das alles tun – vielleicht, um selbst einmal mit einer neuen Idee bedeutend zu sein? Bewundert zu werden? Karriere zu machen? Dagegen ist dann das System wirklich resistent und *muss* Sie fast wie ein schädliches Bakterium vernichten. Stellen Sie sich bitte einmal die genannte

Gretchenfrage. Wenn die Antwort nicht ein klares Ja ist, gerät alles Folgende zu reiner Energieverschwendung und wird mit einer Enttäuschung enden.

Wie gefeit muss das Immunsystem eines Unternehmens gegen Neues sein? Die IBM hat große und für ihre neuen Ideen berühmte Forschungszentren. Es macht wirklich stolz, dort zu arbeiten. Ich weiß das noch, ich war lange Zeit im Wissenschaftlichen Zentrum in Heidelberg tätig. Wir hatten es geradezu als Aufgabe, mit neuen Ideen in der Öffentlichkeit aufzutreten und auch mit ungewöhnlichen Konzepten immer wieder zu zeigen, dass IBM fast in allen Lebensbereichen an der vordersten Front mitdenkt. Wir konnten daher fast jede wirklich neue Idee so darstellen, dass wir unseren Auftrag im Sinne des ganzen Unternehmens erfüllten. Die Forschungslabore waren nicht abgeschottet für Geheimentwicklungen, sondern sie hatten eine wichtige Öffentlichkeitsfunktion. Ich habe es immer als sehr befreiend empfunden, dass die IBM eben kein so starkes Immunsystem aufgebaut hat. Ich wurde immer wieder gefragt:»Waaaas, das dürft ihr?« Ich habe bekanntlich viele Bücher geschrieben, die an verschiedenen Stellen Fundamentalkritik am Bildungssystem oder am Shareholder-Value-Management üben.»Waaaas, das darf man bei euch? Wir würden glatt gefeuert, und dich machen sie zum CTO.« Ein Unternehmen muss sich sehr gut überlegen, wie stark sein Immunsystem sein soll. Es gibt da große Bandbreiten – ich komme im Verlauf des Buches darauf zurück.

## Der Irrlauf durch Schwarzer-Peter-Meetings – ein Flyer muss her!

Innovatoren brauchen im Unternehmen Unterstützung. Dazu wenden sie sich natürlich auch an ihren Vorgesetzten. Der stöhnt wahrscheinlich, dass ein Mitarbeiter wieder einmal eine neue Idee hat und dann wahrscheinlich nicht zu 100 Prozent an seinen Aufgaben arbeitet. Der Vorgesetzte fühlt (zu Recht), dass er persönlich einen Teil der Zeche bezahlen muss. Eine Innovation verschlingt ja Ressourcen. Und wenn ein Mitarbeiter seiner Abteilung einen Teil seiner Zeit einer

Innovation widmet, senkt es den Erfolg der Abteilung im laufenden Geschäft. Damit aber gefährdet die Innovation die Gehaltserhöhung des Vorgesetzten, der ja auch wieder ein Ziel oder eine Quote hat. Mit diesem Sachverhalt gehen die wenigsten Erfinder sensibel um. »Der Vorstandsvorsitzende hat gesagt, wir sollen erfinden, weil es gut für das Ganze ist, basta! Genau das tue ich, im Gegensatz zu euch. Jetzt erwarte ich, dass mir mein Vorgesetzter freie Bahn verschafft!«

Das tut er nur, wenn er sich selbst ethisch verpflichtet fühlt und für das Ganze agiert. Der Regelfall ist das nicht, auch nicht für den Erfinder, der oft auch nicht für das Ganze arbeitet, sondern für seinen Ruhm und seine Gehaltserhöhung. Dann aber riecht der Vorgesetzte den Braten, dass er mit seiner drohenden Gehaltserhöhungssenkung eine Gehaltserhöhung beim Erfinder finanzieren soll. Da blockt er.

Er darf aber offiziell nicht blocken, weil das Unternehmen ja Innovation im Prinzip fördern will. Da kommt er immer auf die gute Idee, wiederum seinen eigenen Vorgesetzten um Unterstützung zu bitten. »Bitte hören Sie sich die geplante Innovation einmal an. Ich finde sie ganz okay, wir (beachte: wir!) müssten irgendwann einmal beschließen, ob Sie (beachte: Sie!) da investieren wollen.«

Der Hauptabteilungsleiter hat in der Regel keine Lust »auf Erfinder«, weil er sich von Erfindern immer subjektiv bedrängt fühlt und es gewohnt ist, dass sie in ihren Erklärungen immer Vorkenntnisse über schwierige technische Details voraussetzen, die er nicht hat. Er weiß, dass wieder einmal eine quälende Begegnung für ihn droht. Deshalb schlägt er wie immer vor, dass der Erfinder seine Idee einmal dem Managermeeting präsentieren soll. Das ist schon in vier Wochen! »Da haben wir noch einen Slot frei, es ist gut, wenn wir sehen, dass es in unserem Unternehmen auch einmal frische Gedanken gibt.« Der Hauptabteilungsleiter muss ohnehin dieses Meeting leiten – auf diese Weise verliert er keine Zeit mit einer neuen Idee und muss sich auch nicht schämen, in neuen Gebieten technisch nicht beschlagen zu sein. Die anderen Manager sind ja schützend dabei. Durch das Ansetzen einer Präsentation in einem Meeting verliert der Erfinder gleich ganze vier Wochen Zeit, das ist in der Regel furchtbarer, als man so denkt. Dies ist kein Einzelfall, hier ist fast ein eigenes Immunsystem gegen Innovationen ausgebildet worden: Das System vernichtet schon von vornherein vieles Wichtige durch das schleppende Ansetzen von Terminen. Ein guter Innovator lässt sich das aber nicht gefallen. Er verlangt Einzelgespräche – sofort. Im Normalfall aber akzeptiert er den Termin und läuft so sehenden Auges in alle damit verbundenen Folgeprobleme hinein.

Zuerst muss er jetzt präsentieren!

Präsentationen sind im Grunde dazu da, etwas Konkretes mitzuteilen. Das sind Belehrungen, Erkenntnisse, Regeln, neue Befehle und Beschlüsse von oben, Verhaltensregeln, Erfolge, Zahlen der Vergangenheit oder Vorschläge für weiteres Vorgehen.

Ein zukünftiger Innovator aber will oder besser soll ausloten, die Stimmung im Management erkunden, Meinungen erheben, Rat über mögliche Chancen einholen, Empfehlungen für neue Kontakte bekommen, um bei höheren Managern vorgestellt zu werden, die mehr Macht in seiner Sache haben, Namen von Fachleuten sammeln, die ihm helfen können, und so weiter. Dafür wäre eine offene Gesprächsrunde gut, die sich auch Zeit zum Nachdenken nähme und die versuchte, dem Erfinder wirklich zu helfen. Eine Präsentation geht an alledem direkt vorbei. Der Erfinder oder Innovator bereitet jetzt in aller Regel eine Präsentation vor, in der er die Sache an sich erklärt (das ist nach seiner Meinung seine Idee) und dadurch versucht, sein Management zu begeistern. Das aber fragt (IMMER!) in etwa Folgendes:

- »Können Sie das ganz einfach erklären? Kurz und knackig?«
- »Was wollen Sie konkret von uns? Was sollen wir tun?«
- »Haben Sie irgendwelche Zahlen, die Ihre Ideen quantifizieren? So, wie Sie das vortragen, ist es mir viel zu vage – und ich habe es auch noch nicht wirklich verstanden.«
- »Was nützt es *uns* hier im Raum, wenn wir uns damit befassen? Hilft es uns schon beim nächsten Quartalsergebnis? Wie sehr?«

Diese Fragen zeigen, dass die Präsentation (wahrscheinlich jede Präsentation) einer Idee einfach keinen Erfolg hatte. Verloren! Nicht nur das – das Management weiß jetzt, dass die Person des Erfinders nicht strukturiert denkt und nicht konkret wird. Es geht innerlich auf Reserve und ist nur bereit, die Angelegenheit wieder aufzugreifen, wenn die gestellten Fragen geklärt sind. Der Erfinder bekommt also Hausaufgaben:

- Anfertigen von drei Folien mit dem Hauptargument, »kurz und knackig«, sodass man alles »sofort verstehen kann«.

- Eine genaue Aufstellung von Aktionen, die der Erfinder für nötig hält, nebst Auflistung all dessen, was er als sofortige Aktion vom Management erwartet. Dazu Zeitpläne und Klärung der Zuständigkeiten aus seiner Sicht.

- Zahlenbeweise durch Markterhebungen oder irgendwelche Statistiken, dass seine Idee irgendwann Profit bringt – wie hoch wird der sein?

- Erstellung eines Flyers, den man überall herumzeigen kann, wenn ein Fremder, zum Beispiel ein Kunde, fragen sollte, worum es in der Sache eigentlich geht.

Der Innovator wollte eigentlich Aufmerksamkeit für seine Idee, eigentlich auch Lob und moralische Unterstützung, aber im Wesentlichen eine Diskussion und wirkliche Hilfe. Faktisch verlässt er das Managementmeeting aber mit einem Turm von Aufgaben, die er selbst nun erledigen muss. Das war nicht seine Idee vom Meeting! Die war von vornherein abwegig. Er hat gedacht, die Manager würden nun einmal je eine oder zwei Stunden für ihn arbeiten. So ist aber Management nicht! Management versteht sich als Drehscheibe von Entscheidungen und Ort der Arbeitsverteilung. Die Aufgaben, die der Erfinder bekam, bedeuten im Klartext: »Es ist alles so vage, dass noch keine Entscheidung getroffen werden kann. Erst danach entscheiden wir.« Das Management entscheidet in Meetings, es »tut« aber nichts. Genau das hat der Erfinder aber erwartet und scheitert deshalb. Er wird alle Aufgaben erledigen, mit einem Flyer zurückkommen und dann eventuell als Antwort bekommen, dass es gerade *grundsätzlich* kein Geld im Management für »so etwas« gäbe. Das geschieht dann aber erst drei oder vier Monate nach dem ersten Meeting. Es ist bereits so viel Zeit verloren gegangen, dass man fürchten muss, andere Erfinder anderswo könnten schneller sein.

Der Flyer oder das kleine Ideenprospekt muss bei größeren Unternehmen als offizielle Drucksache in Absprache mit der Marketingabteilung erstellt werden. Diese Abteilung ist ausschließlich befugt, offizielles Material zu verfassen. Das wird ein besonderes Drama für den Innovator. Seine Idee wird im Werbetext verwaschen formuliert, aus seiner Sicht vollkommen deformiert, sie klingt keimfrei und universell so:»Tourenplanung ist der entscheidende Schritt für ein Unternehmen, noch effizienter zu werden. Sparen Sie Millionen durch eine professionelle Lösung, die wir demnächst am Markt als Erster anbieten werden. Sind Sie schon interessiert, Referenzpartner zu werden? Rufen Sie an! Hier: Marketingtelefonnummer.« Ich habe jetzt ein bisschen übertrieben, um den folgenden Punkt überdramatisch herauszuarbeiten. Es gibt folgende Reaktionen auf den Flyer:

- *Erfinder:*»Es sieht sehr schön aus, ich verteile es. Mich bedrückt, dass es gleich Millionen sparen soll, das stimmt ja nicht, aber alle sagen, Flyer müssen so sein. Ich bin auch enttäuscht, dass ich den Marketingleuten einen vollen Tag lang erklärt habe, worum es genau geht, und nun sehe ich eigentlich nur, dass sie in einem schon als Textbaustein existierenden Flyer zu Wissensmanagement nur das Wort Wissensmanagement durch Tourenplanung ersetzt haben.«

- *Marketing:*»Wir haben den Flyerausstoß in diesem Monat deutlich gesteigert und zur Erhöhung des Unternehmenswertes beigetragen.«

- *Manager des Erfinders:*»Na sehen Sie, das sieht schon gut aus. Nun ist es endlich konkret. Jetzt weiß ich, dass wir über Millionen sprechen, warum haben Sie das nicht in der Präsentation erwähnt? Sie haben mir vorher auch nicht gesagt, dass Sie schon Kunden suchen! Da könnten wir die Quoten erhöhen. Bitte präsentieren Sie demnächst nochmals und berichten Sie von Ihren Erfolgen.«

Wie gesagt, es ist überspitzt dargestellt – und Sie merken am galligen Sarkasmus, dass ich meine Frustrationsrunden aus meinem früheren Innovatorendasein noch tief in mir sitzen habe. Im Ganzen will ich mit diesem Abschnitt sagen: Managermeetings sind Orte, wo alles Dasein im Unternehmen in einen guten geölten Geschäftsablauf geordnet wird. Alles fließt langsam dahin. Der Erfinder bekommt im Meeting selten Hilfe – nein, er wird in diesen langsamen Strom eingefügt und schwimmt nun sauber geordnet im Geschäftsprozess mit. Damit ist er vom Immunsystem erfasst worden und wahrscheinlich schon gescheitert. Es ist nicht so, dass die Manager gegen die Innovation sind, aber sie denken eben fast ausschließlich in Abläufen, innerhalb derer sie ab und zu Entscheidungen zu treffen haben, so wie ein Diskothek-Türsteher. Die eine darf rein, der andere nicht. Wer dort fragt, bekommt eine Entscheidung als Antwort.

Bitte gehen Sie gedanklich nochmals an den Punkt im Buch zurück, wo ich Gifford Pinchot mit seinem eindringlichen Rat zitiert habe: »Work underground as long as you can.«

Nehmen Sie nur an solchen Managermeetings teil, zu denen sie unbedingt hingehen müssen und nur zu dem einen einzigen Zweck, glatt durchgewunken zu werden. Bitte fragen Sie nicht nach echten Entscheidungen, bitten Sie nicht um Hilfe. All das Notwendige müssen Sie in Einzelgesprächen erreichen – quasi hinter der Bühne. Auf der Bühne wird das Stück nur aufgeführt, ich bitte Sie! Das Stück wird aber nicht auf der Bühne verfasst.

Der richtige Innovator geht erst dann auf die Bühne des Managermeetings, wenn alles schon in seinem Sinne beschlossen worden ist und nur noch verkündet werden soll. Dann führt ihn ein höherer Manager ein: »Ich habe Frau XY gebeten, dieses neue Geschäftsgebiet voranzutreiben.« Das ist im Sinne des Managements »strukturiert und konkret«. Die Arbeit des Innovators ist dann schon getan. Wie das im Einzelnen geht, bespreche ich aber erst nach den vielen Hinweisen auf die Fallen, die dem Innovator gestellt werden.

### Konferenzbeiträge und Heiße-Luft-Resistenz

Der Innovator kann versuchen, seine Ideen auf Konferenzen vorzutragen, wo sich die Visionäre treffen und austauschen. Von dort kann er wieder viel mitnehmen und lernen. Er nimmt an den neuesten Fortschritten auf seinem Gebiet teil. Er besucht Stände vieler anderer Unternehmen und kann sich informieren. Er selbst kann seine Prototypen auf einem eigenen Stand vorstellen und seine mitgebrachten Flyer in großen Massen verteilen, wozu er viele drucken lässt.

Messestände und Präsentationen sind so gut wie das Feedback, dass Sie bekommen. Sie können ein Gefühl dafür bekommen, was andere Menschen von Ihrer Idee halten. Sie können Stände von Wettbewerbern anschauen, um mitzubekommen, wie weit die anderen sind. Das ist sehr wertvoll, wenn Sie die ganze Anstrengung unter diesem Gesichtspunkt sehen und auch so unternehmen. Sie müssen aber wissen, was all die anderen auf den Konferenzen tun und warum. Konferenzen verbreiten nur Positives und Neues, sonst ginge ja keiner hin. Die Agenda einer Konferenz bietet ein Potpourri aus

- *Visionen:* »Wo geht die Reise hin?«
- *Erfahrungen:* »Wie ich selbst diese konkrete Neuerung einführte und jetzt glücklich bin.«
- *Anti-Erfahrungen:* »Welche Fehler man vermeiden muss und wie das leicht geht.«
- *Workshops:* »Wir trainieren die erste Handgriffe (»hands-on«), und schon nach wenigen Stunden haben Sie einen reichen eigenen Erfahrungsschatz …«
- *Verkaufsstände:* »Bitte schauen Sie alles schnell an und sehen Sie, wie toll das ist – danach geben Sie uns unbedingt eine Visitenkarte (dafür bekommen Sie eine Rolle Pfefferminz, einen Prunkbilligstkuli oder einen Dopsball) und vereinbaren einen individuellen Termin mit uns; im Minimum bekommen Sie jetzt lebenslänglich Werbung, weil wir Sie auf unseren VIP-Verteiler setzen.« Das Ganze heißt im Jargon »Lead Generation«.
- *Sponsorenwerbung.*

Die Sponsoren finanzieren einen erheblichen Teil der Veranstaltung. Dafür dürfen sie Stände aufstellen, und sie bekommen in der Regel einen Redeslot, dürfen also einen Redebeitrag auf der Konferenz beliebig bestimmen. Die Aussteller bezahlen die Stände, die Teilnehmer die Konferenzgebühr, vielleicht der Staat ein bisschen Unterstützung, sodass dann ein Minister schirmherrschaftlich die Konferenz eröffnet. Bei Wahlen kommen Minister auch grundlos. Die meisten Vorträge werden also vom Unternehmen des Redners bezahlt, damit dieser Marketing macht – für sein Unternehmen oder für das Produkt, dessen Verwendung er erklärt. Es ergibt keinen Sinn, in Reden Produkte zu erklären, die schon jeder kauft. Eine Rede, die eine Einführung in das SAP-Programm oder in Word bietet, ist deplatziert. Ganz klar: In den von Firmen bezahlten Konferenzbeiträgen werden brandneue Produkte erklärt. Aber welche?

Am besten solche, die bisher kaum ein Kunde gekauft hat und für die noch keine konkreten Anwendererfahrungen vorliegen. Man sucht sich dann einen Protagonistenkunden, der ein bisschen mit dem neuen Produkt gratis herumprobieren durfte und verkauft seine Rede darüber als »Referenzkundenerfolgsbericht nach jahrelanger Zufriedenheit«.

In Wirklichkeit gibt es noch keine richtigen Erfahrungen, sondern meist nur das Ankündigen von Erstversuchen. Sie merken das an Redefiguren wie »Wir sind da noch am Anfang.« Oder: »Wir haben das Produkt jetzt seit gestern in Betrieb und müssen noch sehen, ob sich nun wirklich die Einsparungen realisieren lassen, die man uns versprochen hat und die wir leider unserem Boss weiterversprechen mussten.« Oder: »Wir versprechen uns sehr viel vom neuen Servicemodell, möchten aber keine konkreten Zahlen nennen. Die haben wir zwar, aber wir denken, dass wir noch einige Zeit lang geheim arbeiten sollten, um uns einen großen Vorsprung zu erobern.«

In diesem Sinne sind die meisten Konferenzen an einem Schnittpunkt zwischen den Early Adopters und den OpenMinds angesiedelt. Die Early Adopters haben die neuen Produkte schon in Gebrauch, verfügen aber noch nicht über Langzeiterfahrungen und wissen auch nicht, welche Beeinträchtigungen dadurch entstehen und wie damit umgegangen wird. Die Fragen der OpenMinds wie »Was nützt es genau? Ist es sicher? Ist es leicht bedienbar? Es gibt doch keine Folgeschäden und Nebenwirkungen?« können noch nicht überzeugend beantwortet werden. Wer Zweifel daran äußert, bekommt im Gegenzug sofort einen Vertreterbesuch angeboten, damit alles persönlich besprochen werden kann.

Die Early Adopter der Unternehmen kommen als Teilnehmer, um Inspirationen zu suchen und schon im Vorfeld zu beschließen, was sie demnächst an neuen Produkten einsetzen wollen. OpenMinds der Unternehmen wollen klären, was sich schon wirklich bewährt hat. Sehr viele Teilnehmer der Konferenzen sind Mitarbeiter oder Geschäftsführer von kleinen Beratungsunternehmen, die einfach nur die neuesten Trends verfolgen und diese Kenntnisse um dieses Neueste ihren Kunden wiederum als Expertenwissen verkaufen.

Visionäre sind meist von den Konferenzen enttäuscht, »weil es nichts Neues gibt«. Seltsam, denn sie sind oft auf Konferenzen – so schnell ändert sich ja nichts. Die Early Adopter und die Protagonisten belauern sich gegenseitig, wer von ihnen am weitesten vorn ist. »Die anderen kochen auch nur mit Wasser.« Die OpenMinds sind oft verzweifelt, weil das Neue noch nicht konkret ist, sodass sie klare Handlungsanweisungen mitnehmen und kalkulieren können, wie viel alles kostet und was es nützt. »Da ist noch viel heiße Luft drin. Im letzten Jahr war alles noch so unfertig, dass ich es nicht kaufen wollte. Auch in diesem Jahr ist das noch so. Die Teilnahme war an sich überflüssig. Die Hersteller präsentieren immer dasselbe noch nicht Fertige unter einem immer neuen Motto, unter Buzzwords und erlösungsverheißenden Slogans, aber es ist jedes Mal noch nicht ausgegorener Wein in neuen Schläuchen.«

Die Konferenzveranstalter heuern zur Linderung berühmte Keynote-Speaker an, die die Teilnehmer irgendwie doch begeistern. Auf den Abendveranstaltungen und in den Pausen gibt es Köstlichkeiten bis zum Abwinken, eine Zauberin, ein Comedian oder ein Sternekoch sorgen für ein Erlebnis.

Im Grunde sind die Konferenzen ein Schauplatz, auf dem die Protagonisten den OpenMinds das Akzeptieren des Neuen schmackhaft machen wollen. Aus diesem Grund werden die OpenMinds zu den Konferenzen gelockt. »Wer sich hier nicht trifft, ist von der laufenden Entwicklung abgehängt.« Meist tummeln sich aber vorwiegend Protagonisten im Gedränge. Sie profitieren dann in ihrem Unternehmen oder als Berater für ihre Unternehmen davon, immer sehr gut informiert zu sein. Die OpenMinds aber gehen oft mit dem Eindruck heim, hier werde »nur Hype gemacht« und »heiße Luft verkauft«. Genau das ist die typische Stimmung, wenn etwas Neues über das Chasma oder die Hürde springen soll.

Wer als Innovator auf solchen Konferenzen für seine Sache sprechen will, muss sorgsam nachdenken, was er damit bezwecken will. Hat er eine Chance, OpenMinds zu erreichen? Oder verbreitet er so großen Hype, dass sich einige freie Journalisten anstecken lassen und den Hype weiter verbreiten? Was passiert, wenn sein Vortrag oder sein Prototyp den Eindruck der »heißen Luft« hinterlässt? Das kann ihn beerdigen, weil sich »heiße Luft« herumspricht. »Wie war die Konferenz?« – »Na, viel Gedöns, man muss das noch nicht einsetzen. Wenigstens bin ich jetzt sicher, dass wir nichts verpasst haben, wenn wir in dieser neuen Richtung noch gar nichts tun.«

Immer wieder: Ein Innovator sollte versuchen, möglichst viel detaillierte Kritik von OpenMinds für seine Neuerung zu bekommen. Er sollte erfahren, was genau noch stört, was sie hindert, alles gleich einzusetzen, und warum das Neue noch nicht speziell auf sie abgestimmt ist. Dazu muss er aber wirklich gut und inspirierend präsentieren und Resonanz erzeugen.

Faktisch sind die Präsentationen durchweg entweder zu technisch oder wirklich gedanklich zu dünn oder komplett inhaltsleer mit schillernder Hülle. Meistens langweilen sich die Teilnehmer außerhalb der Keynotes oder der Abendveranstaltung. Mich wundert das schon lange – und mein Sohn Johannes fand mich immer zu vernichtend kritisch. Jetzt besucht er selbst Konferenzen und kommt auf ein Urteil, dass ich schon sehr, sehr oft gehört habe: »Wenn du pro Konferenztag *eine* wirkliche Inspiration mitnehmen kannst, ist es eine gute Konferenz. Mehr kann nie erwartet werden.«

Die entscheidende Frage für den Innovator ist, ob er selbst diese eine Inspiration bieten kann. Dann bekommt er Feedback und kann lernen. Sonst aber hat er sich lange für die Konferenz vorbereitet und wieder viel Zeit vertan. Besonders kritisch sind Fälle, bei denen der Innovator nicht wirklich inspiriert, aber doch ziemlich überdurchschnittlich ist. Dann kann die Marketingabteilung aus lauter Verzweiflung über die Durchschnittlichkeit des eigenen Unternehmens auf die glorreiche Idee kommen, diesen einen Überdurchschnittlichen auf alle Konferenzen mitzuschleppen, die das Unternehmen sponsert. Da fühlt sich der Innovator geehrt, da fühlt er irrtümlich schon Erfolg, aber das macht es nicht besser. Da sagen die OpenMinds: »Schon wieder dieser da auf der Konferenz, der ist überall, hat es wohl auch nötig – oder sein Unternehmen hat nichts anderes.«

Ein Innovator muss solche Konferenzen als Schlachtfeld ansehen, wo er siegen kann, indem er OpenMinds für sich einnimmt. Er kann auch im Kampf ungeheuer viel lernen, was noch fehlt. Er kann viele Kontakte mit anderen knüpfen, indem er anderen zuhört. Die meisten Innovatoren sind schon stolz auf den Erfolg, überhaupt mitkämpfen zu dürfen, aber das ist Zeitverschwendung.

Der Innovator sollte sich diese Fragen ernsthaft vornehmen: »Ich selbst finde die meisten Beiträge aufdringlich, lächerlich, langweilig, viel zu technisch-unverständlich, narzisstisch, pushy oder unauthentisch übertrieben. Werde ich selbst die gefeierte Ausnahme sein? Was unterscheidet mich von den anderen? Wie bekomme ich Feedback von OpenMinds? Welche Kontakte werde ich knüpfen können, welches Niveau kann ich da erwarten? Bin ich wirklich offen für Inspirationen von Konkurrenten? Bin ich willens, mir eben nicht dadurch die Ohren zu verstopfen, dass ich alles andere im Markt mit eigenen Marketingfloskeln abtue?«

Generell finden Konferenzveranstaltungen *vor* dem Chasma oder der Hürde der Innovation statt. Dort verhandeln Protagonisten ihre Ideen. Der Innovator muss aber weiter ... Und die Frage ist, ob ihn die Konferenzen nicht eher hemmen. Die Konferenzen erzeugen Erwartungen durch ihren Hype, danach kommt aber doch immer das Tal der Tränen bis zur Realität!

Meine Beichte: Als ich bei der IBM in Pension ging, hatte ich viele Schränke leerzuräumen und gleichzeitig keinen äquivalenten Stauraum zu Hause. Da waren sie alle – Stapel von »meinen« Flyern und Prospekten aus meinen einstigen Lehrjahren, die damals keiner haben wollte, auch Haufen von Preprints wissenschaftlicher Arbeiten, die nie angefordert wurden ... Tonnen von Konferenzmappen, »in denen man alles nochmals daheim im Büro an sich vorüberziehen lassen kann«, viele CDs mit allen Präsentationen. Schön gestapelt fand ich sie, ich nutzte einen Tag lang den Shredder und hatte daraufhin Hausstaub-Reizhusten.

## Zusammenfassung der Problemlage

Für fertige Produkte wie etwa ein neues Auto werden natürlich die Trommeln gerührt! Je mehr davon hören, desto mehr kaufen es! Kommt alle! Probefahrt! Noch heute unterschreiben! Die Verkäufer strömen aus und sammeln Aufträge. Überall Plakate und Anzeigen. Je mehr Plakate, umso mehr Umsatz! Je mehr Hype, desto mehr Gewinn!

Innovationen müssen zuerst noch entstehen und als solche akzeptiert werden.

Nun neigt die Unternehmenswirklichkeit dazu, Innovationen wie normale Produkte zu behandeln, »die eben nur noch nicht fertig gebaut sind«, oder wie fertige Services, »die nur noch ein bisschen geübt werden müssen«. Dass insbesondere bei Services oder neuen Geschäftsabläufen die nötigen Infrastrukturen meist gänzlich fehlen, wird kaum gesehen. Da werden in einem solchen Zustand der Unfertigkeit schon die Verkäufer losgeschickt und Prospekte gedruckt. Da wird getrommelt und präsentiert. Die Annahme scheint zu sein, dass jetzt irgendwie gleich die Umsätze kommen müssten. Dabei befindet sich die Innovation noch im Entstehungsprozess. Aus dem Prototyp muss ein Produkt werden! Und das dauert seine Zeit. Das Trommeln und die falsche Annahme, dass darauf Umsätze folgen werden, wecken im Management in der Regel vollkommen naive und absolut träumerische Erwartungen. Die werden praktisch nie erfüllt. *Nie!*

Deshalb diskreditiert das Präsentieren und Flyer-Drucken den Innovator letztlich beim eigenen Management. »Heiße Luft!«, sagen die Chefs. Deshalb enttäuscht sein Marketing letztlich die OpenMinds, die sich das Trommeln anschauen. »Heiße Luft!«, sagen sie alle, und Marketing ist ja auch wirklich heiße Luft, wenn kein echtes Produkt als Substanz dahintersteht.

Daher kann zu offensives Selbstmarketing die Innovation nicht nur hemmen und Resistenzen erzeugen, es kann den Innovator im ungünstigen Fall praktisch begraben. Und wenn er dazu noch seine ganze Arbeit für die PowerPoint-Präsentationen und die Managementmeetings zusammenzählt, hat er sich das Grab unter härtestem Einsatz selbst geschaufelt.

Alles, was auf Sichtbarkeit zielt, sollte unter dem mehrfach zitierten Grundsatz bedacht und erwogen werden: »*Work underground as long as you can*« oder »Halt die Klappe, bis du Substanz vorzeigen kannst«.

# MANAGEMENT
## SCHAFFT ORDNUNG
## UND HEMMT INNOVATION

### Nichts darf nicht gemanagt werden

Es gibt einen berühmten Satz von Paul Watzlawick: »Man kann nicht nicht kommunizieren.« Der ist, abgesehen von seinem Inhalt einfach schön. Er will sagen: Es gibt Menschen, die jede Kommunikation einstellen, aber das, sagt Watzlawick, hat ja wieder eine eigene Bedeutung. Schweigende Menschen haben die Zugbrücke hochgezogen. »Höre, was ich dadurch sehr laut zu sagen habe, dass ich schweige.« Lateiner wissen um den Begriff des beredten Schweigens. Cicero: »*Cum tacent, clamant.*« So etwas gibt es in vielen Ehen …

Bezogen auf das Management ist mir der folgende Satz eingefallen, der zum obigen einige Parallelen aufweist:

Nichts kann nicht gemanagt werden.

Handwerker haben Werkzeuge. Damit können sie alles bauen und reparieren, aber zum Beispiel keine Opern komponieren. Kunstmaler haben Farben und Pinsel, können damit aber nicht Fische fangen. Jedes Werkzeug hat bestimmte Zwecke.

Mit Ausnahme der Managementmethoden, die scheinbar absolut universell einsetzbar sind! Manager halten das Management für eine Allzweckmethode. Als fast heilige Vorstellung gilt:

Alles, was getan werden kann, kann durch Management
noch besser getan werden.

Das ist der Kern der Managementidee an sich. Durch striktes strukturiertes Vorgehen erledigt Management eine vorgegebene Aufgabe in bestmöglicher Weise. Management bringt nicht nur zum Ziel, von A nach B, sondern auf effizientestem Wege von A nach B.

Daraus lässt sich ein Umkehrschluss logisch ableiten: Alles, was nicht gemanagt wird, was also ohne strukturiertes Vorgehen von A nach B führt, ist praktisch ohne Ansehen der Lage automatisch nicht effizient. Wenn es die Aufgabe ist, effizient von A nach B zu kommen, dann geht es ohne Management gar nicht. Und natürlich ist es immer besser, das Ziel effizient zu erreichen!

Wir schließen logisch: Ohne Managementmethoden lässt sich *kein* Ziel *vernünftig* erreichen. Und folglich ist die oberste Regel im Management:

Nichts *darf* nicht gemanagt werden.

Das ist das Grundprinzip einer Geisteshaltung, die ich hier einmal »Managementismus« nennen möchte.

In dieser logischen Schlussfolgerung ist ein Fehler. Der ist aber so verborgen, dass die meisten Manager den Grundsatz des Managementismus für richtig halten. Und darin liegt auch ein Kernproblem der Innovation.

Ich habe die Logikkette mit folgender Einschränkung eröffnet: »Alles, was getan werden kann, kann durch Management besser getan werden.« Wenn man nämlich schon weiß, was und wie etwas getan werden kann, kann man es durch Management wahrscheinlich verbessern. Klar! Aber wenn man noch nicht weiß, wie etwas gelingt? Wenn es neu ist? Unbekannt? Ungewiss? Wenn das Land, das neu besiedelt werden soll, noch gar nicht erkundet ist?

Und ich frage mich oder gleich Sie: Kann man etwas absolut Unbekanntes strukturiert angehen? Soll man das? Erreicht strukturiertes Vorgehen in allen Fällen mehr als intuitive/instinktive Exploration? Findet ein Finanz-Controller besser durch den Urwald als ein Abenteurer?

Innovation bedeutet, eine große Idee gegen Widerstände zu entwickeln und mit Leidenschaft durch alle Täler der Tränen zu tragen, alle Hybris zu beschämen und alle Menschen »da draußen« für das Neue einzunehmen. Das ist wie Vordringen im Chaos oder im Urwald, da ändert sich alles so schnell, dass Strukturen mehr oder weniger versagen. Als erfahrener Innovator möchte ich manchmal laut in die Welt schreien: »Seht ihr nicht, welches Chaos hier herrscht? Erst wenn wir hier eine Ordnung sehen, finden und grob geschaffen haben, wird die Ordnung durch Management vollendet, aber bitte erst, wenn wir eine Vorstellung von der neuen Ordnung haben!«

Chaos ist aber für Manager wie die Abwesenheit von Management, also ist Chaos wie verschuldete Unordnung, Ungehorsam, Arbeitsverweigerung und Sünde. Deshalb will das Management unbedingt, dass alles, was man beginnt, mit Managementmethoden begonnen wird, nicht einfach situationsbezogen, einfach so, oder so oder anders! Innovatoren klagen immer, sie würden daran gehindert, unternehmerisch zu handeln. Das ist ein anderer Ausdruck für das hier beschriebene Problem, alles nur mit den vorgeschriebenen Ansätzen erledigen zu dürfen. Das Management hat bisher noch nicht erkannt, dass es Aufgaben gibt, die sich mit Managementmethoden nicht gut lösen lassen. Deshalb wird die Verwendung strukturierter Methoden fast universell zur Pflicht gemacht.

Wenn damit aber Innovation nicht gut gedeihen kann, wird sie gehemmt oder gar gänzlich verhindert. Diese missliche Lage haben wir heute in vielen Unternehmen erreicht, die sich zu sehr dem strikten Management verschrieben haben. Striktes Strukturmanagement verlangt, dass Innovationen nach einem vernünftigen Prozess in verschiedenen Schritten und Phasen entstehen und gemanagt werden. »Hier wird nicht willkürlich von Kreativen gemacht, was ihnen in den Kopf kommt, hier wird alles ordentlich angegangen.« Was ist ordentlich? Ein planmäßiges Managementvorgehen. Das schreiben sich fast alle Unternehmen »auf die Fahne« und führen einen Innovationsprozess ein. Durch Beratungshypes, Managementwechsel zwischen verschiedenen Unternehmen, gegenseitiges Abgucken und Kopieren von Konferenzreden-PowerPoints ist der Innovationsprozess überall im Wesentlichen derselbe. Er sieht ungefähr so aus:

*Der gemanagte Innovationsprozess:*

1. Beschließen Sie, ab jetzt ernsthaft innovativ zu sein.
2. Setzen Sie sich hin und denken Sie eine vorher festgesetzte Zeit lang über Neues nach, listen Sie alle Ideen jetzt noch unsortiert auf.

3. Nachdem die dafür vorgesehene Zeit abgelaufen ist, ordnen Sie die Ideen.
4. Bewerten Sie die Ideen nach vorher festgelegten Kriterien.
5. Wählen Sie die beste Idee aus.
6. Konkretisieren Sie die Idee durch Wettbewerbsanalyse und Markt-Research.
7. Fertigen Sie einen Businessplan an, der Ziele, Meilensteine und Finanzen plant.
8. Suchen Sie einen Investor, der Ihnen Kapital gibt.
9. Führen Sie den Plan aus.
10. Machen Sie wie vorgesehen ein großes Geschäft.

Mehr oder weniger in dieser Form ziehen Innovationswellen durch die Unternehmen. Ich selbst habe viele mitmachen müssen. Ich bin jedes Mal *sehr* zornig gewesen. »Wissen Sie eigentlich«, versuchte ich zu argumentieren, »dass fast niemals eine Idee aus diesem Prozess zum Geschäft führt?« – Oder: »Haben Sie je gehört, das große Businesses entlang dieser Struktur entstanden sind?« In den letzten Jahren wurde immer sehr viel Geld eingespart, da fragte ich noch zusätzlich: »Angenommen, wir würden eine super Idee entwickeln und einen super Businessplan erarbeiten – wird das Management dann im Prinzip Geld dafür bereitstellen, oder wird dann doch lieber gespart?« Und aggressiv wurde ich mit diesem Einwurf: »Ich habe in vielen Firmen als Berater solchen Prozeduren zugesehen – und sie sind irgendwie alle gescheitert, warum glauben Sie alle, dieses Mal könnte es klappen? Warum bei uns? Was ist heute anders?« Die Antworten: »Wir müssen unbedingt innovativ sein. Kennen Sie eine bessere logisch-strukturierte Methode, Ideen zu erzeugen?« – Ich: »Ich habe tonnenweise Ideen, würden Sie sich die anhören?« Management: »Sie haben welche? Das ist wundervoll. Bitte dokumentieren Sie die Ideen und bringen Sie sie bei der unternehmensweiten Sammlung ein und dann werden ja die besten ausgesucht. Wenn Ihre so gut ist, wie Sie behaupten, wird sie natürlich gewählt. So einfach ist das. Der Innovationsprozess soll Sie ja gerade unterstützen. Wenn Ihre Idee dann nicht gewählt wird, ist sie schlecht. Sie bekommen hier keine Extrawurst, auch Sie – so innovativ wir Sie auch kennen und schätzen – müssen durch diesen optimalen Prozess.«

Ich verstand das Spiel leider erst nach längerer Zeit und vermied dann den Prozess. »*Work underground as long as you can.*« Ich begann, einfach an der Idee zu arbeiten, ich begann einfach so, als hätte ich alle Genehmigungen und genug Geld. Ich begann mit dem vorletzten Schritt des Prozesses. Ich überredete möglichst lange Kollegen, mir nach Dienstschluss zu helfen ... Wenn wir am Ende etwas vorzeigen konnten, wurde die Idee einfach glücklich akzeptiert – ohne Prozess, dazu später mehr. Hier will ich die Frage zu beantworten versuchen, die Sie jetzt wohl gerade im Sinn haben: »*Warum* funktioniert es so nicht?«

- Diese Prozeduren finden in Teamsitzungen statt. Teams suchen nach Ideen, Teams beschließen Kriterien, bewerten die Ideen und urteilen über Businesspläne und Finanzen. In der Regel hat fast *keiner* in diesen Teams Ahnung von Innovation (sodass er/sie wenigstens ein paar Bücher über die Problematiken gelesen hätte).

- Fast jede neue Idee teilt ein Team in Protagonisten, OpenMinds, CloseMinds und Antagonisten. Fast alle guten und etwas weiter-reichenden Ideen stoßen in einem Team sofort auf die Antagonisten und CloseMinds und haben meist unmittelbar die Hälfte des Teams gegen sich. Hundert Mal habe ich dies erlitten: »Na, na, das wäre ja fast eine Revolution. Ich bin dafür, dass wir evolutionär vorgehen und in kleinen soliden Schritten Verbesserungen vornehmen. Das wird der Chef auch sicher so wollen. Mit einer weitreichenden Idee wird er vielleicht nicht zufrieden sein, und dann stehen wir dumm da, wir *müssen* doch eine gute Idee erzeugen, sonst war dieses Meeting umsonst.« Gute Ideen, die irgendwie ihre Antagonisten haben, finden praktisch nie eine Mehrheit.

- Mehrheitsfähige Ideen haben keine starken Gegenargumente der CloseMinds, sonst wären sie nicht mehrheitsfähig. Die besten Ideen im Sinne des Meetingerfolgs sind Meta-Ideen: »Wir wollen keine Idee gleich verwerfen. Jeder Mitarbeiter bekommt eine zugeordnet und denkt etwas mehr darüber nach. Dann treffen wir uns wieder.« Oder: »Wir erarbeiten einen Flyer, dass alle Mitarbeiter innovativ sein sollen und dann bei uns im Team anrufen. Dadurch erzielen wir viel mehr Ideen, als wir heute haben.« Oder: »Wir streiten uns eigentlich nur deshalb, weil wir noch keine klaren Kriterien entwickelt haben, wann eine Idee gut ist oder nicht. Wir sollten also ein Subteam damit beauftragen, Kriterien zu entwickeln und uns dann im ganzen Team präsentieren. Dann streiten wir uns weiter, welche Kriterien wir nehmen und welche nicht. Ohne Kriterien haben wir zu wenig Struktur.« Oder: »Wir bezahlen hier einen Gärtner, der jede Woche unsere Hydrokulturen wässert. Das sollten wir selbst übernehmen. Dann sparen wir Geld und verbessern unsere Kostenstruktur sofort.«

- Wenn je eine Idee trotzdem auf allgemeines Wohlgefallen stoßen sollte, beauftragt man in mindestens 97 Prozent aller Fälle den Urheber der Idee mit der weiteren »Execution« oder Durchführung. Der kann es meist nicht, ist fast immer Amateur, hat am Tag voll mit seinem eigentlichen Job zu tun, hat so etwas noch nie versucht und kennt all die Problematiken nicht, die ich hier im Buch schier endlos aufliste. Wenn es hochkommt, schafft der Amateur es bis zum Flyer, dann geht es nicht weiter. Es gibt keine Ausbildung zum Innovator, keine Vorstellung, welche Qualifikationen der braucht – es gibt nicht einmal Rat. Meist sucht der frischgebackene Innovator auch keinen und geht allein ans Werk, die anderen haben eine hohe Quote und keine Zeit, sie gehen wieder an ihre Arbeit.

- Dieser hier beschriebene Innovationsprozess wird praktisch niemals mit einem vorher beschlossenen Etat begonnen. »Wir schauen uns einmal die Ideen an, und danach schauen wir, wie viel Geld wir am Ende brauchen.« Wenn dann die Ideen wohlsortiert und evaluiert eintreffen, ist in der Regel kein Geld da. Es muss erst von einem »Investor« innerhalb eines Unternehmens beschafft werden. Wo und wie? Ist noch nicht geklärt. Es gibt dazu allenfalls vage Aussagen von ganz oben. Jetzt beginnt ein neuer Prozess, in dem die Idee wieder und wieder von anderen Personen im Management, im Controlling und so weiter angeschaut wird, die ihrerseits die Idee gar nicht gut kennen, aber jede Menge neuer Einwände haben: »Passt es in die Gesamtstrategie? Mag es der Oberboss? Gibt es Rechtsprobleme? Beeinträchtigt die Idee andere Ideen von anderen? Schadet sie bei Erfolg dem laufenden Geschäft (wie etwa das Gründen einer Internetbanktochter durch eine Bank)?« Wieder teilt die Idee alle Anwesenden in Protagonisten, OpenMinds, CloseMinds und Antagonisten – bloß dass jetzt die wirklichen Protagonisten (die Urheber der Idee) gar nicht bei den Diskussionen im Stab dabei sind! Da werden die neuen Ideen ohne den eigentlichen Vertreter niedergemacht und können sich nicht wehren. Oft holt man doch noch einmal den »Erfinder« in ein hohes Managementmeeting und lässt ihn präsentieren. Da versagt er meist »mangels Managementgefühls«, weil er es nicht gelernt hat, Manager aus dem Stab zu gewinnen. Er wirkt unter Ranghöheren fast durchweg unreif und naiv in seinem guten Glauben an die Idee.

Der klassische Innovationsprozess führt zu diesen typischen Verwicklungen und Komplexitäten. Das liegt zum Teil am Vorgehen selbst, zum guten Teil aber daran, dass angenommen wird, dass allein der Prozess als solcher zu Innovation führt, so wie das Rezept auf der Rückseite einer Tomatensuppentüte zu 100 Prozent eine Tomatensuppe erzielt, ohne dass der Ausführende irgendeinen Schimmer von Tomatensuppen haben muss.

Dafür aber ist der Prozess zu schlecht beschrieben. Die Bewertungskriterien sind ja nicht klar. Welche Innovationen will denn das Unternehmen? In welche Richtung will es generell? Wenn das bekannt wäre, könnte man viel leichter sehen, ob eine Innovation im Sinne des Unternehmens wäre oder nicht. Die Dilemmata beim Evaluieren kommen immer als folgende Frage zum Vorschein: »Was sind denn die Kriterien für ›gut‹ oder ›schlecht‹?« Die sind jeweils zwischen den OpenMinds und CloseMinds gar nicht geklärt, weil es sehr oft keine klare Strategie gibt. Es ist auch nicht unter den Parteien klar, ob das Unternehmen strategisch das erste am Markt sein will oder lieber als Beobachter und gegebenenfalls als »Follower« auftreten will. Alle diese Fragen werden bei jeder klitzekleinen Innovationsdiskussion wieder neu angeschnitten, weil sie nicht generell im Unternehmen beantwortet sind. Es gibt fast nie genug Leitlinien im Unternehmen. Ohne diese Leitlinien wirkt ein so dürftiger Prozess wie der beschriebene nicht. Im Gegenteil, der Prozess wird zum Albtraum, weil jeder Vorschlag in ausufernde Diskussionen um Kriterien mündet, die letztlich auf das Fehlen einer gemeinsamen Orientierung oder klaren Innovationskultur zurückzuführen sind.

Diese Diskussionen werden von Experten und Bereichsmanagern geführt, die selbst kaum Ahnung von Innovationen haben. Deshalb können Sie ohne Leitlinien und Kriterien gar nichts entscheiden. Ein Innovationsguru könnte das allein besser, weil er ja weiß, wann eine Innovation erfolgreich sein kann und wann nicht.

Jetzt könnte man einfach fordern, den ganzen Prozess abzuschaffen. Was aber tut man dann stattdessen? »Man kann Innovatoren eine Weile an ihrer Idee arbeiten lassen und sehen, was dabei überlebt.« Das ist die gegensätzliche, chaotische Meinung, die natürlich am Grundsatz, dass alles gemanagt werden *muss*, glatt zerschellt. Ich habe immer dafür plädiert, Leuten, die vielleicht eine gute Idee haben, so wie mir einen Erweckungslehrgang bei Gifford Pinchot III zu gewähren. Meine Idee war, die potenziellen Innovatoren vor ihrer Innovation zu schulen und sie auf alles vorzubereiten, was auf sie wartet. Sind sie bereit, ihre Freizeit für ein paar Jahre zu opfern? Werden sie mit »100 Prozent Mist leben« können? Man könnte potenzielle Innovatoren im Umgang mit höherem Management schulen, sie mit den Erwartungen von oben bekannt machen und so weiter …

So etwas schlage ich hier im hinteren konstruktiven Teil des Buches vor!

Ich war oft zornig, wie gesagt. Ich habe wütend behauptet, dass hier niemals etwas herauskommt. Warum werden Brainstorming-Themen nicht einfach acht Wochen vorher angekündigt, damit ich gut vorbereitet mit tollen Vorschlägen ins Meeting komme? Warum sind das immer solche unsäglichen Spontanveranstaltungen, wo es doch angeblich um die Zukunft des Unternehmens geht? Ich habe sehr oft folgende Antwort bekommen: »Ach, wissen Sie, wir wollen mit diesen Veranstaltungen die Mannschaft wieder etwas aufrütteln und ihr bedeuten, dass Innovation wichtig ist und nicht vergessen werden darf. In diesen Ideensessions werden die Probleme des Unternehmens ab und zu einmal von Leuten diskutiert, die sich ja im Tagesgeschäft nie begegnen. Nun sitzen hier Linienmanager, Controller und Personalmanager im Meeting alle halbe Jahre zusammen. Durch das erzwungene Brainstorming auf der Agenda schaffen wir es, dass sie mal wieder miteinander reden. Sie kommen auch immer zu dem Ergebnis, dass sie besser als Team zusammenarbeiten müssen. Im Meeting wird in den Diskussionen immer klar, wer welche Interessen hat, was er will und was er nicht will. Da verstehen Sie sich gegenseitig ein bisschen. Das ist für ein Meeting sehr viel! Sehr viel! Sie sind viel zu ungeduldig, Sie erwarten zu viel, Sie wollen immer Lösungen, wo es doch erst einmal um Linderung und ein bisschen Teamgeist geht.«

Wenn ein Innovator nun aber *trotzdem* seine Idee im Unternehmen zu einer Innovation führen will? Dann muss er den Prozess umgehen oder »irgendwie befriedigen«, wie man sagt. Umgehen ist leichter, braucht aber Mut! Befriedigen hat die Gefahr, dass es sehr viel Zeit kostet und der Idee Runde für Runde so viele kleine und große Kompromisse abfordert, dass die Idee zugrunde geht. Zum Schluss fragt dann bestimmt noch jemand schwach höhnisch: »Was ist daran neu?« Das ist berechtigt – auch vom Ton her. Der Prozess schleift das Neue ab, weil die Interessengruppen im Unternehmen und die CloseMinds alle Unebenheiten herausnehmen, die nicht prozesskonform oder unternehmenskonform sind. Das Lernen und noch einmal Lernen bei Kunden kommt dabei nicht vor. Der Kunde hat das Recht, sich die Innovation auf seine Bedürfnisse zuschneiden zu lassen. Nicht aber das Finanz-Controlling, das etwa Kompromisse im Geschäftsmodell des Neuen fordert, damit es sich besser verbuchen lässt.

Solche innerbetrieblichen Anpassungszwänge bilden einen Teil des Immunsystems gegen Innovationen.

Vielleicht kennen Sie dieses Abschleifen von Innovationen in der politischen Gesellschaft, die dort zum Beispiel »Reformen« genannt werden. Nach vielen Jahren Debatte mit CloseMinds und Antagonisten kommt fast stets etwas heraus, was eher nach den Parteiinteressen als nach denen der Bürger abgeschliffen ist und in der Presse als »Reförmchen« verhöhnt wird. Hier sehen Sie auch in der Demokratie ein ungeheuer starkes Immunsystem wirken.

> Der gemanagte Innovationsprozess wird mit der Idee eingeführt, das Immunsystem gegenüber Innovationen zu schwächen und Innovationen zu fördern. Der Prozess selbst aber führt dazu, dass das Immunsystem eher gestärkt wird. Das ist die wahrscheinliche Tragödie von gemanagter Innovation, wenn sie davon ausgeht, dass die Einführung des geordneten Prozesses an sich genügt (ohne Top-Professionals und erfahrene Innovatoren).

Was bleibt? Umgehen des Prozesses, weil der Innovator fühlt, dass der Prozess seine Angelegenheit bremst. Damit wird er aber selbst zum Rebell, und er wird nun als Person vom Immunsystem des Unternehmens angegriffen, das keine Ausnahmen erlaubt.

Und das kommt dabei heraus: Der Innovator gerät gruppendynamisch in die Omega-Position. Ich zitiere die Beschreibung des Omegas aus dem früheren Kapitel:

Das *Omega-Tier* (Veränderung) hat eine eigene Meinung, kritisiert offen und scheut keine Konfrontation. Es würde am liebsten alles revolutionär verändern und kann darüber natürlich eigentlich nur mit dem Alpha-Tier vernünftig reden ... Im Gegensatz zum Alpha-Tier repräsentieren die Omegas eben nicht genau die Werte des Ganzen, sondern sie wollen andere – sie stellen infrage. Das ist ein Drahtseilakt, der immer nur eine feine Trennlinie zwischen Fruchtbarkeit der Veränderung oder echtem Krach kennt.

Und ich halte immer wieder Gifford Pinchot hoch: Sie müssen als Innovator bereit sein, durch 100 Prozent Ungemach zu waten, und Sie werden nur dann besser vorankommen, wenn sie »underground« arbeiten, wenn Sie also nicht auf dem Radar des Prozessmanagements gesichtet werden und deshalb keine Reaktionen im Immunsystem auslösen. Muss das so sein? Muss der Innovator das Immunsystem unterlaufen? Könnte man das Unternehmen nicht auch so konzipieren, dass es Innovationen nicht als feindlich betrachtet? Denken Sie an Ihren Körper, der alle feindlichen Bakterien tötet und damit gesund bleibt. Er lässt aber wohlweislich alle Darmbakterien in Ruhe, weil er ohne sie nicht überlebt. So etwas müsste im Unternehmen doch möglich sein? Dass sein Immunsystem zwischen Freund und Feind unterscheiden kann?

Genau das denkt das Management auch öfter, wenn die Ideensammlungen in Meetings so gar keine Ergebnisse zutage fördern, und insbesondere, wenn in der Presse darüber geklagt wird, dass das Unternehmen sein innovatives Image zu verlieren droht. Das berührt den Aktienkurs und damit einen empfindlichen Punkt. Jetzt wird Innovation zur Chefsache gemacht!

### Der Vice President Innovation macht alles wie immer

Sehr oft wird in solchen Krisenmomenten ein Vice President (VP) für Innovation ernannt. Er untersteht direkt dem Vorstandsvorsitzenden, damit vollkommen klar ist, mit welcher enormen Machtfülle er ausgestattet ist. Wenn er etwas will, redet er nämlich unmittelbar mit dem Chef – was für ein Privileg!

(Anmerkung: Mit dem Chef sprechen will das Omega ja auch, aber es hat nicht das offizielle Privileg dafür. Das Alpha-Tier könnte sich das Omega ja anhören – nein, vorher ernennt man lieber einen VP.) Der VP Innovation bekommt nun die Aufgabe, alles zu richten. Er bekommt seine Position oft im Rahmen eines persönlichen Entwicklungsplans, Innovation als »Herausforderung« anzunehmen, um sich bei einer Bewährung für »höhere Weihen« zu empfehlen. Im Klartext: Man ernennt einen meist jüngeren »High Potential Manager« zum VP Innovation, der richtig Ehrgeiz und Biss hat. Der soll sich auszeichnen und anschließend aufsteigen. Der neue VP bekommt einen Assistenten und einige Mitarbeiter, die er sich selbst aus dem Unternehmen frei wählen darf. Es wird zunächst von ihm erwartet, dass er einen Gesamtplan erarbeitet, um die Innovation im Unternehmen voranzutreiben. Er muss ferner vorstellen, wie er die Innovation im Unternehmen organisiert, wie er »seinen Beritt aufstellt« (schöne Formulierung, gell?) und welche Ziele er sich Quartal für Quartal zu erfüllen verpflichtet.

Was jetzt kommt, können Sie sich am besten vorstellen, wenn Sie dieses Buch jetzt aus der Hand legen und beim Kaffee überlegen, wie Sie diese Aufgabe angehen würden, wenn ich Sie jetzt auf der Stelle zum VP Innovation ernennen würde. Sie bekommen zehn Leute. Was sollen die ab sofort tun? Was wollen Sie in drei Monaten im ersten Quartal erreicht haben? Wie wollen Sie beweisen, dass Sie erfolgreich waren und die in Aussicht stehende Beförderung verdient haben? Ihr Team kostet je nach Unternehmen 1 bis 2 Millionen Euro im Jahr, was leisten Sie dafür, bitte schön? So – jetzt Kaffee. Bis gleich!

Zurück? Sie werden festgestellt haben, dass Sie sich erst einmal einen Überblick über die Lage verschaffen müssen. Welche Innovationen werden gebraucht, an welchen Innovationen wird schon gearbeitet? Wie können Sie das alles beeinflussen? Wen müssen Sie beeinflussen? Sie werden feststellen, dass Sie kaum etwas tun können. Die Firma ist so groß und alle arbeiten hart. Wollen Sie jetzt bloß nach Neuem schreien? »Macht mehr Innovation!« Und was sollen die anderen dann tun? Denken Sie daran, dass Sie gerade High Potential sind, dass Sie dringend Karriere machen wollen und in schon drei Monaten das erste Quartal herum ist! Sehen wir es nüchtern – im Grunde »brennt die Hütte«. Wenn Sie in drei Monaten Erfolge nachweisen wollen, muss doch mit dem Erfolg schon jetzt gleich begonnen werden oder hätte bereits ohne Sie vor einem Jahr begonnen worden sein, aber wie? Wer tut etwas? Sie haben die Erlaubnis bekommen, im Unternehmen zehn Mitarbeiter in Ihr Team zu nehmen. Welche sind gut? Gibt es welche, die sich in Innovation auskennen? Der neue VP kann fast nichts tun. Er beginnt fast immer so (das ist normales strukturiertes Vorgehen im Management!):

- *Rundschreiben:* »Ich bin neu hier als VP Innovation.«
- *Präsentationen in allen Managermeetings:* »Innovation muss gefördert werden.«
- *Bestandsaufnahme (Assessment):* »Wo gibt es schon Innovation? Wer hat neue Ideen?«
- *Umfrage:* »Wer sind die besten Leute für mein Team?«
- *Problemanalyse:* »Warum haben wir nicht genug Innovation?«
- *Konzept:* »Wie bekommen wir planmäßig, strukturiert, konkret mehr Innovation?«

In einem größeren Unternehmen werden Rundschreiben kaum gelesen. Normale Mitarbeiter und innovative Experten, die frustriert sind, dass ihre innovativen Vorschläge meist vom Management abgewimmelt werden, schäumen geradezu vor Zynismus: »Aha, jetzt merken die da oben mal wieder, dass wir hier unten absolut gar nichts tun. Was hilft da ein VP? Der Neue hat jetzt wieder keine Ahnung.« Die besten Leute im Unternehmen wollen nicht zum VP ins Team wechseln, weil sie wissen, dass der Erfolg unsicher ist und der VP nach einem Jahr nach oben verschwindet – da werden sie am Jahresende vor dem Problem stehen, sich eine neue Aufgabe suchen zu müssen. Sie lehnen ab. Wenn sie aber doch wechseln wollen, weigert sich ihr derzeitiger Chef, sie abzugeben. Die guten Experten sind sehr rar, die lässt keiner ohne Widerstand ziehen. Nach vier Wochen hat der VP deshalb immer noch keinen einzigen Mitarbeiter. Da geht er zum Vorstandsvorsitzenden und klagt Teamgeist ein. Der Chef befiehlt, dass jeder Bereich ein oder zwei Mitarbeiter für Innovation benennt. Sofort! Hektische Sitzungen folgen, der VP bekommt zehn Mitarbeiter, die meistens eher die Abgeschobenen sind. Die Bereichsvorstände schicken nicht die Besten. »Ich würde ja gerne die Besten schicken, aber die stecken alle in wichtigen

Projekten, ist doch klar, sie sind einfach die Besten. Wir können deshalb nicht einfach so innerhalb einer Woche einen der Besten herauslösen und transferieren.« In dieser Zeit kommen die ersten Antworten auf die Frage, warum es um die Innovation so schlecht bestellt ist. Die meisten Manager sagen natürlich nicht, dass es daran liegt, dass sie sich nicht darum kümmern. Oh nein, es gibt eine feine Antwort auf diese Frage! Die lautet:»Wir haben keinen strukturierten Geschäftsprozess für Innovation. Und da es nicht gemanagt wird, passiert auch nichts.« Dahinter steht der Managementgrundsatz:

Was nicht gemanagt wird, geschieht nicht.

Das stimmt zwar nicht, aber dieser Grundsatz legitimiert das Management als solches. Wie auch immer, der VP weiß jetzt, was er tun muss. Er muss einen Managementprozess aufsetzen und damit die Innovationen sprudeln lassen. Da er neu in der Innovation tätig ist, muss er sich erst»schlau machen« (der übliche Jargon für»noch keinerlei Ahnung«), wie das geht. Es gibt viele Bücher über Innovation – wie dieses auch. Da liest er über die Schaffung von innovativen Kulturen, von kollaborativer Innovation durch Teams im Internet, von Milliardeninvestitionen großer Firmenchefs in Neues, von Aufkäufen und vom Einsatz von Beratungsfirmen, die alles»ausrichten und auf Vordermann bringen« (Jargon). Er erkundigt sich bei Managern im Unternehmen, was er tun soll. Sie verweisen auf einen neuen Prozess. Er fragt die im Unternehmen bekannteren Beta-Tiere, was er tun könnte, die fordern unisono Möglichkeiten, einmal wirklich in Ruhe arbeiten zu können. Omegas fragt er nicht, weil er das politisch fürchtet.

Dem VP stehen scheinbar alle Möglichkeiten der Welt offen, aber nur im Prinzip. Über allem aber steht seine Pflicht, nach den ersten drei Monaten Erfolge zu zeigen, zumindest einen Plan für einen Erfolg. Daher kann er nicht sagen:»Ich lasse die Innovatoren in Ruhe.« Das ist kein Erfolg. Er kann nicht anfangen, die Unternehmenskultur zu drehen, dazu muss er wahrscheinlich die Geschäftsführung auf die Hörner nehmen oder gar teilweise auswechseln. Das geht ja nicht! Dazu wird erwartet, dass er einen Prozess zur Erzeugung von Innovationen definiert! Welchen?

Kennen Sie typische Aufstiegsmanager? In Stresssituationen kommen sie irgendwie immer auf einen und denselben Gedanken, und der kommt dergestalt über sie:»Das Problem der Innovation haben doch viele Unternehmen, unseres kann doch nicht das erste sein. Da muss es doch Bewährtes geben. Ich muss doch das Rad nicht neu erfinden. Es hat doch auch in diesem Unternehmen schon frühere Versuche gegeben, mit etwas Glück haben ältere Mitarbeiter noch die PowerPoints früherer Versuche.«

Stimmt! Die alten PowerPoints früherer gescheiterter Prozesse sind noch da. Die lässt er sich schicken. Ich habe selbst in verschiedenen Unternehmen in dieser Phase mehr oder weniger sarkastisch gefragt, warum ein früher gescheiterter Prozess nun ausgerechnet hier und heute erfolgreich sein könnte. Die Antwort des neuen High-Potential-VP ist *immer, wirklich jedes Mal*:»Weil *ich* jetzt hier bin, ich hatte sicher schwache Vorgänger.« (Die waren auch High Potentials.)

Und dann rollt die übliche Prozesslawine ab:

- Ideensammlung in allen Abteilungen des Unternehmens,
- Evaluation der Ideen,
- und so weiter wie der übliche *gemanagte Innovationsprozess* …

Der VP wird mit Ideen zugeschüttet, denn am besten jeder Mitarbeiter schickt jetzt eine. Die sind fast durchweg nicht brauchbar, weil sie meist aus frommen Wünschen bestehen – in der Form:»Man sollte einmal …« Er beginnt zu verzweifeln. Nach außen gibt er sich siegessicher:»Die Aktion ist ein gigantischer Erfolg, ich bin stolz auf diese tolle Firma, die nur so vor Ideen strotzt. Wir werden jetzt alles auswerten und Aktionen einleiten.« Er merkt aber, dass sich kaum etwas umsetzen lässt. Für die guten Ideen würde er viel Geld benötigen, das hat er nicht … Nicht in diesem Quartal, und im nächsten Jahr will er befördert sein.

Der Chef will zum Quartalsende Erfolge sehen, die hat er nicht. Da bauscht er schon existierende Innovationen, die es ja immer mal im Unternehmen gibt und die schon vor ihm und ohne ihn entstanden sind, als neue Innovationen auf und feiert sie stürmisch als Ergebnis seiner Innovationspolitik. Es ist die übliche Taktik der Politiker, die jede gute Tat in ihrem Land als Ausdruck ihres klugen Förderns und alles Böse als Erbschaft der Vorgänger hinstellen. Damit etwas zusätzlich Neues geschieht, setzt der VP Awards (Preise) und Boni für neue Innovationen aus, deren Gewinner im Oktober in einer feierlichen Zeremonie geehrt werden sollen. Zu diesem Zeitpunkt sollte seine Beförderung schon beschlossen sein.

Das wirklich Wunderbare ist immer wieder, dass der VP Innovation nach diesem wiederholten »Tag des Murmeltiers«, also nach einem Misserfolg auf Ansage, trotzdem befördert wird. Das wird weiter unten nie verstanden und erzeugt Unmut. Ich versuche eine Erklärung: Ein High Potential rackert sich zwar erfolglos ein Jahr ab, aber er lernt dadurch überhaupt alle wichtigen Manager des Unternehmens genau kennen, er weiß, was die Chefs erwarten, wie sie denken und wen sie für vertrauenswürdig halten. Er wird einer der ihren, der Höheren. Damit er das werden kann, gab man ihm zum Teil diesen Job. Einen echten Erfolg hatte man gar nicht erwartet, es hatten ja auch andere nichts ausrichten können. Es ist nicht seine Schuld, weil bisher ja alle vor ihm auch scheiterten.

Ich will Ihnen an diesem oft zu beobachtenden Verlauf darstellen, wie stark die Resistenz im Unternehmen ist. Es will sich eigentlich selbst aufraffen, aber kann sich nichts vorstellen, was nicht nach üblichen Managementgrundsätzen geschieht. Es ernennt einen VP, verlangt rasche Erfolge von ihm, lenkt ihn durch »Incentives« (seine Karriere) vom Eigentlichen ab und verfällt wieder in die alten Fehler, die zwar zum emsigen Beschäftigen mit Innovation führen, aber ein weiteres Mal nur PowerPoints erzielen.

Die gleichen rituellen Abstoßungen finden in weitergehenden Formen statt. Firmen gründen Forschungszentren (und stellen Erfinder ein), danach werden sie ungeduldig, weil keine Innovationen entstehen. Die Forschungszentren werden nun alle paar Wochen überprüft, ob sie ihre Erfindungen verkaufen. Die klagen wiederum, sie würden kaum zum Kunden mitgenommen ... Diese Seite hatte ich schon beleuchtet.

Unternehmen, die dieses erfolglose Spiel mit Forschungszentren leid sind, versuchen es mit dem Aufkaufen von innovativen Firmen. Das misslingt wieder – nicht immer, aber es lohnt sich statistisch gesehen nicht. Die Manager erklären das rätselhafte Scheitern so: »Die Kulturen passten nicht zusammen. Es war schwer, die neue aufgekaufte Firma in unser Unternehmen zu integrieren. In einer kleinen

Firma kann vieles erlaubt sein, was in einem großen wie dem unseren geregelt werden muss. Da mussten wir am Schluss einigen Druck ausüben – lassen Sie mich das so andeutungsvoll anmerken, aber das führte dazu, dass die besten Innovatoren der übernommenen Firma unser Unternehmen verließen. Danach wurde das Klima wieder ruhiger, weil wir endlich unsere Vorstellungen von Unternehmenskultur durchsetzen konnten. Es wurde dann wieder hart gearbeitet. Trotzdem bleiben die erhofften Ergebnisse hinter den gesteckten Zielen zurück. Die verbliebenen Gründer des akquirierten Unternehmens sahen nun keine Chance mehr, noch ihren Integrationsbonus für den Erfolgsfall zu verdienen und verließen uns ebenfalls. Ab jetzt lief das Unternehmen endgültig so, wie wir es bei uns gewohnt sind. Aber es ist wie verhext, es gelingt immer noch nicht. Die übernommenen Mitarbeiter enttäuschen uns, als ob sie keine Lust hätten, sich für uns einzusetzen.«

Wieder wird über den Weg der Managementprozesse das Immunsystem aktiviert. Es lässt eine andere Kultur nicht zu. Die Hauptvertreter der innovativen Kultur sind eben die Unternehmensgründer und die tragenden Experten, sie laufen weg, weil das Immunsystem des aufkaufenden Unternehmens sie oder besser ihre Freiheit nicht leiden kann. Im Kern sind die »Kreativen« die Hauptstütze eines aufstrebenden innovativen Unternehmens. Sie werden hier wie Helden geachtet, sie sind hochanerkannte Beta-Tiere und können sich wie kleine Nobelpreisträger oder Jedi-Ritter fühlen, die die Stütze des Königs sind.

In dem Augenblick aber, indem ihr Unternehmen aufgekauft wird, müssen sie plötzlich ihre neuen Ideen in einen Genehmigungsprozess des aufkaufenden Unternehmens einbringen und dürfen sie nicht gleich eigenständig umsetzen (das aufkaufende Unternehmen sagt »selbstherrlich umsetzen«). Dadurch werden die Beta-Tiere sofort in die Omega-Position gedrängt. Das mögen die einstigen Heroen nicht und gehen dahin, wo sie wieder Hero sein können. Wenn Sie sich das aufgekaufte Unternehmen wie ein in den großen Körper eingepflanztes Organ vorstellen, dann wächst das neue Organ nur teilweise an, die kreativen Teile stößt der Körper ab, nur der Rest wird angenommen und assimiliert.

Viele geflohene Kreative und Innovative denken bei diesem »Integrationsprozess« während einer Akquisition an die Borg bei *Star Trek*, die jedes Wesen im All, das sie antreffen,»assimilieren«.»Du bist assimiliert! Widerstand ist zwecklos!«Oder im Original:»*You will be assimilated. Your culture will adapt to service us. Resistance is futile.*«

Das ist *genau* das Innengefühl der Innovativen, wenn sie sich der fremden Kultur des strukturierten Managements fügen sollen. Sie fühlen, dass sie von etwas Mächtigem assimiliert werden, in dem es keine Innovation gibt.

In den *Star-Trek*-Episoden gibt es einzelne gelungene Fälle von Dissimilation, nämlich für den umgekehrten Vorgang. Das überlegen sich stark bürokratische Unternehmensmonolithen auch. Sie versuchen es mit Ausgründungen. Dabei wird eine vielversprechende Innovation aus dem Unternehmen herausgelöst und mitsamt den Mitarbeitern in eine eigene kleine Firma eingebracht.

Das ist für normale Mitarbeiter ein einschneidender Schritt – wie soll ich das erklären? In *Star Trek* wird ein Wesen dissimiliert, also von den Borg getrennt, aber es fällt ihm danach unendlich schwer, seine eigene Individualität zu akzeptieren und»Ich bin …«zu sagen. Da geht er zurück und wird reassimiliert. So kann es auch mit Ausgründungen gehen. Mitarbeiter, die bei einem großen Unternehmen anfingen, wollen ja nicht in einer kleinen Firma um ihr Überleben kämpfen und selbstverantwortlich ihr Schicksal in die Hand nehmen, sie fürchten sich vor den Gefahren da draußen, gegen die sie das Immunsystem des großen Unternehmens schützt …

### Zusammenfassung der Problemlage

Ist es Ihnen deutlich geworden, dass nicht einmal die einzelnen Manager gegen Innovation eingestellt sein müssen, sondern dass vor allem die *Managementmethodik* ein Immunsystem um sie herum aufbaut? Es sind nur wenige Ingredienzen, die zu einem innovationsabweisenden System führen:

- Die Vorstellung von ausschließlich strukturiertem, geplantem Vorgehen,

- das unumgängliche Festlegen quantitativer Quartalsziele (ohne die jeder sofort die Füße auf den Tisch legen wird),

- die Vorstellung von Innovationsmanagement als »Sonderjob«, nicht als eine der entscheidenden Managementpositionen im Unternehmen,

- allgemeines Amateurtum in Bezug auf Innovation,

- Prozessbefriedigung und fast ausschließliche Diskussion von Innovation im Unternehmen selbst, in der die Kunden allenfalls als Marktanalyse vorkommen, nicht aber als diejenigen, die über den Nutzen, die Lust oder den Sinn der Innovation und damit über den Kauf entscheiden,

- ununterbrochene Beschäftigung des Unternehmens mit der Metaebene der Innovation an sich (sollen wir oder nicht?), die von außen wie ein andauernder Selbstfindungsversuch aussieht.

Am Anfang hat Innovation hauptsächlich etwas mit der Exploration eines neuen Kontinents zu tun, mit dem Erforschen der Kunden, mit dem Diskutieren von Prototypen. Alle wirklich guten Innovatoren arbeiten »da draußen« und lernen, lernen, lernen. Sie suchen Chancen, etwas zum Vorteil zu verändern. Sie experimentieren und probieren, wieder und wieder.

Das Lernen und Explorieren ist aber genau das, was Managementprozeduren unterbinden.

Warum tun sie das? Ich diskutiere einige der Ursachen im anschließenden Kapitel.

# SARGNÄGEL
# DURCH BERATUNGS-
# UND FÖRDERMETHODEN

### Nichts kann nicht erlernt werden

In Managementdenkschablonen gedacht: Nichts kann nicht gemanagt werden. Deshalb kann man natürlich auch managen, dass alles gelehrt werden kann. Folglich kann man alles lernen. Alles ist Handwerk. Alles lässt sich trainieren und üben. Man muss es nur richtig anstellen. Das ist eine weitere Grundannahme des Managements. Deshalb gibt es letztlich auch Kurse und Workshops, wie man Charisma, Kreativität, Weisheit und Erfolgsdrehbuchschreiben erlernen kann.

Richtig ist wohl – und unbestritten: Man kann wirklich alles bis zu einem gewissen Grade erlernen und trainieren. Bis zu einem Lehrlings- oder Gesellenlevel schafft es wohl fast jeder. Aber zum Meister braucht man viel Zeit, wohl auch Talent und vor allem Leidenschaft. Der Spitzenlevel ist nicht wirklich lehrbar oder erlernbar – da findet ein Künstler, Architekt, Dichter, Wissenschaftler, Topmanager, Starinvestor oder Innovator irgendwann seinen eigenen Stil. Man kann ja gar nicht beschreiben, was ein Spitzenstar eigentlich ist! Man weiß es nur im Nachhinein, dass van Gogh, den zu seinen Lebzeiten niemand mochte, doch gut malen konnte und Mozart unsterblich ist, der ja bekanntlich bitter arm verstarb.

Trotzdem gibt es einen erheblichen Bedarf, Bücher mit Titeln »Reich werden kann man lernen – und zwar bei mir« zu kaufen. Es gibt natürlich »Charisma in drei Tagen« oder »Abnehmen in einer Woche«. Sie klingen alle ähnlich: »Selbstbewusstsein ist erlernbar. Wir erklären ihnen hier Schritt für Schritt in 20 Kapiteln, wie sie planmäßig in schon drei Wochen spürbar mehr Selbstbewusstsein erlangen können. Dies garantiert unsere patentierte Selfmade-Methode …«

Ich gestehe, ich habe auch einmal vor vielen Jahren solch ein Buch im Flughafen gekauft. Es heißt *Do what you love the money will follow* und stammt von Marsha Sinetar. Ich habe es hier stehen und noch nie gelesen. Aber der Titel wärmt mich noch heute. Es steht einfach hier und hilft mir. Ich lese es lieber nicht.

Für Meisterschaft braucht man am Ende doch Talent! Ja, und dann gibt es auch für das Meisterwerden die 10 000-Stunden-Regel, die unter anderem von Malcolm Gladwell propagiert wird: Man muss 10 000 Stunden (zum Beispiel 10 Jahre lang 3 Stunden pro Tag) üben, um wirklich Weltniveau zu erreichen, sei es im Tennis, Opernsingen, Management, Kochen, Zahlentheorie, Computerbau oder in Innovation. Irre hohes Naturtalent kann das etwas abkürzen, ja! Und gute Lehrer auch, aber das Üben bleibt dann trotz des Talents irgendwie doch! Und ich muss Sie nochmals auf die Anforderung »einige Jahre mit 100 Prozent Mist leben« hinweisen, die Innovatoren ernst nehmen müssen. Meisterschaft fällt nicht vom Himmel. Bei Innovationen hilft neben dem Talent manchmal einfach nur »blödes Glück«, um den holperigen Anfang verkürzen zu können.

Im Ganzen gesehen ist in unserer heutigen Welt vom Üben kaum die Rede – wer würde auch nur 1 000 Stunden üben wollen? Der frischgebackene, von Innovation vollkommen unbeleckte VP Innovation muss nach drei Monaten Erfolge vorweisen! Da sind nicht einmal 100 Stunden Üben drin, das wären ja zwei volle Wochen schon im ersten Quartal, woher soll er die nehmen?

Sehen wir die nüchterne Wirklichkeit: Eine ganze Industrie aus Beratern, Coaches, Moderatoren, Mediatoren, Trainern, Ratgebern, Autoren und Techniken mit den zugehörigen Lehrern lebt davon, dass sie alles lehren, was jemand lernen will.

> Zwar kann man nicht alles lernen und auch nicht alles erfolgreich lehren. Man kann aber Kurse für alles geben, was jemand lernen will.

Darf ich noch einmal etwas sarkastisch werden? Ich kann es doch auch so sehen:

> Alles, was sehr eindringlich gelehrt wird, wird nicht genügend gekonnt.

Warum wird so vieles ununterbrochen gelehrt, aber nicht gekonnt? Weil wir nicht auf Talent achten und schon gar nicht üben. Wir lernen viele Male, wie man abnimmt oder sich das Rauchen abgewöhnt, aber wir üben es nicht. Wir wissen alles, ohne danach zu handeln.

**Alles, was übermäßig viel gelehrt wird, wird nicht genügend gewollt.**

Da ist es eben wieder, das Immunsystem und die Resistenz gegen das Neue, was gewollt und geübt werden muss. Nichts kann nicht erlernt werden, vielleicht, aber es wird fast nichts dazugelernt, weil wir in uns Resistenzen am Werk finden.

Diese Resistenzen werden vom Management in Unternehmen gnadenlos unterschätzt. Das Management glaubt oft selbst von sich, keine solchen Resistenzen zu zeigen. »Das Management hat keinen inneren Schweinehund gegen hartes Arbeiten, so wie die normalen unverantwortlichen Mitarbeiter.« Es hat einfach andere Resistenzen, etwa gegen solche Arbeit, die der Karriere nicht nützt – woran wir sehen, dass Manager oft nur deshalb härter arbeiten, weil sie höhere Erwartungen an ihre Karriere haben. Auch in ihnen meldet sich der innere Schweinehund, wenn das Anstrengungs-/Karriereverhältnis nicht mehr stimmt. Trotzdem tut das Management offiziell so, als gäbe es im Management selbst gar keine Resistenzen.

Frisch ans Werk!

Aber dann will es wieder einmal nicht klappen, alles bleibt zäh, es bewegt sich zu wenig, die Resistenzen sind zu stark. Im original-amerikanischen Managementjargon: »*Great potential, world-class strategy, but lacking in execution.*«

Wenn es denn gar nicht weitergeht, werden Berater engagiert, um (wieder einmal) »alles zu durchleuchten«. Sie werden wie ein Arzt geholt. Der

- untersucht den Patienten,
- stellt eine Diagnose,
- verordnet eine Therapie und
- begleitet den Therapieverlauf.

Danach erwartet er, dass der Patient geduldig und nachhaltig seine Fitnessübungen einhält, viel Wasser trinkt, mäßig lebt und so weiter. Die

1 000 Stunden Üben verbleiben beim Patienten. Das ist jedem irgendwie klar, nicht aber, dass es viel weniger auf den Arzt ankommt als auf den Patienten.

In den Unternehmen spielen die Berater die Rolle eines Arztes. Das Unternehmen ist der Patient. Das sollte eigentlich so leben, dass es nachhaltig gesund agiert und immer innovativ ist. Wenn es das alles vernachlässigt, wird es krank und marode und muss Berater rufen. Berater

- erfassen den Ist-Zustand (»Untersuchung«),
- stellen eine Diagnose,
- verordnen eine Therapie (»Erreichen Sie den Soll-Zustand«) und
- begleiten die »Execution«, nämlich den Weg zum Soll-Zustand.

Wenn Sie zum Arzt gehen, wissen Sie ja meistens schon, woran Sie leiden. Der Arzt untersucht Sie, um ganz sicherzugehen, das ist aber eigentlich unnötig, es macht sie ärgerlich und nervös. Wenn der Arzt andere Erkenntnisse bei der Untersuchung erzielt als Sie selbst, werden Sie eher böse und streiten, bevor Sie einen weiteren Arzt aufsuchen. Schließlich stellt der Arzt eine Diagnose (wahrscheinlich die, die Sie sich denken konnten) und verordnet eine Therapie. An die dachten Sie auch schon, wollten aber nicht einfach so ohne ärztlichen Rat mühsam selbst anfangen, nachhaltig gesund zu leben. Der Arzt zeigt Ihnen Beispiele von Supermenschen aus ihrer Umgebung, die sich an die Therapie gehalten haben und noch halten und total gesund aussehen. Das gibt Ihnen Hoffnung und Energie für die lange Therapie, die Ihnen nun bevorsteht. Nun geht es los, die ersten beiden Tage üben Sie gymnastisch und trinken die vier Liter Wasser, dann tun es drei Liter auch, weil sie die Gymnastik einmal einen Tag vergessen mussten – wegen der Party …

Genauso ist es mit dem Unternehmen und den Beratern. Die erfassen zuerst den Ist-Zustand. Den kennt das Unternehmen schon selbst, sieht ihn aber längst nicht so dramatisch schlimm wie die Berater, deshalb ist das Unternehmen so böse wie ein Patient, der vom Arzt Besorgniserregendes erfährt. Die Berater stellen schließlich eine Diagnose, die lautet »zu wenig Innovation«. Sie zeigen leuchtende Beispiele von Unternehmen und Unternehmern, die totalen Erfolg mit Innovationen erringen. Dann verordnen sie eine Therapie: Erreiche den Soll-Zustand »mehr Innovation«! Sie begleiten die Behandlung des Unternehmens bis zum Erreichen des Soll-Zustands. Nun muss das Unternehmen nur noch üben. Das tut es die ersten paar Tage noch frohgemut, dann aber kommt unvorhergesehen ein Quartal in die Quere, in dem das Ergebnis stimmen muss …

Wenn es nicht klappt, ist immer die Therapie oder der Arzt schuld. Dann wechselt man die Therapie oder den Arzt, am besten beides. Bei Unternehmen und Beratern geht es analog zu.

Das eigentliche Problem wird allerdings nie angefasst: das Üben und die Resistenz dagegen.

### Generelle Rezepte, Erfolgsstorys und Erfolgskriterien

Vor der echten Wurzelbehandlung (»*root cause analysis and therapy*«) verbringen Patienten und Unternehmen eine Menge Zeit damit, sich Hoffnungen zu machen.

Sie lesen Bücher, wie Stars zu Stars wurden, wie Bill Gates und Warren Buffett Milliarden machten. Sie analysieren erfolgreiche Unternehmen. Woran erkennt man die? Liegt es am Management, an der Diversifizierung, an den Besitzverhältnissen?

Die Antworten sind sehr verschieden, weil die Bücher zu verschiedenen Zeiten geschrieben worden sind. In schlechten Zeiten geht es Familienunternehmen besser, weil sie langfristiger agieren, in guten Zeiten stehen Unternehmen an der Spitze, die alles auf eine Karte gesetzt haben (auf die richtige, nämlich dass es gute Zeiten geben wird). Banken sind zu einer Zeit der Anziehungspunkt der talentierten Weltjugend, wo sich jeder einen betonsicheren Arbeitsplatz erträumt, aber gleich darauf (schlechte Zeiten) wird derselbe junge Mitarbeiter fast als Mitglied einer kriminellen Organisation beschimpft.

Bücher über Innovation werden wie Medizinbücher gelesen. Man erhofft Aufschluss und Wissen:

- Wie viel Innovation braucht man?

- Wie sieht man, ob ein Unternehmen innovativ genug ist?
- Wann soll man in einen neuen Markt einsteigen?
- Ist es besser, als Erster auf dem Markt zu sein oder aus den Fehlern des Ersten zu lernen und es nach ihm richtig zu machen?
- Welche neuen Konzepte für Innovation gibt es?
- Sind unsere Ansätze für Innovation gut genug?
- Wie machen es die anderen?
- Was können wir von Milliardären lernen?
- Wie viel kostet Innovation? Wie viel darf oder soll man ausgeben?
- Wie misst man, ob Innovation erfolgreich ist?
- Welche Fehler passieren bei Innovationen?
- Wie vermeidet man diese Fehler, sodass keiner schimpft?
- Soll man einen VP Innovation haben oder alles laufen lassen?

Und besonders heute:

- Wie kann ich Kunden in Innovationen einbeziehen?
- Wie geschieht Innovation im Netz? Gibt es Innovation 2.0?
- Wie erzielt man Innovationen durch Zusammenarbeit im Netz?
- Wie bringe ich Kunden dazu, mich im Internet zu »liken« oder zu »followen«?
- Kann man Innovationsfragen als Preisausschreiben im Internet organisieren?

Diese Fragen werden immer wieder gestellt und viele Mitarbeiter in einem Unternehmen lesen Bücher darüber. Da die Bücher unterschiedliche Meinungen vertreten, findet sich derselbe Meinungsmischmasch im Unternehmen wieder. In jedem Meeting treffen bei jedem Statement über Innovation sofort wieder die Protagonisten, OpenMinds, CloseMinds und Antagonisten aufeinander. Es entsteht wieder und wieder eine Pattsituation, das System reagiert nicht und ist damit resistent.

Das Studieren erfolgreicher Innovation in fernen Unternehmen wirkt zu weltfremd. »Mach es wie Facebook« hilft beispielsweise einem Maschinenbauunternehmen überhaupt nicht weiter. Da greift es dann zu der Idee, Innovationen im eigenen Unternehmen als Beispiel herauszustellen.

Wieder werden Innovationen im Alltag des Unternehmens gesucht, von denen man immer einige findet. Man zeichnet die Erfinder des Jahres aus und veranstaltet Innovationstage, bei denen der Vorstandsvorsitzende zu mehr Innovation auffordert und sich einzelne Erfinder seines Unternehmens vorstellen lässt. Die Innovation wird dadurch im Unternehmen sichtbar gemacht und gefördert. Jeder soll wissen: Innovation ist gut. »Unsere Firma wäre ohne diese tapferen Erfinder und Innovatorinnen nicht da, wo sie heute steht. Wir sind alle stolz auf Sie!«

Das ist rühmlich und in Ordnung. Die Innovatoren fühlen sich gebührend geehrt und die Restfirma ist stolz auf sie. Aber das behindert auch wieder die Innovation! Jetzt lehnen sich doch alle zurück, weil alles gut ist! Im Grunde müsste der Vorstandsvorsitzende zwar die Innovatoren auszeichnen, aber gleichzeitig ein gewaltiges Mehr verlangen, und am besten wirklich selbst dafür sorgen, dass er die Erfinder nicht nur ehrt, sondern ihren Ideen zum Durchbruch verhilft. Er soll nicht nur irgendwelchen Prunksitzungen beiwohnen und klatschen, sondern energisch handeln und alles durchboxen. Das wäre wirkliche Innovationsanstrengung. Es reicht überhaupt nicht, wenn sich der König einmal auf dem Balkon zeigt und dem Volk zuwinkt. Wenn er nichts weiter als das macht, ist es in gewisser Weise sogar schädlich.

Das hat folgenden Grund: Die Erfinder und Innovatoren eines Unternehmens werden eingeladen, ihre Ideen auf einer Hausmesse zu präsentieren, das Ganze organisiert der VP Innovation, damit er die Hausmesse als seinen Quartalserfolg buchen kann. Eine Präsentation ist für den Erfinder eine ziemliche Arbeit, aber die leistet er gerne auch noch am Feierabend. Er druckt Poster, überlegt sich gute Erklärungen und designt PowerPoints. Dann ist der große Ehrentag da. Der Vorstandsvorsitzende kommt höchstpersönlich vorbei und lässt sich volle zehn Minuten bei seinem Rundgang die Idee unseres Erfinders erklären. Er sagt klar, dass ihn die Idee sehr beeindruckt. Er klopft dem Erfinder auf die Schulter und murmelt: »Good job«, erwähnt auch, dass er gerne mehr solche Genies im Unternehmen hätte. Dann wechselt er zur gleichen Prozedur zum nächsten Stand. Der Erfinder frohlockt, denn er denkt jetzt, dass der Boss ihm die schon lange beantragten Ressourcen für seine Innovation freigeben wird, sodass er nun seinen Traum verwirklichen kann.

Es passiert aber nichts. Gar nichts. Und da zieht plötzlich das Grauen in den Erfinder ein, dem nun klar wird, dass alles nur Show war und ist. Alle Arbeit war nur für den Glanz, nicht einmal für seinen eigenen, sondern für den des Unternehmens. Der Chef hat sich gesonnt, nicht er!

Der Boss lobt noch den VP Innovation, der nun stark mit seiner Beförderung rechnen kann. Die Idee aber hat einen Sargnagel abbekommen, und der Erfinder fühlt sich entsprechend. Er protestiert aber nicht, weil er ja Aufmerksamkeit vom Boss hatte. Seine Idee hatte keinen Erfolg, aber er selbst als Person!

## Issue Based Problem Solving and Consulting

Zwischen den vielen erfolglosen Selbstheilungsversuchen mit der Ernennung von Vice Presidents Innovation versucht es ein normales Unternehmen auch einmal anders, so wie ein an sich selbst laborierender Patient etwas anderes ausprobiert oder gar zum Arzt geht. Hartnäckig zu wenig Innovation im Unternehmen! Woran liegt das bloß? Man holt Berater (»Diagnostiker«). Die kommen mit einem vorgefertigten Korsett oder Konzept von Methoden; eine davon heißt zum Beispiel »Issue Based Problem Solving«, es gibt viele andere. Im Grunde werden Fragen an viele Manager und Topexperten eines Unternehmens gegen viel Geld ausgearbeitet (und zum Teil gleich aus der Schublade gezogen). Diese werden vielfach gestellt und vielfach beantwortet. Aus den Antworten bildet man Hypothesen und legt die wiederum Fachleuten vor. Man tastet sich in einem langen Verfahren zu den Ursachen des Problems vor. Das Verfahren führt zu einer Analyse des Ist-Zustands, der Berater erhält Zugang zu einer großen Menge von Topleuten im Unternehmen und versucht nebenbei, neben dem Analyseauftrag auch das Mandat für eine Langzeittherapie des Unternehmens zu ergattern. Ärzte leben von Kranken! Und zwar nicht vom Untersuchen, sondern vom Behandeln chronisch Kranker.

Ich habe kurz noch einmal nach Beratungsmethoden gesurft, hier ein Link: http://www.consultingmethodology.com/consulting_led_selling_de.html

Wenn es den Link nach Erscheinen des Buches noch geben sollte, schauen Sie vielleicht einmal hinein? Ich zitiere:

»Die Issue Based Consulting Methode ist eine frei anwendbare ›open source‹ Methode für komplexe Beratungsaufträge. Sie bringen hiermit Struktur und Übersicht in die riesigen Datenmengen, die komplexe Beratungsaufträge mit sich bringen. Die Methode ist schnell und übersichtlich, wodurch Beratungsaufträge durchschnittlich 40 Prozent schneller und effizienter abgehandelt werden können.
Die Methode ist modular und lässt sich adaptiv anwenden. Es handelt sich dabei um eine Reihe direkt anwendbarer Methoden und Hilfsmittel für den Berater. Die Basis dieser Methode beruht jedoch auf einer anderen Denkweise und bildet hiermit den generischen Grundwert für jeden Berater.«

Diese Methode kann also gelernt werden, sie ist »generisch«, also überall, dann speziell auch auf Innovation anwendbar. Man muss also nur diese Methode kennen und bekommt gute Aufträge. Interessanter ist noch der Name der Internetseite, die ich empfehle. Sie heißt »Consulting Led Selling« (Auftragsakquisition durch Beratung). So wie es im Management universelle Prozesse und Prozessorientierung gibt, so verwenden die Berater universelle Methoden ... Ich muss jetzt wohl ein bisschen darauf achten, nicht zu sarkastisch zu werden – Verzeihung! Aber die schöne Analogie mit dem Arzt! Zu dem kommen die Kranken, aber die Berater warten gar nicht darauf, dass Unternehmen um Rat fragen, sondern sie bieten überall »kostenlose Diagnose« an, um Krankheiten zu finden und dann natürlich zu behandeln. Sie finden deshalb überall »Issues«. Okay, es gibt ja auch überall welche.

Wie könnte eine solche Beratung im Beispiel aussehen? Ich will das kurz anreißen und nicht zu sehr auswalzen. Man könnte den Vorstandsvorsitzenden normal fragen: »Wie hältst du's mit der Innovation?« Ein möglicher Fragekatalog sieht so aus:

- Ist Innovation im Unternehmen als integrierter Prozess verankert?
- Gibt es ein Innovationsmanagement und einen VP Innovation?
- Berichtet der an den Vorstandsvorsitzenden?
- Gibt es einen Konsens über eine Innovationsstrategie im Unternehmen?
- Weiß man zu jeder Zeit, wie viel Geld im Unternehmen für Innovation ausgegeben wird?

- Wird der Erfolg jeder Innovation nachverfolgt und gemessen (»tracking«)?

- Werden Innovationen effizient erzielt (»lean innovation«)?

- Wie hoch ist der Gewinn des Unternehmens aus den Innovationen?

- Wie hoch ist der Anteil innovativer Produkte am Gesamtprodukt-portfolio?

- Wie viele Mitarbeiter setzt das Unternehmen für Innovationen frei? Sind diese in einer Datenbank namentlich bekannt?

- Gibt es Karrierepfade für Innovatoren? Incentive-Systeme?

- Gibt es das Bemühen um eine Innovationskultur?

- Kennt jeder Mitarbeiter die wesentlichen Innovationen des eigenen Unternehmens und die Innovationsstrategie?

- Sind die wichtigsten Innovatoren des Unternehmens den Mit-arbeitern und Managern bekannt?

- Kommuniziert das Unternehmen seine Innovationen an Kunden und bei Facebook?

Diese Fragen sind nicht unangemessen, aber vollkommen tückisch. Sie berühren einen wunden Punkt im Unternehmen. Sie zielen vor allem darauf ab, festzustellen, ob das Unternehmen die Innovationsproblematik vor allem *quantitativ* im Griff hat. Ist alles numerisch und namentlich bekannt? Wird alles in Listen und Tabellen verfolgt? Ist der Status der Innovation jederzeit bekannt? Sind alle Mitarbeiter involviert?

Aus aller Erfahrung von Jahrzehnten kann ich Ihnen sagen: Das Unternehmen empfindet es als hochnotpeinlich, darauf Antworten geben zu müssen. Das Unternehmen trifft der Schlag, wenn es Maßnahmen ergreifen muss, um diese Fragen am Ende alle befriedigend beantworten zu können. Jeder weiß, dass Innovationen nicht so genau gemessen werden (können). Wer weiß schon, wie lange ein Erfinder am Feierabend an seiner Idee gewerkelt hat? Soll er das dokumentieren? Wöchentlich seinen Fortschritt melden? Die Innovatoren reagieren vollkommen allergisch auf solche Beraterfragen. »Die gehen an der chaotischen Innovationspraxis vollkommen vorbei!« Sie schäumen förmlich auf.

Das Management aber findet die Fragen an sich absolut legitim. Alles soll und muss ja gemanagt werden. Das ist ja die ureigene Forderung des Managements selbst. Es wird also zugestehen, dass es im Ideal jede der gestellten Fragen mit *Ja* beantworten können *müsste*. Es windet sich aber, weil Innovationen sehr schwer zu messen sind. Wie soll es zum Beispiel eine immer aktuelle Liste der innovativen Mitarbeiter führen? Wer ist denn innovativ? Welche Kriterien gibt es dafür? Um wirklich alle dieser Fragen mit *Ja* beantworten zu können, muss das Management Monate in Meetings verbringen.

Die Beratungsmethoden zielen noch weitergehender darauf ab, die Fragen nicht mit Ja oder Nein zu beantworten, sondern graduell. Man stellt zum Beispiel fest:

- Level 0: Die Problematik der Frage ist nicht bekannt.
- Level 1: Die Problematik der Frage ist geläufig, es gibt aber keine Aktionen.
- Level 2: Es gibt Überlegungen zu konkreten Aktionen.
- Level 3: Es gibt erste praktische Ansätze zur Problematik der Frage.
- Level 4: Die volle Umsetzung ist in Arbeit.
- Level 5: In etwa: Ja.
- Level 6: Wirklich gute Umsetzung!
- Level 7: Die Umsetzung ist mit der Umsetzung der anderen Problematiken verzahnt (»integrated«).
- Level 8: Die Gesamtumsetzung ist »World Class«.

Jetzt werden alle habhaften Personen im Unternehmen befragt, wie weit das Unternehmen in Bezug auf Innovation ist. Gleichzeitig befragt man wichtige Personen, auf welchem Level das Unternehmen sein sollte. Wo sollte es sein? Das Management findet ja selbst, dass alles gemanagt werden müsste, also wird es dazu neigen, das Erreichen von Level 5 oder 6 und bei wirklich wichtigen Fragen Level 7 oder gar 8 zu erreichen (Level 8 klingt außerirdisch, wäre aber bei IBM, wo ich gearbeitet habe, nicht als unwirklich abgetan worden). Wo aber steht das Unternehmen? Meistens zwischen 2 und 3.

Das Endergebnis sieht so aus, ein nüchterner Excel-Netzchart: Die Linie innen zeigt die Werte des Ist-Zustands, sie ist knallrot. Außen ist der gewünschte Soll-Zustand in Grün aufgezeichnet. Bei der Farbwahl fällt mir ein, dass ich einmal eine solche Studie für die weltweite IBM Corporation leitete und mein internationales Team mehrere Stunden

## Excel-Netzchart

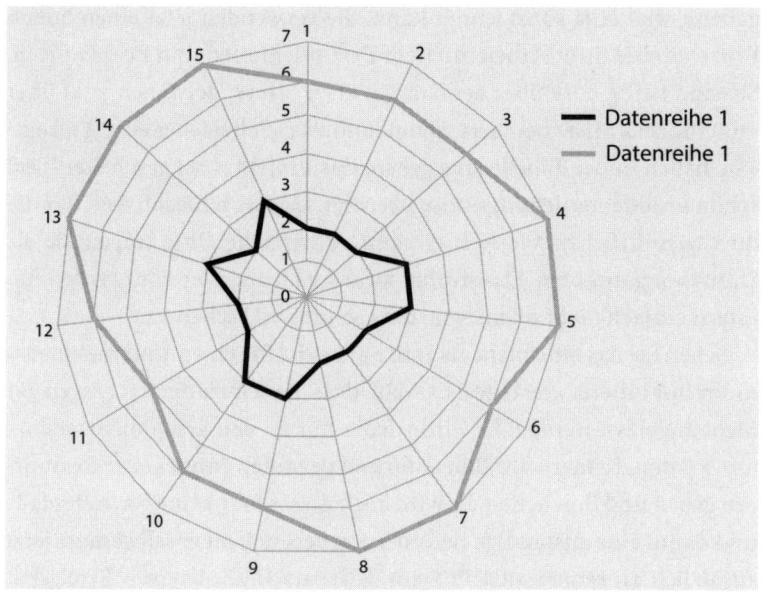

diskutierte, welche Farben die beiden Kurven haben sollten. Im Normalfall bedeutet Rot = Schlecht und Grün = Gut, was in Excel auch so voreingestellt ist. Ich fand, es würde doch passen! Wir wollen die Probleme beim Namen nennen! Da zuckten die meisten im Team zurück, und gewöhnlich gut Informierte wussten, dass ich richtig »Strom« bekommen würde, wenn ich es wagen würde, die Innenkurve in Rot zu lassen. Okay, innen war es grün, außen blau. Das ging.

Können Sie sich vorstellen, was jetzt passiert? Man ernennt, wenn es gerade keinen gibt, schnell einen VP Innovation, dann ist schon einmal eine Frage auf Level 6 beantwortbar. Der fordert, an den Boss zu berichten – wieder ein Punkt auf gutem Level. Nun werden die wichtigsten Innovatoren der ganzen Firma bekannt gemacht, sie müssen Lebensbeschreibungen abliefern und Erfolgsstorys verfassen – unter Aufsicht eines Design-Unternehmens, das alles auch bei Facebook postet. Die Innovatoren werden aufgefordert, zu beweisen, dass sie »Lean Innovation« betreiben, also nicht zu viel Geld ausgeben. Sie sollen nachweisen, dass sie schon viel Profit erzielt haben, was sie sehr empört, weil sie ja noch mittendrin stecken. Diese Aktionen münden in Kaskaden von Meetings. Stets müssen die wichtigsten Innovatoren »Input geben«, weil es ja sonst keiner kann. Sie verwenden jetzt einen hohen Prozentanteil ihrer Arbeit mit dem Dokumentieren und Beantworten. Sie sind heilig böse über den zusätzlichen Stress, der ihnen jetzt über »100 Prozent Mist« beschert. Dann kommt gleich wieder eine Anfrage: »Sie haben in der Tabelle angegeben, das Projekt X sei gescheitert und schon beendet beziehungsweise beerdigt. Das ist schlecht, weil das die durchschnittlichen Werte insgesamt runterzieht. Bitte tragen Sie als Status »ongoing« ein. Das stimmt zwar nicht, aber wir können den Beratern einfach nicht offenlegen, dass so sehr viel scheitert.«

Sehen Sie das bitte nicht als Satire an, es ist für einen Unternehmensinnovator bitteres »real life«. Er weiß, dass die schwierigeren Fragen gar nicht angefasst werden. Es wird wieder nur an den Symptomen gedoktert werden. Keiner wird ihm aufgrund der roten Innenkurve Ressourcen geben und ihm helfen. Es wird auch dieses Jahr keine Karrierepfade und damit eine anständige Beförderung geben. Und er selbst muss jetzt zusätzlich zu seinen »100 Prozent Mist« noch an diversen Erfolgsberichten mitarbeiten. »Ich werde behindert!«, brüllt er, aber es ist wieder nur das Immunsystem, das eine neue Resistenz erfunden hat.

### How to innovate – if you must

Die Berater quälen das Unternehmen »von oben«. Von unten kommen meist unternehmensinterne, aber auch externe Trainer und Coaches und treiben nun auf Mitarbeiterebene zu mehr Innovation an. Sie leiten Workshops mit immer wiederkehrenden Themen:

Die Workshops beginnen mit der Erwartung, dass aus der Mitte der Teilnehmer großartige Ideen hervorgehen, die glänzende Erfolge in der Abteilung oder gar im Unternehmen feiern werden. Dieses Ziel wird wie das bekannte Ziel, »Nummer eins am Markt zu werden«, als absolut erreichbar hingestellt. Für Zweifler und Nörgler gibt es ein gewisses Instrumentarium von Kreativitätsübungen, bei denen es eine überraschende Lösung gibt, an die normalerweise keiner denkt. Dabei bekommen die Teilnehmer immer wieder dieselben Trickbilder gezeigt, auf denen zum Beispiel manche eine junge Frau und andere eine alte sehen. Man muss eine Ravioli-Dose von oben anschauen, dann sieht man einen Kreis. Dann schaut man sie von der Seite an, es ist ein Rechteck! Oh Wunder, man kann Dinge von mehreren Seiten ansehen, da erscheinen sie jeweils anders. Ich habe in meinem Leben so sehr viele solcher Sessions mitgemacht, dass ich glaube, es gibt nur ungefähr 100 gute Beispiele, bei denen ein Neuling »Aha! Wow!« ausruft und den Coach bewundert, dass er ihn so sehr inspirieren kann.

Anmerkung aus der Lehre der Mathematik: Das Wichtigste im Studium ist es, ein paar hundert Mal ganz allein nach hartem Nachdenken bei schweren Übungsaufgaben ein »Aha!« zu erzielen. Das kostet ein paar Tausend Stunden. Wenn Studenten nur nachdenken und sich dann die Lösung von anderen Starstudenten erklären lassen, rufen sie vielleicht auch »Aha!«, aber es ist nie ihr eigenes Aha. Diese Studenten üben nicht, sie verstehen nur im Nachhinein. Sie scheitern regelmäßig. Die Übungen der Berater stoßen uns in etwa ähnlich auf ein fremdes, nicht selbst erzeugtes Aha, das nur erhellt – aber niemand *kann* jetzt etwas.

Deshalb, obwohl niemand an Fähigkeiten gewonnen hat, sind die Teilnehmer der Beraterworkshops nach diesen Erhellungsübungen alle munter und aufgekratzt und auch ehrgeizig geworden. Nun wird ihnen (fälschlicherweise) plötzlich klar, dass es doch *möglich* ist, mit einer tollen Idee alles herumzureißen.

Psychologisch gesehen sieht das alles so aus, als wollte man absichtlich ein Utopiesyndrom erzeugen. Man setzt sich unmögliche Ziele (»Nummer eins werden« oder »Wir führen eine absolut glückliche Ehe, was sonst keiner schafft« oder »Ich will schön sein«) und versucht, sie zu erreichen. Dabei gibt es eine wichtige Regel oder besser ein großes Tabu: Die Erreichbarkeit des Ziels darf nie mehr infrage gestellt werden. Nun, ans Werk! Jetzt sind alle mit Feuereifer dabei …

Die ganze Zeremonie läuft in der Regel so ab:

- *Innovation ist wichtig, Wandel bietet immer eine große Chance für den Besseren*: Der Chef oder die Moderatorin (es sind sehr oft enthusiasmisierende Frauen in diesem Beruf) halten eine Ansprache, dass Innovation sehr wichtig ist und eine Chance eröffnet. Der dadurch ausgelöste Wandel sollte immer Freude auslösen und als Chance begriffen werden. Wandel ist die Regel geworden. Wandel ist unabwendbar. Das hysterische Prinzip hat die Macht. Man muss Wandel stets begrüßen, weil er zwar Probleme mit sich bringt, aber insgesamt die Welt verbessert.

- *Jeder kann einen wichtigen Beitrag leisten*: Wandel ist ohne die einzelnen Mitarbeiter kaum denkbar. Sie sind die Stütze der Bewegung und ihr Rückgrat. Jeder ist aufgerufen, seinen Beitrag zu leisten. Jeder Beitrag ist wichtig. Keine Idee wird gleich verworfen. Jeder soll zu Wort kommen, jeder muss sich beteiligen. Die Summe auch kleiner Ideen wird einen unschätzbaren Wert für das Unternehmen schaffen.

- *Gute Ideen müssen nicht viel Geld kosten*: Die wirklich guten Ideen sind solche, die aus dem Nichts Werte erschaffen. Oft hat jemand eine blitzartige Idee, wie durch Einsparungen Großes erzielt werden kann. Es ist hier aber nicht der Ort, Ideen zu fabrizieren, für die man gleich eine Milliarde Investment braucht – solche Ideen sind zwar ebenfalls absolut willkommen, liegen aber außerhalb der eigenen Möglichkeiten.

- *Es gibt oft überraschende Wege*: Bei den Übungen mit der Dose, den Bildern und den Bällen ist klar geworden, dass die wirklich guten Ideen aus neuen Sichtweisen hervorgehen. Jeder soll sich bemühen, Überraschendes zu denken.

- *Brainstorming*: Das Plenum übt sich 45 Minuten in Brainstorming. Die Ideen werden gesammelt, nicht diskutiert – nur gesammelt. Niemand darf die Ideen abwerten, keiner soll das Gesicht verziehen, wenn ihm etwas nicht passt.

- *Breakouts*: Die Ideen werden geerntet und in Gruppen einsortiert. Da sind Visionen und Einsparungen, Prozessverbesserungen und neue Märkte. Das Plenum wird in Gruppen zerteilt, jede Gruppe diskutiert eine der Ideensektionen und soll »konkrete, sofort ausführbare Aktionsvorschläge« in einem »Breakout-Room« erarbeiten. Am Ende der dafür vorgesehenen zwei Stunden sollte eine Präsentation von nur einer Folie mit den Aktionen fertig sein.

- *Präsentation der Gruppenergebnisse im Plenum*: Die Präsentationen werden eingesammelt, von dem Moderator und der Chefin in der Kaffeepause gesichtet und geordnet. Die Gruppensprecher (fast immer High Potentials, besonders Extrovertierte oder sehr Pflichtbewusste) erklären die Ergebnisse der jeweiligen Gruppe, dabei überziehen sie die vorgesehenen zehn Minuten durchweg maßlos, was den Gesamtzeitplan des Meetings vollkommen schreddert und alle nervös macht, die nun nicht mehr richtig zuhören, weil sie zum Airport müssen.

- *Umsetzungsschwüre*: Der Chef und das Team schwören nun, dass sie die Aktionen aus den Gruppen nun auch beherzt umsetzen werden. Die Moderatorin freut sich, wie euphorisch die Stimmung über den Tag hinweg war.»Es ist toll gelaufen, und ich bekomme einen Wiederholungsauftrag, wenn Sie auf dem Feedback-Bogen die Note Eins ankreuzen. Deshalb ist es so wichtig, dass jeder seine Meinung im Fragebogen äußert, denn nur so können wir lernen und uns immer weiter verbessern.«

- *Finaler Appell*: Der Chef mahnt nochmals zur Innovation und sagt, wie wichtig alles ist. Er bittet die Mitarbeiter (»Ich bitte, ich fordere nicht, denn es soll alles freiwillig in Überstunden geschehen«), sich freiwillig zu verpflichten, etwas Neues erfolgreich und umsatzwirksam zu produzieren, wenn ihnen ihre Karriere lieb ist.

Danach passiert fast nichts mehr. Die Aktionen sind schnell vergessen. Das ist kein böser Wille! Keiner hat unter dem Tagesdruck Zeit für neue »Nightjobs«. Es bleibt der Eindruck, dass Innovation im Prinzip alles retten kann, aber es sind dann die Mitarbeiter, die letztlich die Schuld des Scheiterns tragen, weil sie die Aktionen versanden ließen.

Trotz alledem nehmen regelmäßig einzelne Mitarbeiter die Aussagen des Innovationsworkshops ernst und verlangen, dass an ihren Ideen gearbeitet wird. Sie staunen dann über die Lethargie der anderen Mitarbeiter und über den Chef, der sich darüber gar nicht bekümmert zeigt. Ältere Mitarbeiter haben diese Übungen schon oft gemacht und strahlen eine heiter-resignierte Ignoranz aus.

Die Vorschläge, die in den Meetings aufkommen, sind fast durchweg schlecht. Das liegt daran, dass sie im Meeting aus Formatgründen (Brainstorming ohne Meckerei!) nur im Protagonisten- und OpenMind-Rahmen diskutiert werden müssen, also überoptimistisch. Die Zwänge des Alltags und die Bedenken der CloseMinds sind in solchen Meetings verboten und bekommen von der Moderatorin die gelbe Karte. Sie ist für eine absolut spontane und positive Stimmung verantwortlich – und *nicht* dafür, dass die Ideen hinterher umsetzbar sind.

Im normalen Alltag zerschellen fast alle Ideen an den Bedenken, die man auch schon im Meeting sehen konnte, aber aus der befohlenen Begeisterung heraus zu übersehen verpflichtet war.

Es begann mit der Aufstellung einer Utopie (»Wir reißen jetzt Bäume aus!«) und endet mit Schuldeingeständnissen (»Wir drücken uns dann doch vor der Umsetzung«) und mit dem Gefühl, dass Innovation doch sehr zäh ist, und schließlich mit der Erkenntnis, dass andere die eigenen Ideen schlechtmachen und in jedem Fall nicht mitmachen, wenn sie helfen sollen.

Fragen wir die Manager: »Warum macht man das Ganze überhaupt?« Die meisten sehen es positiv: »Wir haben wieder einmal indirekt über die Ziele der Abteilung geredet. Ich habe gesehen, wer welche Hoffnungen hat, andere konnten Dampf ablassen. Im Grunde ist es eine Teamhygienesitzung, wir haben einmal abseits vom Tagesgeschäft in positiver Stimmung miteinander geredet. Wir wissen jetzt besser, was jeder denkt. Wir haben uns implizit auf unsere Ziele des Tages verständigt und arbeiten besser zusammen, weil wir uns – wie gesagt – mal wirklich gesehen haben.« Das ist genau dieselbe ins Positive gedrehte Meinung, die Manager über ihre eigenen Managementmeetings äußern.

Und es gibt abstraktere Gründe für Innovationsmeetings. Wenn ein Manager ein Teammeeting von zwei Tagen haben möchte, damit das Team sich wieder zusammenraufen soll, braucht er eine Begründung für die enormen Kosten (Hotel, Essen, Raum, Arbeitsausfall, Vorbereitung, zwei Tagessätze externe Moderation). Heute wird in Unternehmen so sehr gespart, dass »Wir wollen uns mal treffen« eine absurde Begründung darstellt. »Wir wollen Innovation fördern« ist dagegen vollkommen gut! Kein CloseMind, der dagegen sein könnte, in Sicht! Der VP Innovation muss ja gerade einen neuen Prozess einführen, bei dem Mitarbeiter in die Innovationsstrategie des Unternehmens eingebunden werden sollen. Er kann nun berichten, dass es überall im Unternehmen Innovationsmeetings gab, die hervorragende Ergebnisse und Aktionen mit sich brachten.

Wenn ein Innovationsworkshop stattfindet, ist damit allen gedient.

Es passt! Im Endeffekt hat der Chef der Abteilung ein gutes Teammeeting gehabt. Das vor allem wollte er gerne. Gleichzeitig – unterschätzen Sie das nicht! – bietet die strenge liturgische Form des Innovationsworkshops mit einem Moderator, der die unangenehme Organisation erledigt, einen prachtvollen, erfolgssicheren Rahmen, bei dem der Chef fast nichts arbeiten muss. Er eröffnet salbungsvoll, stellt hohe Erwartungen an die Ideen und am Schluss an die Früchte der beschlossenen Aktionen. Er ist immer Chef, es gibt keine Kritik an ihm, es darf bei Strafe der Moderatorin nichts Böses gesagt werden, die Ergebnisse sind garantiert und im Großen und Ganzen auch schon vorher kalkulierbar. Der Chef muss nichts tun, braucht keinerlei Vorbereitung, er kann ungehemmt seine Kommentare zu den Breakoutsessions abgeben, er kommt gut weg, kann wieder einmal Mehrarbeit erwarten – alles wunderbar! Sogar der unternehmensweite Geschäftsprozess der VP Innovation ist befriedigt worden. Unter diesen Gesichtspunkten ist ein Innovationsworkshop die Eier legende Wollmilchsau. Es gibt nur einen einzigen Wermutstropfen: Die Innovation kommt nicht voran, und sie verliert im Grunde an Respekt unter den Mitarbeitern, die hinter dem Buzzword Innovation nur Show und Aktionismus sehen, der abseits von ihrem Arbeitsplatz in Golfhotels mit abendlichem Grillen stattfindet.

So werden gut gemeinte Innovationsworkshops zum Sargnagel für die Innovation. Der Chef gibt der Innovation einen offiziellen Rahmen – aber es geschieht nichts.

Es gibt eine mehr manipulativere Variante dieser Workshops. Man lässt Berater oder Moderatoren Workshops durchführen, die im Vorfeld als »Wir suchen neue Lösungen!« verkauft werden. Sie dienen aber in Wirklichkeit dem »Erpressen« von höheren Leistungen, gar nicht der Innovation. Dieses Verstärken des Drucks unter dem Deckmantel der Innovation kommt viel häufiger vor als ein »ehrlicher Innovationsworkshop.« Das diskreditiert die ehrlichen Workshops enorm! Man weiß ja nie, ob Innovation gerade ernst gemeint ist oder nicht. Ich erkläre zur Warnung und Entlarvung kurz diese Tarnvariante:

Heute stehen Manager stark unter Druck, den Gewinn zu erhöhen. Nach draußen, zur Kundenseite hin, sind sie oft machtlos. Der Kunde diktiert die Lage. Da versuchen sie, den Profit durch Einsparungen zu retten. Dazu organisieren sie Einsparungsworkshops, die genau nach demselben Schema und derselben Liturgie ablaufen. Es beginnt mit Utopiezielen, Einspar-Brainstormings und Breakouts zum Festlegen von Einsparaktionen. Diese Workshops unterscheiden sich gravierend von den eher heiteren Innovationsworkshops. Hier wird fast aggressiv gerungen, weil ernst gemeinte Einsparungen an die eigenen Nieren gehen, Opfer verlangen und Härten mit sich bringen. Hier bringen sich alle in Deckung, werden aber zu Einsparvorschlägen gezwungen.»Das Meeting dauert so lange, bis wir genug Potenzial zum Sparen beschlossen haben.« Nach einem solchen Meeting wird auch wirklich hart verfolgt (»getrackt«), dass die ersonnenen Einsparungen auch erzielt werden. Auch darf hier keiner die Einsparungen miesmachen, weil man sonst nicht genug davon zustande bekommt. Es ist grimmiger Pflichtoptimismus befohlen. Viele dieser brutalen Einsparungsworkshops (Haben Sie je diesen Namen gehört? Der ist tabu!) werden als »Change Workshops«, »Transformationsmeetings« oder gar »Innovationsworkshops« verkauft. Das empfinden Mitarbeiter als Hohn und fühlen sich wie bei einer Gehirnwäsche. Alles Gerede von oben wird daraufhin abgeklopft, ob die da oben wieder etwas im Schilde führen und eigentlich die Mitarbeiter auf etwas sehr Unangenehmes vorbereiten wollen. Am Ende eines solchen Zwangseinsparungsworkshops steht dann kein froher Appell, dass Innovation wichtig ist, sondern ein herrischer Ton, dass »wir als eingeschworenes Team uns gemeinsam und einhellig entschlossen haben, diese nicht ganz einfachen Maßnahmen konsequent durchzuziehen, wobei Abweichler gnadenlos bestraft werden – die haben ja hier zugestimmt, sie hätten hier *Nein* sagen können, oder? Ist hier jemand dagegen? Schert einer aus? Ich schaue in die Runde ... das ist nicht der Fall. Es wird also einstimmig gespart. Ich weiß, dass es nicht leicht für Sie wird, aber Sie sind schließlich Manager, da gehört der Schmerz dazu. Management ohne Schmerz ist nicht effizient genug«.

Eigentliche Innovationsworkshops wollen etwas in der Zukunft erreichen (»achievement«), die Einsparrunden üben manipulativ Macht aus (»power«). Oft werden sie zu allem Übel noch in Mischformen betrieben ... Und die Innovation, die wesentlich von der Begeisterung lebt, windet sich unter den Qualen drakonischen Zwangs.

## Risk-Controlling, Kredite und Tools

Jetzt habe ich Sie schon in fast jeden Winkel der Innovation geführt und Ihnen die Hindernisse gezeigt. Die meisten Erfinder sehen das größte Hindernis beim Geld. Es gibt ganze Bibliotheken, wie man Business-Cases schreibt und wo Fördergelder mit welchen Argumenten abgeschöpft werden können. Ich bin auf vielen Erfindermessen gewesen und heute bekomme ich so etwa alle drei, vier Tage per E-Mail einen Vorschlag, von einem Erfinder, der an Geld kommen möchte. Kann ich nicht bei einer großen Firma ein gutes Wort für ihn einlegen?»Mir fehlt das Netzwerk, und auf Messen kann ich noch nicht, weil ich da Eintritt bezahlen muss.« Na, Sie wissen schon, was ich damit sagen will. Es geht manchmal sehr unprofessionell zu! Und alle glauben, dass Geld die Lösung aller Probleme ist, wo es aber doch mehr um das Explorieren und das energische Handeln geht.

Ich berichtete schon: Mein Innovationscoach Gifford Pinchot hat mich damals sofort gefragt, ob ich nicht zuerst mein Haus verkaufen will, um meine geplante Innovation oder »Firma« voranzubringen. Da zweifelte ich – und Pinchot schüttelte den Kopf, und dachte, dann sei ich kein richtiger Unternehmer nach seinem Geschmack. So extrem bin ich ja heute als Begutachter fremder Ideen gar nicht. Aber wenn jemand die Geldausgabe für einen Messebesuch scheut? Wenn er trotz Google seine Wettbewerber im Markt nicht kennt oder wenn er Angst hat, jemand könnte ihm die Idee stehlen?

Angenommen, Sie sind selbst Investor. Sie haben gerade 1 Million Euro geerbt und wollen sich bei einem Unternehmen beteiligen. Geben Sie solchen Erfindern ihre Million? Was wird er mit der Million machen? »Ich glaube, ich muss noch zwei Jahre lang weiterentwickeln, schwer zu sagen, wie es am Ende aussehen wird.«

Ich bitte Sie wiederum, mich nicht für überzogen oder negativ zu halten. Das sind meine tagtäglichen Fälle. Fast alle spielen sich so ab, und ich habe bisher in all den Jahren erst drei oder vier Vorschläge gesehen, bei denen ich mir das Geldgeben überlegt habe, in einem Fall sogar ernsthafter. Dieser eine Fall ist bei mir an der Frage gescheitert, ob ich wohl eine theoretische Chance hätte, mein eingesetztes Kapital zu verzehnfachen. Daran glaubte ich dann nicht wirklich und ließ die Finger davon.

Gifford Pinchot schätzte, dass ein normales Startup, das vom Erfinder umgesetzt wird, eine Chance von fünf Prozent hätte, richtig Geld zu verdienen. Und er fragte uns herausfordernd:»Wenn ich selbst mein Geld investiere und mit meiner Managementerfahrung und meinem Netzwerk an der Wall Street helfe – wenn ich also von einem Business so überzeugt bin, dass ich selbst mit meinem sauer verdienten Geld, mit Zeit und Können dabei bin: Wie groß ist die Chance dann?« Wir schätzten, ich glaube, im Durchschnitt 30 Prozent. Er aber verriet uns: 11 Prozent. Eine ähnliche Zahl habe ich seither öfter gehört. Die Daumenregel für Investoren lautet:»Mit einem von zehn Projekten mache ich hoffentlich mehr als den zehnfachen Gewinn. Davon lebe ich. Bei drei oder vieren von zehn erhalte ich einiges Geld zurück und komme mit einem blauen Auge davon. Die anderen sind mehr oder weniger glatt in den Sand gesetzt.«

Das wird nie offen gesagt. Man tut so, als ob ein Vorhaben oder Projekt immer gelänge, wenn man nur genug Geld hätte. Ich habe noch nie erlebt, dass ein Finanzexperte in einem Unternehmen eine Vorstellung von diesen ungeheuren Risiken bei der Genehmigung von Projekten gehabt hätte.

Innovationen bergen ein Risiko! Schon völlig normale Projekte scheitern nur an der ordnungsgemäßen Durchführung, wie viele scheitern dann bei Innovationen? Es wird wieder und wieder festgestellt, dass quer durch alle Branchen und Arten von Vorhaben vielleicht die Hälfte aller größeren Projekte mehr oder weniger misslingt und noch ein weiteres Viertel nicht wirklich die Ziele erreicht. Es gibt viele Gesetzesvorhaben und unendliches Ringen um Reformen bei Steuern, Bildungswesen und Sozialleistungen. Wie viele solcher »Innovationen« gelingen? Fast keine. Wir sind deshalb politikverdrossen. Nichts geschieht. Immer sind gerade Wahlen, weshalb man vorher nichts tun kann und hinterher alles umwerfen muss. Das ist bei Innovationen nicht anders. Erinnern Sie sich an die dot.com-Manie, als Firmen zu Tausenden gegründet wurden und gleich wieder abtauchten? Die Risiken wurden maßlos unterschätzt. Ein Risikomanagement für Kredite gibt es erst seit vielleicht 15 bis 20 Jahren, ich war in der ersten Tagen als Berater von IBM dabei. Man hat dann diese Systeme nicht etwa dazu verwendet, um Risiken zu verstehen oder zu verhindern, nein, man verwendete sie, um Risiken bis an die Grenze der Legalität auszureizen und anderen, die wenig davon verstanden, zu verkaufen. Daraus resultierte die Finanzkrise. Sie hatte ihren Grund darin, dass rund um Risiken weite Ahnungslosigkeit herrschte.

Die Businesspläne sehen niemals so etwas wie einen 11. September oder einen Einmarsch des Irak nach Kuwait vor, keine Afghanistankriege und keine Eurowirren (die Griechenlandkrise ist keine Finanzkrise, sondern eine von Schuldenmacherei). Die Erfinder planen bei ihren Innovationen mit dauerhaft normal gutem Wetter! Und sie sterben in der nächsten Krise, weil sie zu wenig Kapital haben. Man sagt, die Banken seien zu vorsichtig, aber es dämmert allen, dass sie wohl alle zu unvorsichtig sind. Faktisch haben wir doch alle paar Jahre eine Krise (Gorbatschow, Jahr-2000-Computerproblem, dot.com-Crash, 11. September, Irakkrieg, Lehmann-Pleite, Fukushima, Griechenland) – also muss jede Innovation doch eine schwere Krise in der ersten Zeit aushalten können?!

Dazu kommen die Krisen der Innovation im Unternehmen selbst, oft werden Innovationsprojekte als Krisenpuffer der Firma missbraucht. Wenn das Jahresergebnis in Gefahr ist, stoppt man die teuersten Entwicklungsprojekte und schließt Forschungseinrichtungen. Diese Art von Krisen trifft Intrapreneure sehr häufig. Von heute auf morgen ist Schluss! Einfach so. »Keine Sinnfragen!«, sagt der schmallippige Vorstand.

Es gibt noch mehr Krisen durch Gesetzesänderungen oder Technologiebrüche. Bestes Beispiel: Die Stromerzeuger gehen fast zugrunde, weil plötzlich die Atommeiler abgeschaltet werden sollen.

Alle diese Brüche durch das Internet, Gesetzesänderungen, Kriege, Börsen-Crashs, neue andere Erfindungen, Umstürze, Wahlen, Risikoeinschätzungen und Währungsrutsche muss die Wirtschaft aushalten, und sie tangieren die Innovationen umso mehr, deren Märkte sich verschieben, sich nicht wie erhofft bilden oder anderen zufallen.

Es gibt also das 90-Prozent-Risiko, dass eine jede Innovation scheitert – und dann noch das Risiko eines Tsunamis oder einer Kernschmelze anderswo. Beide Risiken werden nach meinem Wissen nicht diskutiert, wenn Finanzmanager oder Banken Kredite geben. Sie verstehen die Risiken nicht wirklich, sondern sie orientieren sich an ihnen vorliegenden Bestimmungen und bürokratischen Regeln, also »an den Vorschriften«.

Die werden kaum fachkundig, aber unentwegt geändert. Ich habe so oft dies gehört: »Ihre Innovation ist eigentlich gut und wäre nach den Bestimmungen des letzten Jahres auch genehmigt worden. Nach der Reform der Kennzahlen fallen Sie leider aus dem Raster. Eigentlich schade.« Ich bin überhaupt erstaunt, welche Vorhaben tatsächlich Geld zugewiesen bekommen. Ich sehe mir oft die Business-Cases von Innovatoren an, insbesondere die Umsatzschätzungen der nächsten fünf Jahre. Die sind so gut wie immer bombastisch zu hoch veranschlagt – für mein Gefühl. Meine Intuition, bestätigt durch ein bisschen Nachrechnen, sagt mir, dass der Umsatz immer gerade so hoch geschätzt wird, dass die bürokratischen Software-Tools eine Kreditgenehmigung gerade noch zulassen. Wieder geht es um Prozessbefriedigung. Eine Investition ist gut, wenn die Bürokratie sie genehmigt. Über Business und wirkliche Risiken wird kaum verhandelt. Die Business-Cases sehen alle gleich aus. Im ersten Jahr steigt der Umsatz um 100 Prozent, dann um 66 Prozent, dann um 45 Prozent, dann um 33, schließlich um 25 Prozent. Damit kann die Bürokratie leben. Wer an einen anderen Verlauf glaubt, hat es schwer und muss sich rechtfertigen, weil das »nicht normal ist«.

Doch genug mit der Äußerung meines Unverständnisses. Kaum eine Investition, die genehmigt wird, wäre eine, bei der ich selbst meine Ersparnisse guten Gewissens geben würde. Und ich wundere mich, warum es noch immer so viele Investitionsgelder gibt. Warum?

- Außerhalb der Unternehmen wartet so viel Kapital auf Anlage! Viel mehr, als es solide Anlagen gibt. Dieses Kapital wandert dorthin, wo es relativ am besten angelegt ist, nicht einfach dahin, wo es *gut* angelegt ist.

- Innerhalb der Unternehmen besteht ein Zwang, Geld in Innovationen zu stecken. Das will der VP Innovation, der die Innovationen managt. Er muss zeigen, dass in Innovationen investiert wird. Er hat überhaupt nicht die Option festzustellen, dass er gar keine profitablen Innovationen im Unternehmen sieht. Er ist ja dafür zuständig, dass es welche gibt. Also investiert er in die relativ besten, nicht nur in *gute*.

- Die Forschungsförderungseinrichtungen müssen ihr Geld an die besten Projekte vergeben, dazu sind sie da … Es gibt gar nicht so viele gute Projekte, die viel Geld bringen. Oft werden die Förderrahmen nicht ausgeschöpft.

Nach gesundem Menschenverstand sollte man jedes Projekt finanzieren, das hohe Erträge erwarten lässt. Jedes! Man bekommt doch das Geld mehrfach zurück! Warum also gibt man nicht Geld an jedes gute Projekt? Die Antwort ist wohl, dass das dem VP Innovation und den Förderungsinstituten nicht richtig geheuer ist. Sie wissen insgeheim doch, dass »man eben Innovation fördern muss«, dass der Erfolg aber dürftig sein wird. Lesen Sie sich im Internet in den Erfolg von Fördermaßnahmen der Länder oder der EU ein. Dort heißt es immer wieder: »Es wird beklagt, dass so wenig dabei herauskommt. Es verwundert, dass es kaum Daten gibt, die den späteren Erfolg oder Misserfolg nach der Vergabe von Fördergeldern verfolgen und dokumentieren.«

Ich will sagen: In weiten Teilen werden die Finanzierungsfragen (noch) nicht professionell geklärt, die Entscheidungen fallen nach unendlicher Bürokratie dann am Schluss doch nach Bauchgefühl, »weil das Geld ja zugeteilt werden muss« oder »weil Anleger warten«. Der Innovator kann damit glücklich fahren, ja. Aber er muss sehr viel Arbeit in solche Business-Cases stecken – und am Ende glaubt er noch selbst, was drin steht. Es ist eine Sache, Umsatzkurven für die Kreditvergabe zu schönen und eine andere, ein richtiges Geschäft als Unternehmer zu führen.

Innovatoren müssen unternehmerisch handeln, aber sie werden wie Marionetten an halb verstandenen und kaum verständlichen Finanzierungsrichtlinien entlanggeführt. Innovatoren müssen eigentlich ungeheuer viel über Finanzfragen wissen, nicht aber über das Einhalten von bloßen Genehmigungsrichtlinien. Sie lernen das Finanzielle aus einem Blickwinkel der Investoren und Förderer kennen, nicht aber als Handwerk eines Unternehmers. In diesem Sinne bildet das Finanzthema eine weitere Barriere für das Neue.

## Innovationslehren als Verkaufsschlager und teure Hoffnung

Weil Innovation so schwierig ist und so selten gelingt, muss sie doch irgendwie erlernbar sein – so denken alle. Ich habe meine Meinung schon dargelegt: Was eindringlich gelehrt wird, wird nicht gekonnt und eigentlich nicht gewollt. Man sagt oft: »Wo ein Wille ist, ist ein Weg.« Es gibt leider eine heimliche Lieblingsthese im Management:

**Mythos:** Wo ein Weg ist, kommt der Wille schon nach, und alles geht schließlich doch.

Das ist im Allgemeinen falsch, es kommt nämlich sehr auf den Weg an. Wenn die neue Straße zum Spaßbad eingeweiht wird, fahren da auch Leute hin. Aber wenn Buddha den Weg ins Nirwana weist? Oder Jesus den schmalen Pfad zur Erlösung? Die Verheißung der Innovation ist als Vision oder Inspiration spürbar. Sie zieht wirklich den Willen nach, aber es kommt eben auf ihre Kraft an. Es genügt nicht, eine Vision zu haben oder festzulegen. Ich habe das oft mit Topmanagern diskutiert, die sich über eine Vision von »Jedes Jahr 10 Prozent mehr Umsatz bei gleichbleibenden Kosten« richtig begeistern konnten und sich über die zitronigen Gesichter der Mitarbeiter bei der feierlichen Verkündigung wunderten.

Es gibt unendlich viele Bücher über das Entstehen des Neuen, wie dieses ja auch. Sie weisen eine Richtung und einen Weg. Sie zeigen Beispiele von Erfolgreichen, die es geschafft haben. Sie analysieren Erfolgreiche und destillieren Erfolgskriterien heraus. Alles erscheint klar. Die Lehren und Bücher, die Methoden und Coachings, die Beratungen und Managementreorganisationen ranken um immer dieselben Fixsterne:

- Innovationsstrategie,
- Planung und Analyse im Dienste der Innovation,
- Innovationsprozesse leicht gemacht,
- Innovationsmanagement bringt Struktur,
- Ideenmanagement bringt Klarheit ins Wirrwarr,
- Erfolgreiches Brainstorming eröffnet Zukunft,
- Kreativitätstechniken gebären Wunder,
- Innovationsworkshopformate helfen beim Einüben,
- Erfolgsfaktoren bei der Innovation,
- 10 typische Fehler der Innovatoren,
- Innovation durch Kundenorientierung,
- Der Kunde als Innovationsmotor,
- Erfolgreiches Entrepreneuring,

- Wie es die ganz Großen schafften,
- Erzeugung von Momentum,
- Open Innovation,
- Intellectual Property Management und Patentstrategie,
- Computer Aided Innovation,
- Leuchtfeuer durch Leuchtturmprojekte,
- Die Kraft begeisternder Visionen,
- Leadership und Inspiration,
- Förderung der Risikobereitschaft,
- Stringentes Risikomanagement,
- Fordern von Eigeninitiative,
- 100 Erfolgsbeispiele und Heldenepen,
- Innovation ist kein Zufall,
- Von Mittelmaß zu Hochleistung.

Bitte gehen Sie diese Liste noch einmal durch und beurteilen Sie, was nach einer »Umsetzung« des Gelernten erreicht worden ist. Ich wiederhole die Stufen der Entwicklung vom Ahnungslosen bis zur Weltspitze aus dem Beratungsbaukasten:

- Level 0: Die Problematik der Frage ist nicht bekannt.
- Level 1: Die Problematik der Frage ist geläufig, es gibt keine Aktionen.
- Level 2: Es gibt Überlegungen zu konkreten Aktionen.
- Level 3: Es gibt erste praktische Ansätze zur Problematik der Frage.
- Level 4: Die volle Umsetzung ist in Arbeit.
- Level 5: In etwa: Ja.
- Level 6: Wirklich gute Umsetzung!
- Level 7: Die Umsetzung ist mit der Umsetzung der anderen Problematiken verzahnt (»integrated«).
- Level 8: Die Gesamtumsetzung ist »World Class«.

Bücher zu lesen hilft, auf Stufe 1 zu kommen, vielleicht erreicht man Stufe 2. Die Brainstormings »bottom up« arbeiten sich von unten in ersten Aktionen hinauf, die Beratermethoden fassen das ganze »top down« in Form von Neuorganisation an. Das Ziel muss sein, Level 5 zu erreichen:

## Resistenz gegen reine Innovationslehren

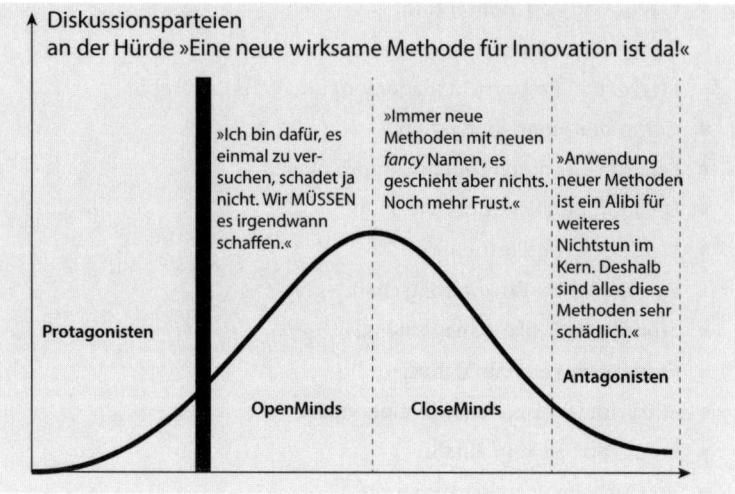

**Diskussionsparteien**
an der Hürde »Eine neue wirksame Methode für Innovation ist da!«

»Ich bin dafür, es
einmal zu ver-
suchen, schadet ja
nicht. Wir MÜSSEN
es irgendwann
schaffen.«

»Immer neue
Methoden mit neuen
*fancy* Namen, es
geschieht aber nichts.
Noch mehr Frust.«

»Anwendung
neuer Methoden
ist ein Alibi für
weiteres
Nichtstun im
Kern. Deshalb
sind alles diese
Methoden sehr
schädlich.«

Protagonisten

Antagonisten

OpenMinds          CloseMinds

»Ja, wir haben eine gute Innovationskultur.« Die meisten Unternehmen stecken zwischen Stufe 3 (»Wir haben Leuchtturmprojekte«) und Stufe 4 (»Wir geben uns eine neue Struktur und führen die jetzt ein«).

Schauen Sie in das nächste Resistenzdiagramm: Im Grunde wird immer »nur« eine neue Methode oder eine neue Struktur propagiert. Die OpenMinds versuchen es wieder einmal, nach dem Motto: »Vielleicht hat diese Diät Erfolg.« Die CloseMinds haben ein langes Elefantengedächtnis und schließen aus dem Misserfolg der früheren Versuche, dass alles in unnützem Aufwand enden wird, Motto: »Du bist nach 100 Diäten immer noch dick.« Die Antagonisten wettern in der Form: »Diäten schaden dem Körper, was zumutbar wäre, wenn man abnähme. Da das nicht erreicht wird, sind Diäten einfach nur schädlich.«

Trotzdem gibt es immer neue Diäten, neue Hoffnungen und immer neue Versuche, die aber nie konsequent durchgeführt werden. Die Protagonisten verheißen Hoffnung und wiegeln ab, wenn es Befürchtungen der CloseMinds gibt. Die OpenMinds machen wieder einmal mit, sie sind gutwillig und mögen nicht ohne Hoffnung sein – dafür tun sie schon einmal wenigstens etwas. Ich selbst gehöre sehr oft zu den CloseMinds neuer Methoden. Ich opponiere nicht gegen die Methode an sich, sondern ich möchte nur einmal echte Motivation bis hin zu Stufe

5 entstehen sehen. Die Hoffnung im Management, dass das Aufzeigen des Weges schon Motivation und Wille nach sich zieht, ist oft sagenhaft groß. Es ist dann leicht verständlich, dass die Antagonisten dem Management vorwerfen, sich eben nicht wirklich leidenschaftlich zu engagieren, sondern nur Wunder von den Mitarbeitern zu erwarten. Antagonisten wittern eine Art Selbstentlastung des Managements – am Ende sind die Mitarbeiter schuld und müssen Lohnkürzungen akzeptieren. Und die Frage aller Fragen kann wieder neu beantwortet werden: »Warum klappt etwas jetzt, was sonst nie klappte?« Und die Antwort: »Es ist diese wirklich neue Methode, die klappt.« Es fehlt aber immer der Wille zur Innovation, die Freude daran und die fördernde Unternehmenskultur. Die Resistenzen gegen alle Methoden, gegen alle vergangenen und alle zukünftigen, werden ignoriert. Da machen die CloseMinds schon gar nicht mit – sie sind resigniert.

Neben den neuen Methoden für »Bottom up«-Ansätze gibt es neue Beratungsmethoden und neue Ideen für Innovationsorganisation. Die werden ebenfalls periodisch aufgegriffen. Von Zeit zu Zeit erfolgt eine wirklich tiefgreifende Restrukturierung der Innovationsanstrengungen, der Forschungs- und Entwicklungsbereiche. Und nun kommt der furchtbare Irrtum:

**Mythos:** Wenn die Organisation gut ist,
findet sie bald von allein den Weg zum Ziel.

Wenn alles gut geregelt ist und alle nach den Regeln arbeiten, muss es klappen! So ist die herrschende Meinung. Das bedeutet im Management auch: Mehr ist nicht zu tun. Fertig. Wenn also etwas strukturiert ist, glaubt das Management auf Stufe 5 zu sein und lehnt sich zurück. Es ist alles getan. Danach geschieht nicht viel, man überprüft nun, »wie gut die neuen Strukturen greifen«. Enttäuschung macht sich breit. »Die neuen Prozesse werden nicht angenommen, die Mitarbeiter ignorieren alles und lähmen. Wir müssen sie unter Druck setzen.« Nach einigen Monaten steht die ewige Leidenslitanei auf den PowerPoints: »*We are lacking in execution.*«

Wieder und wieder zerschellt alles an der Resistenzbarriere, auch weil sie gar nicht erkannt wird. Alles hektische Agieren findet unter den Protagonisten statt.

Neue Managementprozesse sind immer wie eine Art Kunststruktur, so wie Dr. Frankenstein ein neues Monster zusammennäht. Die Blutkreisläufe funktionieren, die Nervenstränge sind gespannt. Wenn das alles fertig ist (das ist am Ende von Level 4), dann muss das Monster nur noch atmen und leben. *Das* ist die wirkliche Barriere! Wenn das Management feststellt, dass etwas nicht funktioniert, sagt es immer: »Die neuen Prozesse werden noch nicht gelebt.« – »Die neuen Strukturen müssen erst noch mit Leben erfüllt werden.« Dazu wartet das Management einfach ab – so wie mein Vater als Bauer Rübensamen gedrillt hatte und nun auf die Keimblätterspitzen wartete und von reicher Zuckerernte träumte. Managementstrukturen aber sind nicht Aussaaten, sondern nur so etwas wie ein fertiges »Monster«. Der Schritt zum Leben ist der entscheidende Schritt, er muss am härtesten erarbeitet werden. Das bleibt irgendwie unverstanden. Es wird irrig angenommen, etwas im Prinzip Lebensfähiges würde gleich von selbst leben.

Eine ganze Wirtschaftsbranche profitiert von diesem Irrtum. Immer neue Methoden werden wieder neu angewendet. Neue Bücher mit Patentmethoden erscheinen und gehen weg wie Bestseller. Coaches versuchen sich in Motivationstrainings (»Beatmung des Monsters«). Manager bezahlen Berater, die immer neue Monster kreieren. Aber auch die atmen nicht, weil diese Barriere nicht beachtet und bearbeitet wird. Und alles kostet Unsummen! Wer könnte beim Finanzieren helfen?

### Der Staat muss einspringen und fördern!

Kann denn nicht der Staat die Kosten für die Grundlagenentwicklungen übernehmen? Wozu haben wir ein Ministerium für Bildung und Forschung? Und dazu noch eines für Wirtschaft und Technologie? Die werden von der Industrie in die Pflicht genommen und müssen sich auch vor den Wählern profilieren. Im ganzen Buch habe ich dargestellt, wie schwer es ist, Wissen und Erforschtes in die Wirtschaft und in die wirkliche reale Technologie einfließen zu lassen. Zwischen der einen Seite und der andere klafft eine Lücke – die beiden Bereiche sind voneinander wie getrennt – das Zukünftige und das Gegenwärtige. Fast symbolisch finden wir diese Lücke in den Ministerressorts widergespiegelt. Das eine Ministerium ist für das Heranwachsende zuständig (Bildung und Forschung), dass andere für das schon Etablierte (Wirtschaft und Technologie). In Deutschland kommt noch verschlimmernd dazu, dass diese Ministerien historisch von Vertretern verschiedener Parteien geführt werden (die Freidemokraten wollen immer das Wirtschaftsressort besetzen). Also etablieren die verschiedenen Institutionen munter ihre eigenen Prozesse, so wie ein VP Innovation in seinem Unternehmen:

- Staatliche Förderprogramme und Förderinitiativen,
- Forschungsmittel für Doktoranden,
- Existenzgründungen, Gründerfonds und Gründerzentren,
- Versuch, ein Silicon Valley zu klonen,
- Internationale Forschungskooperation,
- Förderung von »Leuchtturmprojekten« aller Art,
- Ausschreibung und Vergabe von Auszeichnungen.

Auf der anderen Seite wird Druck auf die staatlichen Forschungsinstitutionen ausgeübt, endlich in größerem Umfang aus den reinen Forschungsergebnissen finanziell Verwertbares zu erzeugen. Die Regierung zwingt die Universitäten in Eliteuniversitäts-Wettbewerbsschlachten hinein, sie verlangt das »Einwerben von Drittmitteln«, also einen finanziell messbaren Erfolg der Forschung. Unter diesem Erfolgsdruck stehen die Forschungszentren der Industrie schon lange, soweit es sie noch gibt. Auch sie werden von der Unternehmensführung gedrängt, ihre Erfolge in Euro und Cent nachzuweisen.

Ich entflechte die Logik. Es gibt zwei verschiedene Ansätze, Innovationen hochzufahren:

1. durch Zwang, Geld mit den Ideen verdienen zu lassen,
2. Innovationen durch Bereitstellung von Geld in »Sondertöpfen« zu fördern.

Die erste Maßnahme soll die erste Hürde der Innovation überwinden. Man erzwingt durch das Fordern von Geldeinnahmen, dass Ideen wirklich zu etwas Marktreifem geführt werden. Die zweite Maßnahmenart soll auch die erste Hürde der Innovation überwinden, indem sie wirklich tolle, absolut förderungswürdige Geschäftsideen in den Markt pusht. Was geschieht nun? Die Forschungsinstitutionen des Staates und der Wirtschaft pervertieren diese Maßnahmen, indem sie dadurch Geld verdienen, dass sie die Fördertöpfe unter sich aufteilen! Sie müssen gar keine Innovationen hervorbringen! Sie bewerben sich mit ihren Ideen einfach um die Fördergelder für die Umsetzung genialer Ideen und forschen mit diesen Geldern irgendwie weiter. Wenn dann die Finanzkontrolleure nach den aus Innovationen verdienten Geldern fragen, weisen sie die Einnahmen aus den Fördertöpfen vor. Ja, tatsächlich, sie haben es geschafft, aus ihren Ideen Geld zu machen!

Ich will sagen: Die beiden Maßnahmenarten vernichten sich also dadurch, dass sie zusammentreffen. Was kommt dabei heraus? Milliarden von Fördergeldern werden dazu benutzt, weiter zu forschen wie bisher – ohne den Kunden da draußen, ohne uns Menschen zu fragen, ohne irgendwelche Infrastrukturen zu planen oder gar aufzubauen. Die Ernte besteht aus lauter Studien, Publikationen, Impact-Points, Leuchtturmprojekten, Politiker-Presse-Terminen und einem satten Bonus für den Vice President Innovation.

Die Fördergelder werden einfach mitgenommen, es wird fröhlich geforscht und auf Statusmeetings werden die Erfolge berichtet. Sobald aber die Förderung aufhört, werden die Projekte gestoppt und durch neue ersetzt, die wiederum neu gefördert werden. Die Förderungen münden also nicht in Innovationen oder wenigstens in einer Weiterarbeit an den begonnenen Entwicklungen. Nein, man forscht immer neu an etwas, was gerade gefördert wird. Das ist jedes Jahr etwas anderes! Es ist deshalb am besten, alle paar Jahre das Arbeitsgebiet zu wechseln – das alte Arbeitsgebiet wird einfach aufgegeben, dafür beginnt man als blutiger Anfänger auf einem neuen Gebiet, das neuerdings vom Staat oder Unternehmen gefördert wird. Das Ganze ist im Endeffekt Fördergeldwellensurfen und führt fast zwangsläufig *nicht* zu Innovationen. Alle Tätigkeit findet wieder einmal nur vor der ersten Hürde der Innovation statt. Die Protagonisten bleiben unter sich.

Ich bin jetzt sehr negativ, aber es ist doch logisch, dass sich Zwang und Förderung ideal ergänzen und gegenseitig aufheben. Wenn Sie skeptisch sind, surfen Sie ein bisschen im Internet. Informieren Sie sich über die

Erfolge von Milliardenprojekten wie Theseus, Galileo oder Ariane. Googeln Sie unter »Fördermittel verpulvern« oder ähnlichen Stichworten. Wie aber reagieren die Politiker? Sie verstehen die Fördertropfmechanismen nicht und erhöhen die Dosis. Für das EU-Projekt Horizon 2020 sind Mittel in Höhe von 80 Milliarden Euro vorgesehen. Bitte lesen Sie auf der Webseite des Europäischen Parlaments dies (vom 21. März 2012):

*»Bei der Umsetzung von Forschungsergebnissen in neue Produkte und Dienstleistungen liegt Europa hinter anderen Regionen. Das Rahmenprogramm HORIZON 2020 soll das ändern. Am 20. März diskutierte der Industrie-Ausschuss mit Experten über den EU-Plan zur Förderung von Forschung und Innovation bis 2020.«*

Vor wenigen Jahren beherrschten europäische Mobilfunkkonzerne den Weltmarkt. Doch die Konkurrenz aus Amerika und Asien hat mit Innovativem aufgeholt und überholt. Europa droht bei vielen modernen Technologien den Anschluss zu verlieren.

Das EU-Rahmenprogramm HORIZON 2020 soll mit rund 80 Milliarden Euro die Entwicklung neuer Technologien und deren Umsetzung in marktreife Produkte fördern. So sollen Firmen und Forschungsinstitute leichter an Finanzierungsmöglichkeiten kommen. Marktorientierte Forschung und innovative Start-ups würden mehr Unterstützung erhalten.

Die portugiesische Berichterstatterin Maria de Graca Carvalho von den Christdemokraten hält das Rahmenprogramm HORIZON 2020 gar für das wichtigste EU-Finanzinstrument, um Europas Wettbewerbsfähigkeit zu garantieren. Auch ihre sozialdemokratische Kollegin Teresa Riera Madurell aus Spanien argumentiert: *»Forschung und Entwicklung können Europa in der Wirtschaftskrise dabei helfen, zu wachsen und qualitativ hochwertige Jobs zu schaffen.«*

## USA: Europa leidet an einer Innovationskrise

Dr. Burton Lee von der US-amerikanischen Stanford School of Engineering befürwortet das Rahmenprogramm HORIZON 2020, glaubt jedoch, dass Europäische Universitäten marktorientierter denken müssten. »*Alles, worauf es ihnen ankommt, sind die Forschungsinstitute; um Innovation sollen sich die Anderen kümmern*«, kritisiert er. (http://www.europarl.europa.eu/news/de/headlines/content/20120316STO41076/html/HORIZON-2020-Mehr-Geld-für-Forschung-und-Innovation) Das ist der Punkt: »Um Innovation sollen sich andere kümmern.« Sic.

Die Managementsysteme des Drittmitteldrucks und die Politik der Förderung führen zu einer fast gänzlichen Verschwendung. Das allein ist nicht die Katastrophe. Die besteht vor allem darin, dass sehr viele potenzielle Innovatoren von der Innovation abgehalten werden, weil sie den leichten Weg der Befriedigung immer neuer Förderprogramme gehen können. Statusprüfungen staatlicher Projekte sind kinderleicht zu bestehen – verglichen mit dem Überzeugen von uns Kunden hier draußen.

Damit beschreibe ich vielleicht ein europäisches System, das von den USA aus kritisiert wird. Die USA leiden ebenfalls unter einer Innovationskrise, die aber wohl anders gelagert ist. Viele US-Unternehmen haben versucht, das leichte Geld durch Verlagerung von immer wertvolleren Jobs nach Asien zu verdienen. Durch das Mitnehmen solcher Effizienzeffekte ist so viel Geld verdient worden, dass die eigentliche Innovation im Sinne des echten Neuen vernachlässigt wurde ... Die USA haben ungeheure Profite aus rigorosem Lean Management erzielt, die durch die Verlagerung nach Asien noch weiter anschwollen. Diese Quelle der Profite scheint nach Jahren der Ausbeute langsam zu versiegen.

## Zusammenfassung der Problemlage

Alles rund um Beratung, Coaching, Methoden, Bücherlesen, Erfolgsbeispielstudium oder Analysen der Märkte oder der Reichen findet nur im Kopf statt.

Für Innovation muss Herzblut dazu, es muss Wille zum Neuen und volle Energie zum Einsatz kommen. Der Mangel an Energie wird nie als das primäre Problem gesehen. Fast alle glauben zuerst, es läge ein

Disziplinproblem vor, dass man sich nicht streng an die vorgeschriebenen Methoden hält. Danach resignieren sie vor dem Disziplinmangel und suchen das Problem in der Art der Methode. Genau an diesem Punkt stehen wieder neue Berater (oder die alten) mit einer brandneuen Methode bereit, um das Innovationsproblem diesmal wirklich an der Wurzel zu packen und endgültig zu lösen. »Nun brauchen wir nur noch unsere Energie zu bündeln, dann sind wir unbesiegbar.« Danach staunt man stets aufs Neue, dass alles wieder an einem rätselhaften Energiemangel leidet. »Warum geschieht nichts?«

Alles, was vom Verstand zu Innovation gesagt werden kann, ist noch auf der Protagonistenseite vor der großen Resistenzbarriere. Diese Resistenz wird nun immer verteufelt, man fordert »Bewusstseinswandel« oder »Änderungen in den Köpfen« – wieder erfolglos.

Innovation ist mehr als ein Plan, ein System, ein Geschäftsmodell oder eine tote Kreatur Frankensteins. Sie muss leben, und dafür ist viel mehr nötig als einfach nur ein guter Ansatz.

Innovatoren haben es an sich schon nicht leicht, weil sie schon draußen bei den Kunden Strukturen überwinden müssen, die es den neuen Ideen schwer machen. Nun treffen sie im Unternehmen selbst auf Abteilungsdenken, untaugliche Prozesse, die sich immer im Probestadium befinden, auf Manager, die das Neue nur managen, aber nicht verstehen wollen, und auf Controller mit falschen Vorstellungen von Risiken. Und jedes Mal, wenn irgendetwas wirklich nicht gut zu sein scheint, ergießt sich über das Unternehmen ein Schwall von Appellen, Brainstormings, Zwangsmaßnahmen und Prozessimplementationen nach standardisierten Beratungen.

Weil sich alle in den falschen Maßnahmen für die Innovation einig zu sein scheinen, wird jede Innovation nun noch mit diesen falschen Maßnahmen behindert bis blockiert. Niemand kümmert sich darum, was ein Innovator an wirklicher Hilfe braucht – nein, sie prüfen alle, ob der Innovator die untauglichen oder schädlichen Prozesse durchläuft, damit alle auf der sicheren Seite sind, wenn der Innovator scheitert. Es wird *immer* vom Scheitern des Innovators gesprochen und *nie* darüber, dass das Gefilz von üblichen Managementpraktiken, Lehrbuchmeinungen und Beratungsmethoden für einen großen Teil des Versagens verantwortlich ist.

# DAS DENKBABYLON

# DIE HAUPTBARRIERE

# DER INNOVATION

**Versuch zur Psychologie des Innovators
und aller anderen Beteiligten**

Am Anfang des Buches habe ich Ihnen die Idee Fritz Riemanns nahe gebracht, das Zwanghafte dem Hysterischen gegenüberzustellen, also das Beharrende gegenüber dem sich Wandelnden zu diskutieren. Diese Idee ist leicht zu verstehen. Sie wird auch sofort und mühelos von den meisten Menschen aufgenommen, wenn ich sie in Vorträgen darbringe. Sie ist ein »Mem« (amerikanisch: *meme*), eine schlagende Idee, die sofort widerhallt. Wir kennen das in der Musik unter dem Stichwort »Ohrwurm«. Heute bezeichnet man mit Mem auch eine Idee, ein Video oder ein Bild, das sich rasend schnell im Internet verbreitet – wie eine Epidemie.

Noch bekannter ist die Idee Freuds, in unserer Seele das Ringen um Persönlichkeitswerdung als Auseinandersetzung des Über-Ichs und des Es zu deuten. Unter dem Über-Ich versteht Freud so etwas wie die Summe der Regeln, Normen, Überlieferungen, Pflichten und Elternwertungen, die uns in der Kindheit eingetrichtert werden und uns leiten. Das Über-Ich ist schon in früheren Zeiten als »Gewissen« oder »Stimme Gottes« thematisiert worden.

Das Es dagegen steht für die Triebimpulse des Menschen, mit denen er nach allgemeiner Vorstellung geboren wird. Das Es reagiert auf Lust und Schmerz. Das Es dringt auf Lustbefriedigung. Unser eigentliches Ich vermittelt nun zwischen der Notwendigkeit und den Wunschimpulsen und gestaltet ein vernünftiges Leben. Das ist ein steter Kampf!

Das Über-Ich dringt auf völligen Triebverzicht, wogegen das Es auf alle Regeln pfeifen will und immer wieder deutlich macht:»Man lebt nur einmal und jetzt.«

In diesem Bilde Sigmund Freuds ist alles Herrschende darauf bedacht, sich als Teil des Über-Ichs der Untertanen zu etablieren. Eltern, Lehrer, Professoren und Manager setzen immerfort Regeln und Normen, sie hämmern sie uns wie heilige Pflichten ein. Sie hemmen dabei die Impulse in uns, selbst etwas zu wollen oder Pflichten zu vernachlässigen. Menschen mit einem hemmenden und einengenden Über-Ich sind»denen von oben« absolut erwünscht und gewollt. Menschen sollen am besten treu dienende Gamma-Tiere sein, die dem Alpha willig folgen.

Ein anderer Urvater der Psychologie, Carl Gustav Jung, hat sich weniger mit dem Trieb des Menschen befasst als viel mehr mit dem Unterschied der Denkweisen. In seinem Buch *Psychologische Typen* (1922) unterscheidet Jung einerseits zwischen Menschen, die analytisch, logisch und konkret entlang ihrer Sinneswahrnehmungen denken und entscheiden, und andererseits Menschen, die kreativ, künstlerisch, prinzipienorientiert ihre Intuition einsetzen, um zu Urteilen und Handlungen zu kommen.

In den Zeiten, in denen ich Optimierungsinnovationen im Markt etablierte, wunderte ich mich immer über die sagenhaft diversen Vorstellungen von Innovation. Ich studierte lange Zeit psychologische Theorien und verschiedene Typenlehren, ich bat auf meiner Homepage die Leser meiner Bücher, ihre Ergebnisse psychologischer Tests zu schicken. Die Ergebnisse habe ich in meinen ersten Büchern *Wild Duck* und *E-Man* verwertet und darüber philosophiert, wie sehr wir durch einige Grunddenkweisen geprägt sind. Danach habe ich ein dreibändiges Werk verfasst, das meine Sicht der Philosophie wiedergibt. Ich habe meine Auffassung unter dem Namen *Omnisophie* propagiert. Sie integriert die Auffassung von Freud (regelnder Verstand und Trieb) in die von Jung (praktischer Verstand und Intuition), sodass Menschen dann eben Verstand, Intuition und Trieb in sich wirken haben (drei Varianten, nicht jeweils zwei).

*These der Omnisophie*: Es gib hauptsächlich drei verschiedene Denk- oder Handlungsweisen im Menschen, die alle drei in ihm von Geburt an angelegt sind, die aber je nach Mensch verschieden stark benutzt werden. Und das sind diese drei: Jeder Mensch hat einen Verstand, eine Intuition und einen Instinkt. Der Verstand denkt wie ein Computer, ist logisch-analytisch, kennt Regeln und Normen. Die Intuition ist kreativ, ganzheitlich und geleitet durch Prinzipien und Visionen (nicht durch Regeln). Der Instinkt nimmt durch Körperwahrnehmung Impulse auf (wie »Gefahr« oder »Chance«) und reagiert fast unmittelbar mit einer Handlung.

Heute kennen sehr viele Menschen die Vorstellung oder das Mem der »linken und rechten Gehirnhälfte«. In diesem Kontext ist der Verstand in der linken Gehirnhälfte und die Intuition in der rechten. Aber wie Sie vielleicht wissen, gibt es noch viele weitere »Gehirnzellen« im Rückenmark und im Bauch! Die bilden so etwas wie »die dritte Gehirnhälfte«. Wir wissen, dass wir vieles aus dem Bauch heraus entscheiden – ganz spontan. Es ist der Instinkt.

Viele Menschen, vor allem die mehr zwanghaften, die durch das Über-Ich gesteuerten oder die nach Freud »analen Charaktere« verlassen sich auf den Verstand, sie sind Kopfmenschen und unterdrücken die Triebimpulse. Kurz und liebevoller gesehen: *Sie machen alles richtig.*

Andere handeln spontan, agieren so, wie es ihnen gerade in den Kopf kommt (als Triebimpuls), sind flexibel, suchen Vorteile, spielen gerne und gehen gerne Risiken ein, wenn sie etwas dafür gewinnen oder einen »Kitzel« erwarten können. Sie handeln vornehmlich aus ihrem Instinkt heraus und legen sofort los, ohne zu viel zu denken. Ich habe sie in meiner Omnisophie die *natürlichen* Menschen genannt. Sie sind durch das Über-Ich, die Gesellschaft oder die Herrschenden nur wenig domestiziert oder gezähmt.

Die dritte Art der Menschen sind die intuitiv am Ganzen Orientierten. Sie sind meist Idealisten. Sie träumen und denken nach, wie etwas im Prinzip sein sollte. Sie haben Visionen und Zukunftsutopien besserer Welten. Ich habe sie in meinem Werk die *wahren* Menschen genannt.

Aus vielen Auswertungen zahlreicher unterschiedlicher Tests, auch meiner Daten von Lesern, kommt zutage, dass sich die richtigen, wahren und natürlichen Menschen in solchen Berufen sammeln, die ihrem Naturell am nächsten kommen. Das ist eigentlich vollkommen klar!

Vielleicht ist Ihnen auch sofort intuitiv klar, dass es vielleicht etwa 40 Prozent richtige »elternartige« Kopfmenschen gibt, vielleicht noch einmal 40 Prozent »handwerkerartig zupackende« Praxismenschen und dann als seltene Spezies noch einmal 20 Prozent »künstlerartige« Weltverbesserer. Diese drei Sorten streiten sich nun in ihren Denkweisen um alles und jedes. Sie erzeugen eine Art Denkbabylon. Das will ich hier kurz thematisieren (und wenn Sie alles haarklein wissen wollen, gibt es in meinen anderen Büchern noch mehr als 2000 Seiten dazu).

Zunächst eine Kurzbeschreibung von richtigen, wahren und natürlichen Menschen:

Der *analytische Verstand* sitzt quasi »in der linken Gehirnhälfte«. (Das stimmt ungefähr mit den neurologischen Befunden überein, die seit einiger Zeit immer tiefere und leider immer verwirrendere Erkenntnisse ans Licht bringen. Für die Implikationen ist es irrelevant, wo dieser Verstand sitzt, aber es hilft vielen Menschen, sich alles besser vorzustellen.) Die linke Hirnhälfte »denkt« logisch, sequenziell, rational, objektiv und heftet den Blick auf Einzelheiten. Sie lässt sich gut mit der Funktionsweise eines normalen Computers vergleichen, der offensichtlich die gleichen Eigenschaften hat. Computer arbeiten sequenziell Programme ab und haben jede Einzelheit gespeichert. Ihnen fehlt der Blick für das Ganze. Sie »wissen« aber alles über isolierte Details. Ein Computerspeicher ist so wie eine Universitätsbibliothek in Abteilungen, Ordner und Regale unterteilt. Das File-System eines Computers sieht wie eine Organisationsstruktur eines Unternehmens aus. Der analytische Verstand hierarchisiert gerne, legt Kriterien fest, führt Listen und Zahlentabellen. Erkenntnisse werden aus Analysen gewonnen, aus Statistiken und Umfragen, aus dem Studium und der Auslegung von Gesetzesbüchern und Regelwerken. Die linke Gehirnhälfte liebt Traditionen und Gewohnheiten. Sie legt Wert auf reibungsloses Funktionieren. Sie sieht den Menschen als Teil eines Gemeinschaftssystems von Menschen. Der Einzelne hat ein nützliches und dienendes Mitglied zu sein. Der analytische Verstand mahnt mit erhobenem Zeigefinger. Er weiß, wie es richtig ist. Er ist der Sitz der regelnden

Vernunft. Wenn sich Menschen vorwiegend der linken Hirnhälfte bedienen, sind sie vernünftige Menschen, solche wie Lehrer, Beamte oder (offizielle) Eltern. *Richtige* Menschen setzen auf Pflicht und Arbeit, sie schaffen und halten Ordnung, achten auf die Moral und guten Geschmack. Richtige Menschen sind verantwortlich und zuverlässig, sehen Arbeit als Mühe und Lebensaufgabe, suchen Achtung, Respekt, Ansehen, Rang. Richtige Menschen haben das privilegierte Gefühl, »normal« zu sein, was für sie mehr den Anstrich von »vorbildlich« hat. »Man muss *so* sein, man tut das *so*, es ist *so* Pflicht und Tradition!« Andere Menschen sind eben *nicht* richtig!

Die *intuitive Einsicht* residiert in der »rechten Gehirnhälfte«. Sie denkt ganzheitlich und schaut nicht gern in das Einzelne. Sie synthetisiert, bildet aus verschiedenem Wissen ein neues Ganzes. Sie wirkt subjektiv und eher emotional. Intuitive Einsicht »spürt das Ganze der Welt«. Die Intuition umfasst so etwas wie den persönlichen Schatz unseres gesammelten Lebens, die Essenz unseres bisherigen Seins. Jede Erfahrung in unserem Leben lagert sich unsichtbar in das Ganze ein und verschwindet verschwimmend im Ganzen. Die Intuition ist diese Summe des Ganzen. Das ganzheitliche Einsehen »assimiliert« neues Wissen und formt damit das Ganze der Intuition immer vollendeter aus. Im Gegensatz zum analytischen Verstand wird das assimilierte Wissen aber nie explizit abrufbar gespeichert. Nach dem Assimilieren ist es mit dem Ganzen verwoben und daher nicht gerade untergetaucht, aber mit ihm untrennbar verschmolzen. Das Ganze in uns weiß dann die Antworten auf Fragen, es kennt beziehungsweise braucht aber keine Regeln oder Fakten mehr. Das Analytische speichert Wissen, Regeln und Fakten und antwortet wie ein Computer nach logischen Berechnungen. Intuition verschmilzt die Summe des Lebens zu einer Entscheidungsmaschine, die von außen wie ein Orakel aussieht. Intuition sagt zu einem Ölgemälde: »Es macht betroffen, so schön ist es!« Der Verstand fühlt nicht, er analysiert: »Renommierter Maler, der bekanntlich mit Farben *zaubert*, wie der Museumsführer es ausdrückt. Besonders charakteristisch ist die wischende Maltechnik, die sich hier einzigartig und exemplarisch findet. Der Künstler hat großen Einfluss auf die Farbgebung einer ganzen Schule von ...« – »Halt!«, schreit die

Intuition. »Findest du das Bild *schön*?« Der Verstand wägt die Fakten ab und bejaht zögernd. Er hätte noch gerne ein paar andere Meinungen gehört, am besten von anerkannten Autoritäten. Intuition weiß *selbst*. Ganz sicher. Sie ist persönlich, weil sie die Lebenssumme ist. Verstand ist unpersönlich oder überpersönlich. Er steht für das Allgemeine, das allen Menschen gemeinsam ist. Der Verstand findet das Intuitive »subjektiv«, weil es persönlich ist. Das Intuitive ist »authentisch«, weil es persönlich ist. Der Verstand ist kalt, weil er überpersönlich ist. Das Intuitive weiß und liebt. Es beherbergt Erleuchtung, Ethik, Ästhetik. Der Verstand misst nach Regeln und Kriterien. Er ist der Schirmherr für Ordnung (gemessenes und sortiertes Wissen), Moral (gemessene Ethik und verordnete Sitte) und Geschmack (gemessene Schönheit und verordnete »Mode«). Intuitive gelten als Hüter der Ideen, hängen Utopien und Idealen an. Sie sind definitiv *nicht* normal im Sinne der richtigen Menschen. Richtige Menschen mögen die Intuitiven theoretisch gern, aber sie lächeln etwas über sie und halten sie wahrscheinlich manchmal oder oft für Spinner. Die Intuitiven mögen die Richtigen eher nicht so gern, weil aus der Sicht des Idealen das Normale spießbürgerlich und stocklangweilig wirkt.

Das *Instinktive* des Menschen sitzt nach meiner Vorstellung *nicht* im Gehirn. Natürlich sitzt es auch dort, aber klar, im Mandelkern (Amygdala) oder so. Aber es ist besser, wir stellen uns vor, der Instinkt sitzt im Körper. Ganz verteilt. Der Körper nimmt von außen Impulse auf: Licht, Wärme, Bewegungen, Körpersprache des Gegenübers. Oft zuckt etwas wie Alarm im Körper: Ein Auto kommt entgegen, jemand schaut uns böse an, unser Kind droht hinzufallen, der Chef zieht eine Augenbraue hoch, ein Rock ist sehr kurz oder männliche Armmuskeln sind zum Hinschauen stark. Der Körper reagiert darauf. Er passt auf, schaut hinterher, wird böse oder traurig. Er schaltet in einen anderen Handlungszustand um. Auf volle Kraft voraus, auf Rückzug oder Angriff. Dieses Umschalten ist durchaus auch physiologisch zu sehen. »Die Körperchemie wird umgeschaltet.« Auf Erröten, Schimpfen, Wut, Neid, Jubel, Stillhalten. Wenn der Körper zuckt, aktiviert er Adrenaline (»Schau hin! Tu was!«) oder Endorphine (»Stell dich tot! Lass es sein!«). Dann mag er kämpfen, sich zufrieden zurücklehnen oder in

Depression verharren und versinken. Es sieht aus wie das Einschalten eines Turbos oder Dämpfung, Entspannung oder eine Teilabschaltung (ein Aufgeben, Hinnehmen). Der Mensch ist sehr persönlich dadurch charakterisiert, wann sein Körper worauf wie stark reagiert. Es gibt unglaublich viele Möglichkeiten, durch Alarmsensoren im Körper alles unter Kontrolle zu behalten: »Gut gekämmt? Hose zu? Guckt einer ins Wohnzimmer? Irgendwas zu essen? Bügeleisen aus? Lehrer in der Nähe? Polizei? Eltern? Geld? Tropft was? Bild schief? Unaufgeräumt – Besuch kommt? Milch gekauft? Mülleimer rausgestellt?«

Die richtigen, die Verstandesmenschen bewahren ihre Einheit durch das pflichtbewusste Einhalten der Regeln und Normen *unter allen Umständen*, die wahren Menschen formen in einem langen Akt der Selbstverwirklichung ihre Persönlichkeit zu einem Ganzen. Die natürlichen Menschen des Instinkts werden durch ihren Willen zusammengehalten. Sie wollen Lust oder haben »null Bock«, wenn Schmerz oder Langeweile drohen. Sie können unendlich lange »wie Tiere« im Flow arbeiten (wie es sonst kein Mensch vermöchte), aber sie verweigern sich bei Unlust und müssen dann mit Druck und Deadlines zur Arbeit gezwungen werden. Viele natürliche Menschen sagen: »Wenn ich die Arbeit nicht gerade liebe, arbeite ich unter Druck besser.« Richtige Menschen bekommen unter Druck Versagensangst, wahre Menschen sind entsetzt und fühlen sich unter Druck gelähmt. Instinktive Menschen handeln aus dem Bauch heraus, ihr Körper und ihr Wille entscheiden sofort. Sie lieben »Herausforderungen«, so wie Raubtiere sich auf den Kampf mit einer »fetten Beute« freuen. *No risk, no fun.* Es muss stets etwas los sein! Wogegen richtige Menschen finden: »Heute ist zum Glück alles ruhig, ich kann viel Kleinkram erledigen.« Und wahre: »Heute habe ich endlich einmal Zeit, etwas wirklich Sinnvolles zu tun.«

Ich habe schon gesagt, wie die Verteilung der verschiedenen Menschen auf die Typenklassen aussieht, aber in den verschiedenen Berufen sammeln sich eben Menschen der naheliegenden Sorte und bilden dort die Mehrheit.

*Berufe mit einer Mehrheit der Verstandesmenschen*: Gymnasiallehrer, höhere Offiziere, Manager, Controller, Bankexperten, Verwaltungsbeamte, Polizisten, Berater für Pflichtenhefterstellung und Untersuchungen.

*Berufe mit einer Mehrheit der Intuitiven:* Allgemein Professoren, dann Psychologen, Soziologen, Theologen, Philosophen, Informatiker, Mathematiker, Künstler, Architekten, theoretische Physiker.

*Berufe mit einer Mehrheit der Instinktiven:* Chirurgen, Piloten, Berater zur Umsetzung von Change, Vertriebsmanager, Vertriebsmitarbeiter.

Für die Unterscheidung zwischen Verstandesmenschen und Intuitiven gibt es Tests (MBTI, Keirsey, siehe meine Homepage www.omnisophie.com), die in den USA bei Einstellungen Standard sind und für die sehr viele Ergebnisse (Millionen) vorliegen. Den instinktiven Menschen habe ich selbst in meinem Philosophiewerk so definiert, es gibt keine Tests dafür – ich habe dazu keine konkreten Zahlen, aber ein sicheres Gefühl aus vielen Jahren, in denen ich Leserbriefe zu diesem Thema bekam. Die Berufsangaben für die Instinktiven entsprechen meiner derzeitigen Überzeugung.

Wie sehen diese drei Menschenarten oder Hirnnutzungstypen die Innovation? Die wahren Menschen träumen von neuen Ideen, predigen sie und appellieren an die anderen, alles doch in die Tat umzusetzen. Die natürlichen Menschen setzen Ideen nur dann um, wenn es ihnen etwas bringt: Geld, Heldenverehrung oder Freude. Die richtigen Menschen müssen neue Ideen in ihr Regel- und Normenwerk einordnen und wollen es am besten zuerst so verändern, dass diese Einordnung leicht gelingt.

## Das omnisophische Dreieck

In dem folgenden Diagramm habe ich die typische Konstellation der mit Innovationen befassten Menschen dargestellt. Die Ecken des Dreiecks bezeichnen die reinen Pole des rein richtigen Denkens (reiner Verstand), der reinen Intuition und des instinktiven Handelns.

Manager, Controller und Finanzfachleute sind eher richtige Verstandesmenschen, Wissenschaftler und Pioniere gehören tendenziell zu den wahren intuitiv Erkennenden, die Entrepreneure und Macher sind oft Instinktmenschen.

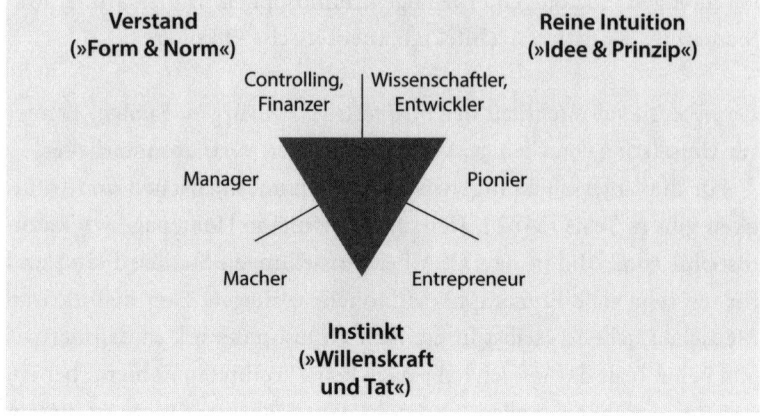

**Omnisophisches Dreieck**

| Verstand (»Form & Norm«) | | | Reine Intuition (»Idee & Prinzip«) |
|---|---|---|---|
| | Controlling, Finanzer | Wissenschaftler, Entwickler | |
| Manager | | | Pionier |
| | Macher | Entrepreneur | |
| | Instinkt (»Willenskraft und Tat«) | | |

Ohne dass ich jetzt schon beweiskräftige Studien vorzeigen kann – lassen sie mich Folgendes als Arbeitshypothese formulieren, die durch alles gestützt wird, was ich an Zahlen, Testergebnissen und eigenem Erleben zusammentragen kann:

Mehr als 50 Prozent der Linienmanager, Controller und Finanzer sind richtige Menschen, mehr als 50 Prozent der Macher, Bosse, Unternehmer und Entrepreneure sind natürliche Menschen, und mehr als 50 Prozent der Wissenschaftler und Erfinder sind wahre Menschen.

Das bedeutet, dass die verschiedenen Aspekte der Innovation nicht nur sachliche Unterpunkte bilden, sondern eigentlich auch zu verschiedenen Menschentypen mit ihren verschiedenen Denkkulturen gehören.

Ich habe verschiedene Aspekte der Innovation in der nächsten Grafik eingetragen.

Die Innovationslehrbücher kennen eine »kanonische Abfolge« der Innovationsschritte – so soll es bitte sein:

1. neue Erkenntnis durch Wissenschaft,

2. Erfindung und Prototyp,

3. Start-up-Gründung, erste Kunden,

4. Expansion,

5. Einführung von Organisation und Prozessorientierung,

6. Optimierung, Standardisierung und Effizienz.

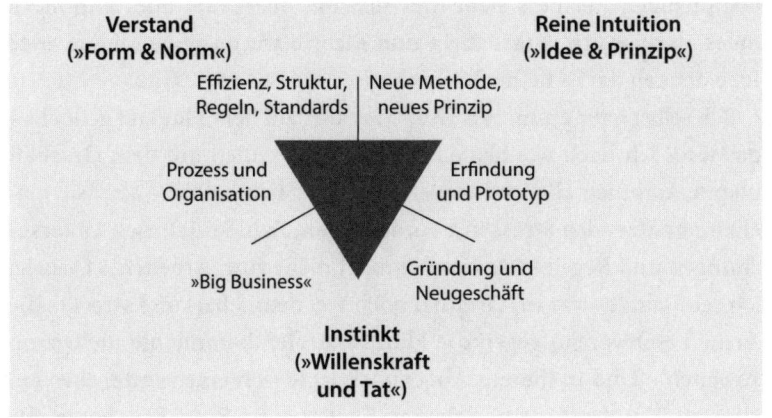

**Omnisophisches Dreieck**

Verstand
(»Form & Norm«)

Reine Intuition
(»Idee & Prinzip«)

Effizienz, Struktur,
Regeln, Standards

Neue Methode,
neues Prinzip

Prozess und
Organisation

Erfindung
und Prototyp

»Big Business«

Gründung und
Neugeschäft

Instinkt
(»Willenskraft
und Tat«)

Diese verschiedenen »Stufen« finden aber in verschiedenen psychologischen Welten statt, die sich grundlegend unterscheiden:

1. Wahre Menschen kommen mit Visionen, Träumen und Konzepten.

2. Natürliche Menschen setzen um.

3. Richtige Menschen ordnen das im Chaos Entstandene.

Intuitive Menschen neigen zu Lieblingseinstellungen von Sinn und Wahrheit, wie sie sie bei Jesus, Buddha, im Tao, bei Platon und Saint-Exupéry (»Sehnsucht nach dem Meer« statt nur »Schiffbau«) finden. Intuitive sind nicht die Hemdsärmeligen, die einfach anpacken, um Millionär zu werden oder um etwas Großartiges zu stemmen. Sie wollen doch immer nur die Welt retten. Aus dieser Einstellung heraus sind sie fast alle schlechte Unternehmer. Nur manche von ihnen schaffen den Sprung vom Pionier zum Entrepreneur!

Ich will sagen: Der Weg von der Idee zum Business verlangt einen Übergang vom Intuitiven zum Instinktiven, der nur wenigen Doppelbegabten gelingt. Die meisten Erfinder, die es überhaupt bis zum Business schaffen, klagen dann, jetzt ihre gesamte Zeit in Kampfmeetings und Neuorganisationen zum Verdauen der Expansion verbringen zu müssen. Ich habe das Folgende schon oft gehört und auch selbst in meiner Anfangszeit selbst gesagt: »Vor lauter Zahlen, Prozessen und Druckmachen komme ich gar nicht mehr zum eigentlichen Arbeiten.«

So sinniert ein trauriger Erfinder, der plötzlich im Tornado des beginnenden Business steht und sich um überhaupt alles kümmern muss, der vor Stress fast stirbt und nicht mehr an seine schöne erste Idee denken darf – keine Zeit mehr.

Ich selbst habe einmal als IBM-Manager auf dem Flur laut geflucht – das weiß ich noch wie heute.»Jetzt, wo es endlich mit dem Geschäft klappt, kommen alle und wollen mir angeblich helfen – aber sie machen nur ätzenden Stress mit Forderungen, Zahlen-Reviews, Untersuchungen und Regeln! Ich komme nicht mehr zum Arbeiten!« Das rief ich sehr laut (es war im Original noch viel deutlicher) und streckte die Arme beschwörend gegen die Flurdecke.»Ich komme nie mehr zum Arbeiten!« Und in diesem Augenblick legte sich eine sanfte, aber bestimmte Hand auf meine Schulter. Es war mein Boss. Er schaute mir ernst ins Gesicht und sagte:»Herr Dueck, das *ist* Ihre Arbeit.«

Ich war also vom Erfinder über den Innovator zum Manager geworden, das wurde mir siedend heiß und unauslöschlich klar – aber das wollte ich eigentlich nicht, weil mir eine solche Arbeit keine Freude macht. Ich bin eines sicher nicht: ein richtiger Mensch. Meine Persönlichkeit reicht nur von der Vision bis gerade so zum Entrepreneur. Für den Macher bin ich zu verletzlich und habe zu wenig Willenskraft, und eine Rolle als Manager/Controller liegt mir absolut quer. Ich habe dieses Dilemma für mich erkannt, so akzeptiert, wie es wohl ist, und dann versucht, stets einen Manager/Macher im Team als meinen Stellvertreter aufzubauen, der mich im psychologischen Portfolio um das Notwendige ergänzte. Das ging.

An meinem Beispiel soll deutlich werden: Wenn die Idee zum Geschäft wird, wechselt das Wetter von milder Maisonne im Elfenbeinturm zum Wirbelsturm und danach zu Organisation der Fließbandfertigung. Die verschiedenen Stufen der Innovation verlangen andere psychologische Dispositionen, die kaum jemandem in vollem Umfang verfügbar sind.

Insbesondere zwischen dem Prototyp und dem ersten Business gibt es einen harten psychologischen Bruch, denn der wahre Mensch ist der eigentlich leiseste und psychologisch zarteste – während der Macher der lauteste und körperlichste ist. Es ist ein Übergang von »Inhalt« zu »Tatkraft« und später einer zu »Ordnung«.

## Wildes Wunschkind Innovation

Alle wollen Innovation! Die Manager versuchen, Ideen zu erzeugen, zu sammeln und zu sortieren. Sie freuen sich über das zusammengebrachte »Portfolio der Ideen«. Das wird nun wohlgefällig betrachtet, gemanagt und immer wieder auf den Wert hin überprüft. Wer aber setzt etwas um?

Die Forschungs- und Entwicklungsabteilungen der Unternehmen sind sehr tüchtig, all die Produkte, die es schon gibt, immer weiterzuentwickeln und zu perfektionieren. Daneben träumen sie natürlich auch von anderen Produkten und Ideen, die sie aber neben ihrem Weiterentwicklungsauftrag für das Bestehende kaum umsetzen (können). Dieser Mangel an Umsetzung wird ständig diskutiert – die Forschungsabteilungen fordern im verbalen Gegenschlag Geld für die Umsetzung. Das will man nicht geben, es passiert folglich nichts.

Alle wollen Innovation! Aber es geschieht nichts!

Wie lässt sich das Problem lösen?

Darauf gibt es zwei falsche Antworten: Das Management glaubt, dass die etwas seltsamen Forscher irgendwie nicht strukturiert und analytisch diszipliniert genug vorgehen. Sie sehen das Problem darin, dass die Forscher nicht so denken wie sie selbst. Wenn sich die Forscher wie normale Manager benehmen könnten, würden sie die Erfindungen in Innovationen umsetzen! Da sie das nicht tun, weil sie irgendwie merkwürdig sind (das eben denken richtige Menschen von den wahren), zwingen sie die Forscher in Reviews und Kontrollen. Dabei wird aber keinerlei Wille erzeugt. Außer einer Stimmungsverschlechterung bleibt alles beim Gleichen.

Die zweite falsche Antwort geben die Forscher: Man soll sie in Ruhe forschen und probieren lassen. Dafür brauchen sie viele Leute und Geld für Kongressreisen und Computer. Wenn sie die Erfindung reif genug sehen, erwarten sie vom Management, dass die Erfindung mithilfe von Macht zur Innovation wird. »Man muss einfach die Produktion befehlen und das Ganze den Verkäufern auf die Quote setzen. Wir haben alles erfunden und entwickelt, jetzt sind die anderen dran.«

Im Grunde schieben sich die Gruppen gegenseitig den Schwarzen Umsetzungspeter zu. Alle wollen Innovation, es ist ihr Wunschkind.

Aber wenn es geboren wird, will sich keiner um das ungezogene Kind kümmern und es zu einem wertvollen Mitglied der Gemeinschaft erziehen …

Das Problem aber ist dies: Innovation braucht Willenskraft und Energie zur Durchsetzung. Innovation braucht die instinktive psychologische Seite des Menschen, die Flexibilität, das Kämpferische, Tapfere, Wendige und Gewiefte. Die findet sich weder im Mainstream-Management noch im Forschungszentrum. Für Linienmanager sieht Innovation wie ein nützliches Kind aus, für Forscher wie ein geniales. Innovation ist aber ein wildes Kind!

»Stör nicht, benimm dich, pass doch auf! Denk erst nach, bevor du etwas tust. Probier' nicht alles, fass nicht alles an! Das geht hier nicht, das haben wir noch nie so gemacht. Diese Idee ist nicht neu, deshalb kann es nichts werden, sonst hätte es ein anderer schon gemacht. Diese Idee ist zu neu, das wird nicht gehen. Kind, das kannst du nicht. Nachher müssen wir dir wieder aus der Patsche helfen.«

Die Manager und die Wissenschaftler verstehen nicht, dass Energiemenschen zum Umsetzen bitter nötig sind. Energie zählt, nicht so sehr Disziplin oder Genialität! Aber sie fürchten sie wie Stress und Unruhe. Die einen wollen Innovation nach Plan, die anderen Ruhe zum Erfinden. Vom Agieren im Tornado halten sie beide nichts. Zu hohe Wellen bei der Umsetzung sehen für beide wie Unfähigkeit aus. Wenn nun ein unternehmerischer Typ die Umsetzung hemdsärmelig in die Hand nähme, dann würden die Forscher und auch die Manager »das wilde Kind« zu zähmen versuchen. Die einen wollen die Idee hochhalten, die anderen wollen methodisch vorgehen. Wie reagiert der natürliche Entrepreneur darauf? Er hat keine Lust mehr. Er will für das Neue arbeiten, nicht gegen das Alte. Er sieht das nicht ein und schmeißt es wütend hin.

So bleibt es bei den ewigen Lamenti:

*Management*: »Wir haben die besten Ideen und die kreativsten Köpfe, wir haben eine Strategie und einen Plan, alle Ressourcen stehen bereit, die Zeitpläne stehen, die Meilensteine sind gesetzt. Nun müssen wir die Energie noch auf die Straße bringen. Es ist rätselhaft, warum wir das nicht können. *We are lacking in execution, again and again.* Wir tun einfach nicht, was wir wollen.«

*Wissenschaftler und Erfinder*:»Wir haben die besten Ideen, die das Management auch gut gefunden hat. Wir haben sogar Auszeichnungen dafür bekommen, als wir auf der Hausmesse die Prototypen zeigten. Dann passierte aber nichts. Nicht einmal Geld gibt es, damit wir anfangen können.«

*Entrepreneure*:»Sie wollen Innovation, also habe ich angepackt. Sofort kommen sie mit Businessplänen und Reviews. Ich soll endlos begründen, warum ich es will. Ich habe es ihnen präsentiert, sie nickten. Von diesem Augenblick aber, denke ich, ist es unser gemeinsamer Wille, und sie sollen mir den Rücken freihalten. Das habe ich ihnen klar gesagt, sie fassen es als Frechheit auf, dass ich ohne ihren immer neu beantragten Segen normal arbeite. Die Wissenschaftler sollen mal einen Zahn zulegen, aber sie sagen, sie müssen zuerst das Tagesgeschäft der Weiterentwicklung erledigen. Ich bin verwundert. Da meckern sie, dass nie etwas aus ihren Ideen wird, nun komme ich und will anpacken. Da zucken sie zurück und fürchten Unruhe und Überstunden. Was denn nun? Das habe ich ihnen klar gesagt, aber sie finden, sie haben die Hoheit über ihre Ideen. Alle blockieren! Hat hier jemand wirklich Lust auf Innovation? Bin ich der Sklave oder soll ich wirklich Antreiber sein? Wieso nennen sie mich jetzt Quertreiber, Querulant und Mr. Ungeduld? Wenn das mit diesen Trantüten so weitergeht, werf' ich das Handtuch. Da mache ich mich lieber selbstständig ...«

**Wissenschaft und Betriebswirtschaft leben ohne Willenskraft nicht.**

Allein sind sie wie Frankensteins Monster. Alles wurde richtig angefangen und konstruiert, aber der Atem fehlt.


## Zusammenfassung der Großproblemlage

Jetzt endet dieser lange Abschnitt der Hürden, Hindernisse, Antagonisten und Gegner, die im Grunde ja die Innovation wirklich selbst *wollen*, aber nicht zustande bringen.

Ich selbst habe in der Überschrift dieses letzten Hürdenabschnitts das Denkbabylon als Hauptbarriere hingestellt. Es ist in der Tat meine feste Überzeugung, dass die Vorstellungswelt der »richtigen Menschen« das große Problem darstellt. Sie wollen alles planen, regeln, koordinieren und normieren. Die richtigen Menschen benutzen sehr oft das Wort »man«. Man macht das so, man hat das immer so gemacht, alle sehen es so, man kann es nicht anders tun. Man geht zur Schule, man lernt, man benimmt sich, man ist fleißig und ordentlich. Immer geht es um ein geregeltes Dasein in den üblichen Bahnen. Wer abweicht, ist unnormal. Wer abweichende medizinische Werte aufweist, ist krank, bis die Werte wieder im normalen Intervall liegen. Wer sich sozial abweichend verhält, muss zum Psychologen, bis er wieder normal ist. Das Normale ist gut, das Unnormale ist unerwünscht. Es gilt als krank, verrückt, faul, dumm – wenn es nach unten abweicht. In der anderen Richtung »hält sich jemand für etwas Besseres«, ist ein Streber, ein arroganter Elitemensch oder einer, der zu viel verlangt.

Die richtigen Menschen haben diese eine echte Leidenschaft: Sie vergleichen mit der Norm. Sie vergleichen sich untereinander, vergleichen die Gesetze verschiedener Länder, betreiben vergleichende Literaturwissenschaft. Sie vergleichen die Leistungen der Mitarbeiter, Studenten und Schüler. Ist etwas innerhalb der Norm, darüber oder darunter? Das sind die wesentlichen Bewertungen. Richtige Menschen bewerten nicht absolut – fragen also nicht, ob etwas »gut« ist. »Gut« ist für sie über dem Durchschnitt. Mit »gut« an sich können sie nicht wirklich etwas anfangen, sie schielen immer auf die Norm. Sie wollen im strengen Sinne dann auch nicht »gut« sein, sondern »besser« (als die Norm oder eben die anderen).

Innovation ist nun »leider« etwas Neues. Da gibt es keine Norm und keinen Vergleich. Der Innovator muss ins Ungewisse und sein Glück versuchen. Das ist für Linkshirndominierte keine angenehme Vorstellung. »Wie können wir denn Ihre Leistung messen, Herr Dueck?« Das habe ich oft gehört. Ich wurde immer wieder gezwungen, einen Plan zu erstellen, damit festgestellt werden konnte, ob ich eine Gehaltserhöhung bekommen soll – nämlich dann, wenn ich die Planziele übertroffen hatte. Ich habe viele Jahre praktisch ohne Ziele gearbeitet und wurde praktisch die ganze Zeit mit unruhigem Stirnrunzeln begleitet. Bosse fühlen sich unwohl, wenn sie nicht vergleichen können. Wie sollen sie wissen, ob ich gut arbeite oder nicht? Mit welchen Argumenten können sie mir Druck machen, wenn ich nicht verglichen werden kann?

Alles Denken der Linkshirndominierten rankt sich um das Normale, Geplante, Vorhersehbare und um die sorgfältig gesetzten Ziele. Alles muss messbar sein – quantitativ! Sie brauchen Regeln, Pläne, Methoden, Lehrbuchmeinungen und so weiter, um zu wissen, was »man« macht, um sich daran zu orientieren. Sie holen Berater, um sich Regeln geben zu lassen, wenn sie selbst (noch) keine haben.

Die Betriebswirtschaftslehre und das öffentliche Recht sind »richtige Wissenschaften« und haben eindeutig zwanghafte Züge. Im Management großer Unternehmen und in der Beratung herrschen Juristen und Kaufleute.

Das Richtige, Geregelte, Normierte versucht unentwegt, jede Innovation in allzu festen Strukturen einzufangen, woran diese dann so oft zugrunde geht.

TEIL 3

# INNOVATION
## UNTER
## GESTALTUNGSKRAFT

# AGILE

# INNOVATION

## Agil oder streng nach dem großen Plan?

Wie können wir die Hürden und Hindernisse für Innovationen überwinden? Versucht das denn keiner? Ich will im Folgenden darstellen, wie wir weiterkommen können. Dieser letzte Abschnitt ist nun kein vollständiges Lehrbuch über die ganze Breite aller Problematiken der Innovation. Ich will ja in diesem Buch hauptsächlich die Barrieren für die Innovation sichtbar machen. Ich beschränke mich daher im »konstruktiven Teil« auf Ratschläge und Handlungsempfehlungen, die nicht in jedem Ratgeber stehen.

Es ist sehr schwierig, wenn nicht unmöglich, allgemeine Ratschläge zu geben. Jede Innovation für sich ist etwas Besonderes. Es geht ja darum, etwas, was es noch nicht gibt, zum *ersten Mal* der Menschheit zugänglich zu machen. Bei diesem ersten Mal wird noch lange probiert, zugehört und experimentiert werden.

Ich beschreibe nun Erfordernisse für Innovationen. Sie werden sehen, dass diese in praktischen, realen Fällen meist nicht erfüllt werden, ja nicht einmal Gegenstand der Betrachtung sind. Wenn Sie also meine Betrachtungen lesen und meine Auffassung der beschriebenen Notwendigkeiten mehr oder weniger teilen können, dann folgt daraus, dass es nicht nur Feinde und Verhinderer von Innovationen gibt, sondern dass die allgemeine Unprofessionalität oder die konsistent falsche Methodenwahl vielleicht ein noch größeres Hindernis für Innovationen darstellt.

Dies sehen Sie schon gleich in der folgenden Diskussion des »agilen Handelns«. Es ist bekannt, wie das geht, aber die meisten lehnen solch ein Vorgehen ab, und die meisten, die es in der »richtigen« Weise versuchen, können es dann leider nicht gut. Das »richtige Vorgehen« ist eben schwieriger – und führt derzeit noch wegen Unprofessionalität genauso häufig zum Desaster wie das übliche falsche Vorgehen. Das diskreditiert das richtige Vorgehen leider sehr.

Mein Einstiegsbeispiel sind die Aktivitäten und neuen Denkweisen aus dem Software-Erstellungsbereich. Software-Erstellung ist ja sehr oft gleichzeitig auch Innovation. Man schreibt ja nicht einfach ein Programm, sondern erfindet meist auch eine neue Nutzung für neue Kunden.

Seit vielen Jahren ächzen die kreativen Software-Entwickler unter den viel zu detaillierten Projekt-, Zeit- und Finanzplänen, die eine Software-Entwicklung aus ihrer Sicht viel zu stark bürokratisieren. »Hilfe!«, rufen sie, »es handelt sich doch jedes Mal um eine Innovation, die Flexibilität und viele Veränderungen im Prozess erfordert!«

Und im Kontext dieses Buches merken Sie, dass schon wieder die Welten im Denkbabylon aufeinander prallen. »Behindernde Struktur« oder »kreatives Durcheinander«?

In der Software-Entwicklung werden seit vielleicht 20 Jahren neue Ansätze unter dem Banner der »Agilität« diskutiert, konzipiert und auch schon in einem guten Ausmaß umgesetzt. Es liegt nahe, aus der Idee der »agilen Software-Entwicklung« eine der »agilen Innovation« zu formen. Das will ich im Folgenden unternehmen. Bedenken Sie, dass Software-Entwicklung eine eigene Industrie geworden ist und natürlich nach den besten Konzepten suchen muss, während Innovation in den Unternehmen immer noch irgendwie ein isoliertes Einzelnes ist. Es ist deshalb klar, dass die Umsetzung neuer Konzepte in der Software-Entwicklung *mit mehr Energie* verfolgt wird als in dem allgemeinen Gemenge der Innovation. Es ist also richtig, sich bei der Software-Erstellung umzusehen, wenn man auf dem Innovationsfeld dazulernen möchte.

Das Wort »agil« kommt aus dem Lateinischen und bedeutet »beweglich« oder »behände«. Man sagt: »Für dein Alter bist du noch erstaunlich agil« oder »Die Leute in der (sonst so bürokratischen) Stadtverwaltung sind unerwartet agil! Die tun was!« Alte, Beamte, Finanzprüfer, Controller, Büroleiter sind irgendwie nicht agil, oder? Jedenfalls sagt das unser gängiges Vorurteil. Das muss ich hier unbedingt »bringen«, weil es genau in den Kontext passt.

Das Wort »agil« ist durch seine spezifische Bedeutung bei der Entwicklung von Software in den Sprachschatz der IT gekommen. Die klassischen Software-Entwicklungsprozesse, die man seit den 70er Jahren verwendete, wurden mit der Größe der Projekte immer starrer, der bürokratische Aufwand stieg bis ins Ärgerliche an. Zunächst legt dabei der Software-Kunde seine Anforderungen möglichst genau in einem Lastenheft nieder. Auf dieser Basis erarbeitet das Software-Entwicklungsunternehmen ein detailliertes Pflichtenheft, das die zu erstellende Software beschreibt. Wenn der Kunde das Pflichtenheft akzeptiert, wird alles nach Plan in verschiedenen Schritten ausgeführt. Jeder Schritt endet mit einem festen Ergebnis, erst danach tritt das Projekt in die nächste Phase ein. Nachdem der Kunde also das Pflichtenheft angenommen hat, läuft ein großes Projekt ab, das vorher generalstabsmäßig geplant ist. Genaue Ablaufpläne steuern viele Software-Entwickler, die am besten alle gleichzeitig jede der Phasen beenden, damit in die nächste Phase übergegangen werden kann. Die einzelnen Phasen ersehen Sie aus der Grafik, die immer so stufig nach unten in Lehrbüchern erscheint. Dieses Vorgehen wird nämlich mit dem Terminus »Wasserfallmodell« bezeichnet.

Der Kunde bekommt am Ende, was er unterschrieben hat. Leider ist dann ein Teil der Software schon veraltet oder überholt, oder sie trifft nicht die Erwartungen des Kunden, der sie jetzt doch lieber anders gehabt hätte. Hätte man ihn zwischendurch nicht einmal reinschauen lassen können? Nein, das würde den komplizierten Plan völlig durcheinander bringen und sofort Vertragsfragen aufkommen lassen: Kostet es nun mehr?

Kent Beck erwies sich als Vorreiter einer neuen Entwicklung, als er seit 1999 etwa mit Martin Fowler und Erich Gamma unter dem Schlagwort *Extreme Programming* flexiblere Vorgehensweisen zu beschreiben versuchte, die damals wie eine Revolution wirkten. Bei einem heute schon als historisch betrachteten Treffen von Software-Entwicklern im Jahre 2001 in Utah prägte man den Begriff »agil«. Bei dieser Gelegenheit wurde ein Manifest von Prinzipien und Werten ausformuliert, das *Agile Manifest* oder *Agile Manifesto* oder original das *Manifesto for*

## Wasserfallmodell

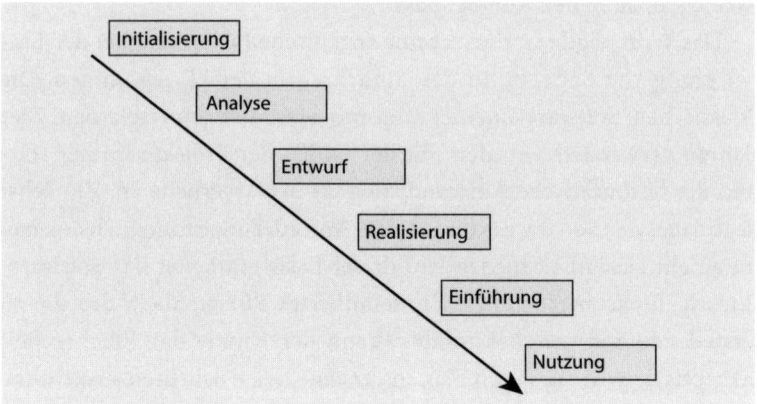

*Agile Software Development.* Die Einzelheiten sind gut in Wikipedia zu finden. Ich möchte hier nur exemplarisch die hauptsächlichen Werte herausheben, die man damals als Fundament betrachtete (sie finden Sie auf der Frontseite von http://agilemanifesto.org/):

We are uncovering better ways of developing software by doing it and helping others do it. Through this work we have come to value:

- Individuals and interactions over processes and tools
- Working software over comprehensive documentation
- Customer collaboration over contract negotiation
- Responding to change over following a plan

That is, while there is value in the items on the right, we value the items on the left more.

Sie können dort weiterklicken und zwölf Prinzipien finden, die sich als Handlungsleitlinien aus diesen Werten herleiten. Ich zitiere aus der deutschen Wikipedia die deutsche Übersetzung des obigen englischen Textes (die ich etwas »verbessere«, dort ist das englische »over« durch »mehr« übersetzt, ich setze stattdessen »wichtiger als« ein):

1. *Individuen und Interaktionen sind uns wichtiger als Prozesse und Werkzeuge.* – Zwar sind wohldefinierte Entwicklungsprozesse und Entwicklungswerkzeuge wichtig, wesentlicher sind jedoch die Qualifikation der Mitarbeitenden und eine effiziente Kommunikation zwischen ihnen.

2. *Funktionierende Software ist uns wichtiger als umfassende Dokumentation.* – Gut geschriebene und ausführliche Dokumentation kann zwar hilfreich sein, das eigentliche Ziel der Entwicklung ist jedoch die fertige Software.

3. *Zusammenarbeit mit dem Kunden ist uns wichtiger als Vertragsverhandlung.* – Statt sich an ursprünglich formulierten und mittlerweile veralteten Leistungsbeschreibungen in Verträgen festzuhalten, steht vielmehr die fortwährende konstruktive und vertrauensvolle Abstimmung mit dem Kunden im Mittelpunkt.

4. *Reagieren auf Veränderung ist uns wichtiger als das Befolgen eines Plans.* – Im Verlauf eines Entwicklungsprojektes ändern sich viele Anforderungen und Randbedingungen ebenso wie das Verständnis des Problemfeldes. Das Team muss darauf schnell reagieren können.

Agile Entwicklung verzichtet auf die methodische Strenge der klassischen Phasenabläufe und strebt einen iterativen Teamdialog mit dem Kunden an, der mithilft, das Projekt zu seiner Zufriedenheit zu beeinflussen. Immer wieder werden Änderungen diskutiert, immer wieder wird mit ihm diskutiert, welche Funktionalität er von der Software erwartet. Wir sind es ja gewöhnt, heute Software zu bedienen, die für alle erdenklichen Fälle programmiert ist und die wir lieber einfacher hätten. Alles ist berücksichtigt, nur das nicht, was wir gerne hätten: Unkompliziertheit!

Die Gedanken rund um das Agile Manifesto gleichen denen zur Innovation auf schlagende Weise. Die Werte, die im Manifest niedergelegt sind, drücken dies aus:

- Agilität ist mehr »hysterisch als zwanghaft«.
- Agilität ist die Abkehr vom linkshirndominierten Denken des »richtigen« Menschen, es will nicht mehr so viel Wert auf Prozesse, Dokumentationen, Pläne, Lastenhefte und Pflichtenhefte legen.
- Agilität geht offen mit Veränderungen und Ungewissheiten um.
- Agilität steht für ein Denkkonstrukt, wie es eher einem »natürlichen« Menschen entspricht, der aber eine Affinität zum »wahren« Menschen hat – das zeigt die Ausdrucksweise des Manifestes, das keine Regeln vorschreibt, sondern Prinzipien und Maximen als Leitlinien des Handelns sieht.

Oder kurz:

Die Denkbewegung der agilen Entwicklung und des Extreme Programming ist im omnisophischen Dreieck zwischen dem Pionier und dem Entrepreneur angesiedelt.

Diese neuen Ansätze stellen eine Abkehr von den klassischen Großprojektansätzen dar, die zunehmend als zu schwerfällig, monolithisch kolossal und vor allem zu bürokratisch empfunden werden. Viele Projekte werden heute nach dem agilen Konzept angelegt und durchgeführt. Was kommt heraus? Ist nun der Stein des Weisen gefunden, wie die Unterzeichner des Manifestes glauben machen könnten? Ach nein, denn die agilen Methoden verlangen natürlich »leider« agile Entwickler und ebenso agile Kunden. Was, wenn das Kundenunternehmen, das eine Software entwickeln lässt, ein bürokratischer Koloss ist? Dann wird es als abnehmender Kunde auf den klassischen Phasenmodellen mit Dokumentationen und Plänen bestehen. Ihm ist es wichtiger, dass die Zeit- und Budgetpläne eingehalten werden, auch wenn die Software dann nicht so gut ist (»Die Mitarbeiter müssen sich eben dran gewöhnen, wenn sie nicht perfekt ist – besser ging es eben nicht«). Agilität erfordert ein hohes Maß an professionellen Kommunikationsfähigkeiten, und zwar fast durchweg von allen Entwicklern. Diese sind aber oft sehr introvertiert, etliche haben Symptome des Asperger-Syndroms, einer milden Form des Autismus. Sie sind im omnisophische Dreieck zu weit von der »natürlichen Ecke« entfernt. Sie arbeiten im Planmodus gut, auch wenn sie über das viele Kontrollieren und Dokumentieren jammern. Im agilen Modus können sie mangels Kommunikationsfreude und -fertigkeit an die Grenze des Versagens geraten!

Aus diesen Erfahrungen heraus könnte man folgern (das tue ich hier einmal): Agile Entwicklung ist dann besser als solche nach bürokratischen Prozessen, wenn alle Beteiligten Pioniere und Entrepreneure sind, also auch als Personen agil sind. Ein agiles Projekt mit traditionellen Mitarbeitern (»Gamma-Tieren«), die für alles Anordnungen und Arbeitszuweisungen erwarten, wird tendenziell scheitern.

Diese Entwicklung der agilen Software-Entwicklung im letzten Jahrzehnt wirft uns ein helles Licht auf die Innovation:

Innovationen sollten besser gelingen, wenn sie nach agilen Prinzipien von agilen Menschen betrieben werden, die sich während der Dauer des Innovationsprojekts draußen beim Kunden darum bemühen, dass die Neuheit reißenden Absatz und frohen Zuspruch genießt. Bei Innovationen muss man erwarten und verlangen können, dass alle am Projekt Arbeitenden agile Persönlichkeiten sind.

Natürlich gibt es gar nicht so viele »agile Menschen«, bestimmt nicht annähernd so viele, dass alle Software-Entwicklung damit geschafft werden könnte. Wie sollte das denn gehen?, ein ganze Industrie nur mit solchen Ausnahmemenschen zu betreiben? Ein solcher »agiler Ansatz« wird also für die Software-Entwicklung als Ganzes nicht wirklich umsetzbar sein. Die bürokratischen Prozesse dagegen lassen sich ja mit normalen Menschen durchführen!

Innovationen aber sollten in einem Unternehmen mit Ausnahmebegabungen betrieben werden können, oder? So viele »Sondertalente« solle es doch geben? Das ist der Hoffnungsschimmer, und deshalb versuche ich jetzt, das Agile im Kontext der Innovation zu predigen.

## Zum Business-Case gehört auch die Meisterschaft

Abstrakt gesehen gibt es zwei verschiedene Konzepte, ein Ziel zu erreichen:

- Man erarbeitet einen Plan, mit dem das Ziel erreicht wird, und setzt ihn um – ähnlich wie es das Wasserfallmodell der Software-Entwicklung in Phasen vorsieht.

- Man vertraut besonders agilen Menschen, die auf große Erfahrung im Erreichen von Zielen zurückblicken können, die Aufgabe an und »lässt sie machen«.

Ich will jetzt keinesfalls schwarz-weiß werden und Ihnen jetzt vortragen, dass Pläne grundsätzlich schlecht oder schlechter sind. Wahrscheinlich geht es ohne Plan gar nicht wirklich. Auch die tollsten Professionals haben einen Plan, aber sie wissen, wie sie im Ungewissen damit umgehen müssen.

Aber das zwanghafte Erarbeiten von Businessplänen oder Business-Cases treibt zu große Blüten.

Seit etlichen Jahren verlangt das strukturierte Management, dass absolut jeder Innovator einen Business-Case einreichen muss, in dem er die zukünftige Entwicklung seiner Idee zum Geschäft möglichst detailliert darlegt. Die Business-Cases sehen alle sehr ähnlich aus, sie folgen einer weithin vorgeschriebenen Liturgie. Sie *müssen unbedingt* folgendermaßen aussehen:

1. Executive Summary (eine Seite, vielleicht zwei, damit man alles sofort versteht)
2. Beschreibung der Innovation – worum es sich handelt
3. Wie groß ist der Markt dafür? Welche Wettbewerber gibt es?
4. Wie wird das Neue vertrieben, wie wird Marketing gemacht?
5. Beschreibung des Geschäftsmodells – wodurch und wie wird Geld verdient?
6. Wie soll das neue Unternehmen organisiert sein?
7. Wie wird alles realisiert?
8. Wo lauern dabei Risiken?
9. Langer detaillierter Abschnitt über die Finanzierung und den zu erwartenden Gewinn, insbesondere wird eine Aufstellung der Kosten und der geplanten Umsätze der nächsten fünf Jahre erwartet. Es muss ersichtlich sein, dass ein Investor mit seinem Geld einen erheblichen Gewinn erzielen kann. Das ist natürlich die Voraussetzung für das ganze Projekt.
10. Schlussempfehlung für das Projekt – ganz positiv.

Die Antworten auf die Fragen ergeben eine Art Rezept oder Plan, wie demnächst mit der innovativen Idee Geld verdient wird. So einen Plan sollte man wirklich haben, ganz ohne Vorgehensvorstellungen ist Innovation unsinnig. Es ist klar, dass man sich über Finanzen und Wettbewerber Gedanken machen muss. Dann aber – das ist der wichtige Punkt dabei – dann aber muss man Meister genug sein, das Rezept wirklich zuzubereiten. Selbst erprobte Rezepte aus Kochbüchern brauchen Erfahrung, und ein ganz neues Gericht gelingt auch dem Erfahrenen nicht immer! Oder meistens beim ersten Mal nicht so gut!

Wenn das beim Kochen schon so ist – wie sieht es dann erst bei Innovationen aus? Man braucht ganz gehörige Meisterschaft dazu, damit etwas gleich beim ersten Mal klappt. Innovatoren müssen in der Lage sein, in einem absolut unsicheren und ungewissen Terrain mit allen Unwägbarkeiten umzugehen. Innovation findet eben mitten in Zufällen, zwischen Pech und Glück, zwischen Gelingen und immer wieder drohenden Schieflagen statt. Innovatoren müssen trotzdem alles stemmen können und am besten alle Zufälle als Chancen ummünzen und zu ihrem Glück mitnehmen.

Fragt aber jemand beim Business-Case, ob den ein echter Meister durchführt? Nie! Oder wenigstens: nicht wirklich. Fragt jemand bei Forschungsförderprojekten, ob nicht nur das Thema vielversprechend ist, sondern auch der Doktorand, der es durchführt? Nie! Immer steht das Rezept im Vordergrund. Man nimmt an, dass ein gutes Rezept oder ein guter Projektplan ein gutes Projekt garantiert. An die Durchführung denkt niemand, die hält jeder für selbstverständlich. Wieder sehen wir totale Ignoranz an der Stelle (»lack on execution«), wo alles scheitert.

In diesem Sinne sehe ich mich bei Innovationen von ungeheuer vielen Rezeptschreibern umgeben, die an Businessplänen feilen, die genehmigungsreif werden sollen. Diese Leute lesen Bücher und Erfolgstipps, wann Business-Cases von Banken oder Unternehmen abgenickt werden. Für diese schriftstellerischen Bemühungen, ein ausgefeiltes Grafikdesign für die geplanten Umsatzkurven und das neue Firmenlogo nehmen sie sich unglaublich viel Zeit. Viele Erfinder kommen dann mit Luxusbusinessplänen und stellen sie mir vor. »Businesslyrik.«

Und dann stelle ich ein paar Fragen, ob »sie kochen können« beziehungsweise eine Vorstellung von der Umsetzung haben.

»Wer sind die möglichen Wettbewerber?« – »Meine Idee ist vollkommen neu.« – »Woher wissen Sie das?« – »Ich habe eine Stunde gegoogelt – nichts, Gott sei Dank.« – »Hey, Gott sei Dank, nach nur einer einzigen Stunde! Wenn Sie auch nur einen Wettbewerber übersehen haben, sind Sie vielleicht ganz schnell hinüber!« – »Ja, schon, aber dann bekomme ich doch kein Startkapital!« – »Was hilft Ihnen das?« – »Irgendwie packe ich das, das spüre ich.«

Oder: »Wie vermarkten Sie denn das? Haben Sie die nötigen Kontakte dafür? Kennen Sie Multiplikatoren? Können Sie irgendwo publizieren? Haben Sie Follower bei Twitter?«–»Ich schalte Anzeigen.«–»Wie viel kostet das?«–»Ich nehme einfach das Geld dafür, was im Businessplan vorgesehen ist.«–»Wie weit kommen Sie damit? Wie viel Mehrumsatz ergibt das? Wenn eine Werbekampagne nicht einschlägt, ist das Geld unwiederbringlich verbrannt. Dann sind Sie fast schon pleite.«–»Tja, irgendwie wird es schon nicht so schlimm kommen.«

Ich frage, wie denn normale Menschen auf ihre neue Superidee reagieren, kommt die bei OpenMinds an?»Meine Bekannten sagen, ich bin verrückt, aber eigentlich halte ich meine Idee geheim, damit sie nicht geklaut wird.«–»Wie wollen Sie ohne jedes Feedback später dafür Marketing machen?«–»Dafür habe ich dann einen Mitarbeiter.«–»Wissen Sie, wie viel der kostet? Wird jemand bei Ihnen arbeiten wollen, wenn die Gehälter am Anfang nicht sicher sind? Haben Sie schon Leute auf der Warteliste?«–»Nein, ich warte auf die Investitionszusage.«

Ich schüttle meist sorgenvoll den Kopf. Sie alle schreiben einen Plan wie ein Kochrezept, haben aber keine Vorstellung vom Kochen. Dabei haben sie meist etliche Monate mit dem Erstellen des Businessplans verbracht. Ihre Gedanken kreisten Monat um Monat um das Rezept, sie haben sich aber nicht um das Kochen danach gekümmert.

Deshalb sind die Pläne dann oft so schrecklich unausgegoren. Viele sind nicht durchführbar, meist werden die Zeitaufwände am Anfang gnadenlos unterschätzt.»Wir haben nicht gedacht, dass wir uns erst einige Zeit als Menschen kennenlernen müssen. Es war schwer, Leute zu bekommen, die wollten gleich ein hohes Gehalt! Uns war nicht klar, dass es Verzögerungen bei Einstellungen geben könnte und dass wir uns dann doch noch nicht so genau vorstellen konnten, wie wir es ganz konkret umsetzen müssen. Da sind unsere ersten Monatsgehälter fast verpufft, und wir hatten schon eine finanzielle Schieflage, bevor es begann. Wir haben erkannt, wie wenig eigentlich im Plan drinstand, tja, jetzt haben wir ein Problem.« Dabei haben diese Amateure kein Problem, sie sind das Problem.

Den meisten Erstinnovatoren fehlen die Grundvoraussetzungen für den Erfolg. Sie haben sich meist zu sehr auf die Idee fokussiert und die Umsetzung nicht bedacht. Für die Umsetzung muss man etwas können! Vorher … Das bespreche ich jetzt.

# PRE-INNOVATION

## AUFBAU EINES KRÄFTENETZES

### Expertise in Innovation – was können wir denn überhaupt?

In fast allen Lehrbüchern wird erklärt, wie die Phasen einer Innovation ablaufen oder wie man eine Innovation in Phasen ablaufen lassen sollte. Dann steht da zum Beispiel irgendwann lapidar: »Und jetzt suchen Sie einen Investor.« Ja, wie denn? Kennen wir einen? Oder es heißt: »Nun überzeugen Sie das Management.« Kennen Sie überhaupt höhere Manager? Haben Sie deren Vertrauen erworben, sodass die Überzeugungsarbeit leicht gelingt?

Probleme wie diese tauchen bei jeder Innovation auf. Es ist deshalb essenziell, viele Dinge schon vor aller Arbeit an Neuerungen erledigt zu haben. Wir brauchen vor allem

- Expertise oder Erfahrung, die alle typischen Probleme voraussieht, antizipiert und Lösungen bereithält,
- unternehmerisches Können, mit allen antizipierten und neuen Problemen fertig zu werden.

Stellen Sie sich am besten folgende Fragen:

- Wollen Sie es wirklich? Akzeptieren Sie die Risiken? Welche können Sie sich leisten? Reicht das?
- Haben Sie einen Sinn für das Business, nicht nur für Neues? Gestalten Sie erfolgreich und gern?
- Kennen Sie viele, viele Menschen – oben, unten, draußen, drinnen, damit sie überall offene Türen vorfinden? Genießen Sie Vertrauen?

- Helfen Ihnen andere aus Ihren Netzwerken, wenn Sie darum bitten?
- Kennen Sie sich im eigenen Unternehmen genau aus? Wissen Sie, wie das Unternehmen »tickt«, und zwar in allen relevanten Bereichen? Haben Sie überall Ansprechpartner?
- Haben Sie genug Gefühl für Energien, damit alles in Ihrem Sinne läuft? Energie kann aus Machtgespür, Empathie, Begeisterungsfähigkeit oder Prozessvirtuosität geschöpft werden, es geht auf etliche Arten. Sind Sie ein Meister darin, Energien zu mobilisieren?
- Verstehen Sie die Wechselwirkungen und Infrastrukturen und eben ihre Wirkungen auf die eigenen Innovationen?
- Lässt Ihr Unternehmen überhaupt Innovationen zu? Schaffen Sie es trotzdem? Warum sind Sie sicher?
- Sind Sie gut im Marketing und im Verbreiten von »Messages«? Können Sie Neues attraktiv darstellen?
- Haben Sie das Talent, etwas, was Sie zum ersten Mal machen, gleich exemplarisch gut hinzubekommen?
- Haben Sie oft Glück? Manche Menschen sehen an jeder Ecke Chancen und packen zu, wenn sie eine in der Nähe bemerken. Sehen Sie Chancen? Wenn Sie sie sehen, packen Sie fest zu? Oder hadern Sie oft in der Art: »Hätte ich damals doch, dann wäre ich …«?

Dazu müssten Sie eigentlich mehr oder weniger *Ja* sagen können. Sie müssen Vertrauen genießen, viele Leute kennen, bekannt sein, eine glückliche Hand haben, sich im Unternehmen und anderswo auskennen. Diese Voraussetzungen brauchen eine lange Vorlaufzeit. Wenn Sie das Fehlen solche Prärequisiten erst dann bemerken, wenn Sie mit einer Idee loslegen wollen, haben Sie keine Zeit mehr. Sie müssen zum Zeitpunkt der Innovation eigentlich schon »fertig ausgebildet« sein, und das Unternehmen sollte schon vor dem Business-Case eine innovative Ader haben. Alles muss bereit sein, sofort loszulegen! Das meine ich mit »Pre-Innovation«.

Innovator ist ein echter Beruf mit vielen notwendigen Talenten und Fertigkeiten, der viel Energie und Zupacken verlangt. Schauen Sie nicht zu sehr auf ein paar seltene Erfinder, die plötzlich reich geworden sind und eifrig literarisch breitgetreten werden. Pures Glück gibt es auch, aber in der Regel *macht* der Entrepreneur sein Glück selbst.

## Wille, Entrepreneurial Spirit und persönliche Risikobereitschaft

Wie viel Energie wollen Sie in Ihre Karriere stecken und welche Risiken gehen Sie dabei ein? Diese Frage stellen wir uns wohl alle. Oder? Vielleicht sind erfolgreiche Innovatoren solche, bei denen diese Frage gar nicht aufkommt. Sie gehen ihren Weg, geben alles und riskieren alles. Das Neue ist ihr Leben. Diese Unbedingtheit finden wir auch in großen Liebesromanen, in denen der/die eine alles für den anderen tut. Es gibt Mütter oder Väter, die alles für ihre Kinder geben, Soldaten und Samurai, die für ihr Land oder ihren Herrn klaglos ihr Leben geben. Es gibt viele, die ihr Leben daransetzen, Schauspieler, Supersportler, Sänger oder Model zu werden ...

Die meisten von uns sind nicht so »unbedingt« hingegeben. Wir zucken besonders vor persönlichen Konsequenzen zurück. Setzen wir einfach so die Karriere aufs Spiel? Halten wir es aus, unser Geld zu verlieren? Sind wir bereit, auf Freizeit und vielleicht auf Gesundheit zu verzichten? Zieht unsere Familie für das Neue um? Liebt sie uns auch als bedingungsloser Unternehmer? Wie gehen wir alle, unser Unternehmen, die Familie und wir selbst, mit einem etwaigen Scheitern um?

Sind wir bereit, 10 000 Stunden zu üben, um Meister zu werden?

Die meisten von uns fürchten sich. Die meisten haben schon fast panische Angst, nur ein einziges Mal ihrem Chef echt zu missfallen. Ich war ja auch Personalvorgesetzter und habe mit Erstaunen vermerkt, wie sehr jedes Wort von mir auf eine Menge Goldwaagen gelegt wurde. Ich habe immer wieder in unsinnige Interpretationsversuche meiner Äußerungen eingegriffen und Erklärungen abgegeben – ein schwaches Misstrauen blieb immer. »Wie hat er das wohl in Wahrheit gemeint?« Meistens »gar nicht«. Normale Mitarbeiter sind erstaunlich sensitiv, was ihre Arbeitsleistungen und ihre Karriereaussichten betrifft. Sie schielen zu jeder Seite, wer »besser« ist, wer drankommt, wer welchen Teiljob bekommt. Es sieht wie bei einer Fußballmannschaft aus. Wer wird aufgestellt? Wer bekommt einen Bonus? Wer hat einen Stammplatz in der Elf? Wer bekommt welches Gehalt? Welchen Vertrag? Was steht in der Zeitung? Was sagt der Trainer öffentlich?

Und was möchte so ein Trainer? Na, Leute, die einfach gewinnen und dafür alles zu lernen bereit sind und leidenschaftlich gerne ihre 10 000 Stunden trainieren! Der Trainer sagt:»Uns fehlt die beherrschende, antreibende Führungsspielerpersönlichkeit, die den Sieg holt.«

Im Management eines Unternehmens finden wir das gleiche Bild: Wer bekommt welchen Job? Ist das ein gutes Zeichen? Steht eine Beförderung im Raum? Wird etwas als Versagen angekreidet? Welche Posten versprechen risikolosen Aufstieg? Welche verlangen wichtige Entscheidungen, von denen vieles abhängt – besonders wenn sie keine guten Konsequenzen haben?

Wer solche Angst hat, irgendwo anzuecken, wer »karrieregeil« ist und immer zu sehr darauf sieht, was aus ihm selbst wird – der scheitert mit Innovationen fast immer. Ich kenne auch viele, die sich aus Innovationen deshalb heraushalten, weil sie sich lächerlich machen könnten. Sie fürchten, in ein schiefes Licht zu geraten, wenn sie etwas »Seltsames« vorantreiben. Ich selbst bin oft als Querdenker bezeichnet worden, womit man unter vorgehaltener Hand dann »Hofnarr« meinte. Gefallen hat es mir wahrlich nicht, aber das gehört alles dazu. Wer's nicht mag, soll die Segel streichen. Unternehmer im Unternehmen sind oft gefährdet, als Revolutionäre wahrgenommen zu werden (als Omega-Tiere, die ich hier im Buch schon vorstellte). Omegas riskieren wirklich die Karriere – sie bewegen sich auf dünnem Eis.

Riskieren Sie Geld? Sind Sie bereit, als Jungunternehmer ein paar Jahre ärmlich zu leben? Und ich fragte schon: Sind Sie bereit, Ihr Haus für eine Neugründung zu verkaufen und Konflikte in Ihrer Familie zu erzeugen? Oder kurz, immer wieder: Wollen Sie wirklich? Haben Sie genug Willensstärke oder Umsetzungskompetenz? Lassen Sie sich nicht unterkriegen? Oder mit dem richtigen psychologischen Fremdwort: Haben Sie eine hohe Volition, also die Fähigkeit, Motive und Absichten in Ergebnisse umzusetzen? Sind sie »excellent in execution«, während um Sie herum ständig alle jammern, dass es nur noch an der Umsetzung hapert?

Und neben dem reinen Wollen müssen Sie sich ständig selbst fragen: Sind Sie gut genug? Haben Sie genug geübt? Haben Sie alles getan, um Meister zu werden? Ich erinnere mich immer wieder an das *Buch der fünf Ringe* des berühmten Samurai Musashi. Ich erinnere mich heute noch, vielleicht 20 Jahre nach dem Lesen, an Sätze wie diese (ich zitiere sie nicht, ich nehme sie aus meinem Kopf, wo sie so eingebrannt sind, wie ich sie jetzt niederschreibe):

- Übe deine Kunst, als wollest du sie selbst erfinden.
- Tue es alles so, als ob es sonst keiner kann.
- Übe so hart und lange, als würdest du die Lehre selbst entwickeln wollen.
- Übe so beharrlich, als seiest du selbst verantwortlich für die Entdeckung des wahren Weges.

Ach, so müsste man studieren! Als ob man das Recht, die Musik oder den Sinn des Lebens neu entdecken wollte! Und so muss man Innovation betreiben, so, als ob es sonst keiner tut, wenn wir es nicht selbst tun. Man muss einen gewissen Fanatismus oder eine Besessenheit mitbringen – oder auch Liebe oder Euphorie. In Neudeutsch: »Passion for the business«. Richtige Innovatoren wollen es wirklich wissen!

## Geschäftssinn

Wer dann nach »10 000 Stunden« Meister geworden ist, wer alles erfunden und gebaut hat, muss trotzdem noch Geld damit verdienen. Selbst mit normalem Business muss man seinen guten Schnitt machen können! Aber für Innovationen braucht es einen enorm höheren Grad an Geschäftstüchtigkeit oder besser Geschäftssinn. Den aber bekommt man nicht plötzlich oder einfach »geschenkt«, nur weil man eine Erfindung gemacht hat.

Was ist das, eine gute Hand für Geld zu haben, so wie andere einen grünen Daumen für Pflanzen? Darüber gibt es eigene Bücher und Theorien. Ich lasse den Begriff hier einmal intuitiv im Raum stehen und stelle lapidar fest: Kaufmännisches Denken gehört zur Innovation dazu.

Leider wird bei den meisten Innovationen die Idee zu sehr im Mittelpunkt gesehen. Die Erfinderseite empört sich über die dauernden

Notwendigkeiten, um Geld zu betteln. »Da muss doch Spielgeld für Innovationen vorhanden sein! Investoren müssen doch einfach mal geduldig warten können! Warum lässt das Unternehmen uns denn nicht einfach einmal machen? Was soll dieses krankhafte Misstrauen? Warum fragen Sie immer nach, selbst dann, wenn sie ausnahmsweise etwas genehmigt haben?« Eine naheliegende Antwort könnte sein: Die Finanzleute registrieren bekümmert, dass sich die Erfinder oder Wissenschaftler gar nicht um einen umsichtigen Umgang mit den zur Verfügung gestellten Geldmitteln bemühen. Die Innovatoren verbrauchen in der Regel die Geldmittel gerade so, wie sie genehmigt worden sind. Forschungsmittel werden oft für drei Jahre vergeben und enden mit einer Forschungsarbeit, die als Dissertation des jungen Forschers eingereicht wird. Wie lange dauert dann solch eine geförderte Doktorarbeit? Drei Jahre! Oder eben so lange, wie es Geld zum Forschen gibt.

Es könnte doch Genies geben, die das schneller schaffen? Nein, es dauert so lange, wie es bezahlt wird. (Als ich 1977 meinen Doktor machte, bekamen wir einen Einjahresvertrag und ein Jahr dazu, wenn die Arbeit gut zu werden versprach. Fast alle Arbeiten waren nach knapp zwei Jahren fertig!) Entwicklungsabteilungen für neue Produkte bekommen in der Regel »das Funding« für die Entwicklung, dazu einen Zeitplan oder einen ganzen Projektplan. Auch sie geben einfach das Geld nach Plan aus und liefern möglichst pünktlich ab. Der Plan, nach dem gehandelt wird, ist oft der ursprüngliche Businessplan oder ein Investitionsplan. Zu Beginn wird *einmal* festgelegt, wie viel Geld und Zeit zur Verfügung stehen sollte. Dann ist sozusagen »das Geschäftliche« geregelt.

Schrecklich! Ein wirklicher Unternehmer muss doch jede Woche, aber mindestens jeden Monat wissen, wo er steht. Es kommt zu Pannen, neuen Ideen, Zufällen, Verzögerungen – oder neue geniale Ideen legen nahe, das Projekt agil zu verändern. Die bange Frage bei allen Innovationen ist: Wird es überhaupt jemals etwas – und lässt sich schließlich Geld damit verdienen?

Wirkliche Gründer und unternehmerische Innovatoren schauen den ganzen Tag in alle Welt, wie sich der Markt entwickelt, welche Preise angemessen sein könnten, wo Konkurrenz aufkommt – sie lernen, agieren, reagieren, sammeln Erkenntnisse – nicht nur bei den späteren Kunden. Sie haben allezeit die »Bilanz« im Kopf und sorgen sich um Effektivität und Effizienz, gerade am Anfang! Darüber gäbe es wirklich ein eigenes Buch zu schreiben!

Ich frage Gründer immer, ob sie denn schon mit Aktien spekuliert haben und dann über »ihre« Unternehmen alle Zahlen und Ideen gelesen haben. Kennen sie sich mit neuen Geschäftsmodellen aus? Interessieren sie die neuen Entwicklungen der Branche? Lesen sie täglich den ganzen Wirtschaftsteil einer der wichtigen Zeitungen? Wie lange lesen sie täglich? Kennen sie sich in vielen Branchen aus? Haben sie am besten schon einmal bei einem erfolgreichen Start-up gearbeitet und wissen, wie alles begonnen werden sollte?

Im Jahre 2012 hat Facebook die Firma Instagram für eine als sensationell empfundene Summe von 1 Milliarde Dollar übernommen. Die Firma hatte zu dieser Zeit außer den Gründern elf (!) Mitarbeiter, die zusammen 10 Prozent der Anteile besaßen, die sie statt eines hohen Gehalts bekommen hatten. Einer der elf Mitarbeiter war Deutscher und »ging durch die Presse«: Gregor Hochmuth. Natürlich wurde sein Lebenslauf betrachtet. Wie sieht so ein junger Multimillionär mit 28 Jahren aus? Er kam mit seinen Eltern nach Kalifornien, studierte in Stanford, kehrte dann nach Deutschland zurück und bewertete neue Technologien und Geschäftschancen für einen Wagniskapitalfonds, den der SAP-Gründer Hasso Plattner unterstützte. Zurück in Kalifornien gründete er eine neue Internetplattform namens Mento zum Austausch von Webseitenlinks, die Nutzer interessant finden. Wie kann man messen, ob Webseiten gut sind? 2008, also mit 24 Jahren, heuerte er bei Google an und arbeitete dort an solchen Fragen, ehe er 2012 zu Instagram weiterzog und dort nach wenigen Monaten mit dem Aufkauf seiner Anteile das große Los zog.

Stellen Sie sich vor, Sie könnten eine neue Firma mit elf solchen Mitarbeitern gründen! Verstehen Sie den Unterschied zu einer normalen Abteilung in einem großen Unternehmen, die jetzt »mal was entwickeln soll«? Normale Mitarbeiter sind nicht untüchtig und bestimmt gut im Entwickeln, aber ihnen fehlt ganz weitgehend diese Weltläufigkeit und der Aufenthalt in Regionen jenseits des Tellerrandes.

Ich habe in den beiden vorhergehenden Abschnitten über persönliche Risikobereitschaft, Unternehmergeist und Willen, über Agilität und Lust an der eigenen Zukunft geschrieben. Wenn Sie einfach nur den Lebenslauf eines Menschen wie Gregor Hochmuth lesen, dann fühlen Sie, dass solch ein Mensch sein Glück macht. Er ist schon vorbereitet, er hat alles für sein Glück Nötige getan! Das meine ich mit »Pre-Innovation« und »Aufbau eines Kräftefelds«. Diese Vorbereitung auf das eigene Unternehmerglück kann richtig lange dauern. Wer nicht vorbereitet ist, wird viel weniger oft Erfolg haben. Es wird oft sehr ahnungslos darüber schwadroniert, dass Kinder von Unternehmern viel größere Chancen haben, reich zu werden. Das kann auch sein, aber sehen Sie es einmal nüchtern unter dem Gesichtspunkt der Vorbereitung auf das Glückmachen. Unternehmerkinder saugen Geschäftssinn, Mut und Selbstwirksamkeitssinn oft mit der Muttermilch ein. Das macht wahrscheinlich den wirklich großen Unterschied.

## Vertrauen und weiterreichende Netzwerke

Wer eine neue Idee hat, weiß meist gar nicht, wie er sie verwirklichen soll. Besonders in einem größeren Unternehmen ist niemand richtig für Innovationen zuständig. Der Erfinder oder Möchtegern-Innovator steht vor einem großen Filz. Wen kann er ansprechen? Wer kann ihm weiterhelfen? Wer hilft ihm dann auch, wenn er kann? Wenn es einen Vice President Innovation gibt, dann leitet der meistens ein paar Innovationsprojekte, an denen alle seine Leute arbeiten. Es sind erfahrungsgemäß niemals welche übrig! Alle, die »Funding« haben, arbeiten. Wenn nun wieder einmal etwas Neues vorgeschlagen wird, muss der Vice President entweder eines der bestehenden Projekte einstellen und ein neues beginnen – oder er muss zusätzliches Geld für noch mehr Leute hereinholen. Beides ist fast unmöglich. Bestehende Projekte werden fast immer bis zum Ende durchgeführt (ein Doktorand, »der es nicht bringt«, arbeitet auch bis zum Nichtbestehen seiner Prüfung seine drei bezahlten Jahre ab und kostet unsinniges Geld). Zusätzliche Projekte sind ebenfalls kaum möglich, weil der Innovationsbereich natürlich »alle Mittel verbrät« und immer an den finanziellen Grenzen operiert, die ihm vom Unternehmen gesteckt sind. Wenn eine

Idee Glück hat, wird ein gnadenlos erfolgloses Projekt zufällig jetzt gerade nicht weitergeführt, und sonst kommt sie auf eine lange Warteliste von anderen Ideen ...

Warum ist der Innovationsbereich so furchtbar ausgelastet? Immer? Die meisten so genannten Innovationsprojekte in großen Unternehmen sind eigentlich keine. Vielfach handelt es sich um hoch riskante Kundenprojekte, die aller Voraussicht nach unter normalen Geschäftsbedingungen zu einem hohen Verlust führen würden. Beispiel: Ein Unternehmen verkauft neue Produkte im Markt, die noch nicht ganz fehlerfrei sind und wahrscheinlich zu erheblichen Kundenbeschwerden und Reklamationen führen. Da kommt das Vertriebsmanagement schnell auf die Idee, dem Kunden das neue Projekt als »Forschungskooperation« zu verkaufen. In diesem Falle hilft der Innovationsbereich beim Kundenprojekt mit – die Kosten des Kundenprojekts sind dann »Forschung« und werden dem Kunden nicht in Rechnung gestellt. Im Grunde werden durch das so genannte »Anstreichen« von Verlustprojekten als Forschungsprojekte hohe Verluste bei der Einführung neuer Produkte als »Innovation« sozialisiert. Hinter den Bemühungen, Projekte mit »Forschung« zu subventionieren, stehen erhebliche Energien des Vertriebsmanagements, das seine Zahlen verschönern will. Es macht mehr Umsatz, weil es durch »Forschungskooperationen« quasi unter Preis anbieten kann und so den Zuschlag erhält. Solche Trickserei kann ganze Entwicklungsabteilungen zweckentfremden.

Hat eine neue Idee – eine ganz neue – da noch seriöse Chancen, in einem Gewühl divergenter und verdeckter Interessen zu bestehen?

Der Erfinder geht also umher und fragt, wer ihm helfen kann. Kein Geld, keine Projektlücken, keine Macht, die hinter ihm steht. Überall fragen sie ihn: »Wer sind Sie denn überhaupt? Warum wollen Sie das? Was sagt denn Ihr direkter Chef dazu? Warum finanziert der das nicht? Warum kommen Sie ausgerechnet zu mir?« – Selbst wenn der Manager des Erfinders weiter oben vorschlägt, die Idee einmal anzuhören, wird entgegnet: »Wer ist das? Kennt den jemand? Hat er sich schon irgendwo hervorgetan?« Das Zauberwort in diesem Zusammenhang heißt »Visibility« oder »Sichtbarkeit«.

Ein zukünftiger Innovator tut sich unendlich viel leichter, wenn er vor der Innovation schon »visible« ist, wenn er in Meetings, die seine

Ideen später behandeln könnten, schon einen Namen hat und vor allem Vertrauen genießt. Es ist wichtig, das Vertrauen aller zu genießen, bei denen man bekannt ist! Sichtbarkeit ohne Vertrauen blockiert absolut. Ich habe schon so viele Vorhaben in dieser Weise scheitern sehen:»Wer ist denn das? Kennt den einer?« – »Ach, nicht der schon wieder – der hat immer seltsame Vorschläge, macht keinen Spaß.« Oder:»Er hat es sich in den Kopf gesetzt, sich zu profilieren. Wir können uns das meinetwegen anschauen, wahrscheinlich ist es nicht direkt schlecht.«

Um im Bilde dieses Buches zu bleiben:

- Wie viele höhere Manager kennen Sie überhaupt?
- Wie viele davon sind Ihre Protagonisten? (»Nur Gutes über sie/ihn!«)
- Wie viele sind OpenMinds? (»Habe nichts gegen ihn!«)
- Wie viele CloseMinds? (»Nein, den empfehle ich nicht wirklich.«)
- … und Antagonisten? (»Nur über meine Leiche.«)

Die meisten Mitarbeiter und Manager sind in einem höheren Gremium fast unbekannt. Ich habe lange an der Förderung der Spitzenleute gearbeitet. Vielleicht ein halbes Prozent ist einigermaßen weithin bekannt, meistens positiv. Wenige haben sich Ruhm durch ein schlechtes Projekt erworben. Die meisten sind fast gänzlich unbekannt. Wenn über Sie gefragt wird:»Wer ist denn das, der etwas will?«, und wenn dann nur *ein* Einziger Sie im Meeting kennt, der Ihnen gegenüber CloseMind ist, dann reicht das oft schon, dass Sie ad acta gelegt werden.

Bei Innovationen kommt es deshalb darauf an, dass Sie einen weithin guten Ruf erworben haben und eine gewisse Bekanntheit genießen. Man sagt:»Die Türen müssen für Sie offen stehen.«

In vielen Unternehmen sind die technischen Superexperten unter sich und kennen sich gut. Dort stehen die Türen natürlich untereinander offen. Aber das ist dieser kleine Bereich der Protagonisten! Die reden miteinander, sind sich in ihren Visionen einig und verstehen einander. Sie treffen sich oft auf den Konferenzen, erzählen sich ihre Ideen und tauschen sich im Internet aus. Die Experten sind tatsächlich vernetzt. Aber sobald eine Innovation den Protagonistenbereich verlassen muss, sobald Kunden, Vertriebsbeauftragte, Manager oder Investoren ins Spiel kommen, werden die Netzwerke dünner und dünner.

Zur »Pre-Innovation« gehört es auch, dass der spätere Innovator gut vernetzt ist – nicht nur bei »seinen eigenen Spezies«, sondern überall. Es hilft sehr, wenn der Innovator auch bei den CloseMinds und den Antagonisten seiner neuen Idee aus anderen Gründen und aus früherer Zusammenarbeit Vertrauen genießt. Nicht nur die Türen sollen offen stehen – der Innovator muss alle diese anderen Menschen eben auch verstehen, am besten schon verstanden haben und mit ihnen gut klarkommen. CloseMinds und besonders Antagonisten kämpfen nicht einfach nur gegen neue Ideen, sondern vielfach auch gegen den Träger der Idee, den Innovator oder Protagonisten. Sie sehen die neue Idee vielleicht als persönliche Feindschaft gegen ihre eigenen Bemühungen. Sie drängen Protagonisten in die Rolle des »Omega-Tiers« oder des »Unternehmensfeinds«, der die Firma mit waghalsigen Ideen ruinieren will. Ein Innovator, der überall gut vernetzt ist, auch mit seinen potenziellen Gegnern, genießt ja dann als Person auch das Vertrauen von CloseMinds und Antagonisten und hat in der Innovationsschlacht gegen viel weniger Emotionen zu kämpfen!

Insbesondere viele Ingenieure mögen die Vorstellung von »Visibility« nicht, sie sehen darin egoistische Eigenwerbung oder »Marketing«. Wenn ich »Techies« Mangel an Sichtbarkeit oder Bekanntheit vorgeworfen habe, antworteten sie immer, dass reine Sichtbarkeit nicht schon Anerkennung sei. Anerkennung aber sei das, was den Ingenieur, Experten oder Erfinder ziere! Die müsse man erwerben! Das ist natürlich richtig, aber diese erworbene Anerkennung muss nicht nur verdient, sondern auch bekannt gemacht werden! Sonst nützt sie doch nichts! Noch einmal aus dem Managermeeting: »Für diesen Job schlage ich Herrn X vor, der hat sich in meinem Bereich höchste Anerkennung erworben. Ist das okay für alle?« Da sagt ein Managementkollege: »Verzeihen Sie, aber den Namen habe ich noch nie gehört.« – »Kann ja sein, aber ich sage, er genießt bei uns höchste Anerkennung.« – »Nein, da gehe ich nicht mit. Wenn jemand bei uns höchste Anerkennung erworben hat, kenne ich den doch! Das muss doch so sein, dass ich von allen Großtaten in dieser Firma erfahre. Die Tatsache, dass mir der Name des Herrn X noch nie über den Weg gelaufen ist, muss ich negativ werten, so leid es mir tut.« Und weil solche Dialoge immer wieder vorkommen, stellt ein Chef, der einen Mitarbeiter fördern will, diesen erst einmal allen Kollegen vor. Visibility und Vertrauen in Netzwerken sind unabdingbar.

## Passive und aktive Prozesskompetenz

»Das darf doch nicht wahr sein!«, so höre ich es immer wieder. Es darf nicht wahr sein, dass noch eine Unterschrift gebraucht wird, noch eine Genehmigung, noch ein Formular oder eine Präsentation. Alles geht stur seinen Weg, es werden keine Ausnahmen geduldet. Die Geschäftsprozesse in Unternehmen sind bei Weitem das Unbeliebteste, was es gibt. Ich habe sehr viele Umfragen in Firmen gesehen. Da wird gefragt: »Was ist das Beste hier? Was das Schlechteste?« Und die Antworten lauten: »Das Beste ist meine Arbeit, das Schlechteste die lähmenden Prozesse.«

Da kommen Mitarbeiter und wollen etwas. Der Manager rollt mit den Augen. Er weiß, dass die Prozesse das nicht zulassen. Er klärt die Mitarbeiter auf. Die ärgern sich, dass es an Formalia scheitern soll, was sie wollen. »Das darf doch nicht wahr sein!« Sie fordern vom Manager, sich über die Prozesse kraft seiner Macht hinwegzusetzen. Der aber schwört, diese Macht nicht zu haben. Da hadern sie nun auch mit ihm, dem Chef. »Das kann doch nicht wahr sein!«

Manager haben die Aufgabe, die Prozesse sorgsam zu überwachen, damit alles ordentlich läuft. Sie haben keineswegs die Rolle, Ausnahmen zu regeln.

Mitarbeiter verstehen das nicht! Manager bei ihrer Ernennung auch nicht richtig, sie denken noch, sie bekämen Macht, aber sie bekommen eine Rolle mit Pflichten.

Diese Missverständnisse kommen bei Innovationen noch viel stärker zum Tragen. Innovationen erfordern ja das Einführen von Neuem und erzeugen fast zwangsläufig Ausnahmen und Sonderfälle. Es gehört zur hohen Kunst des Innovators, »auf dem Prozessarsenal eines Unternehmens wie auf dem Klavier spielen zu können«. Innovatoren müssen Wege an den normalen Geschäftsprozessen vorbei finden, sie geschickt umgehen oder auch einmal unter persönlichem Risiko ganz ignorieren. Bedenken Sie aber vor allem dies:

Wer Geschäftsprozesse umgehen will oder muss, sollte sie ganz genau kennen. Er sollte auch ständig signalisieren, dass er sie kennt.

Das ist eine wesentliche Kompetenz in einem Unternehmen! Ich will sie »passive Prozesskompetenz« nennen – das Wissen darum, wie ein Unternehmen tickt. Dazu gehört nicht nur eine gute Kenntnis der tatsächlichen Prozesse, sondern auch eine Intuition dafür, wie Prozesse laufen, wenn man sie nicht genau kennt. Man muss ein feines Gespür haben, wie die Dinge eigentlich immer abzulaufen haben oder wie die Kultur eines Unternehmens implizit alles regelt. Es ist ratsam, bei Gelegenheit immer wieder zu betonen, dass man über dieses Gespür verfügt. Alle Kollegen im Netzwerk sollten wissen, dass man selbst »schon katholisch ist«, dass man die Regeln kennt und vor allem respektiert und sie so für gut hält, wie sie sind.

Wir erkennen nun einen wichtigen Punkt: Wer dafür bekannt ist, dass er alle Gesetze kennt und hochachtet, dem wird eine bewusste Ausnahme zugunsten des ganzen Unternehmens verziehen oder leichter genehmigt! Er steht bei Ausnahmen nicht unter dem General- oder Anfangsverdacht, schludrig zu sein oder das Unternehmen nicht zu achten. Darauf nämlich reagieren Unternehmen sehr empfindlich und pedantisch.

Eine Anekdote zur Erhellung: Es war einmal ein technischer Leiter eines Unternehmens, der einen Prototyp auf der CeBIT vorstellen sollte. Es ging um eine neue Software zur neuartigen Auswertung von Daten. Es fiel ihm ein, dass man das Ganze gut an Fahrgewohnheiten von Radfahrern darstellen könnte. Wo wohnen diese (Hügel? Flachland?), welche Gangschaltungen haben sie, wie viele Kilometer legen sie zurück? Et cetera Nun brauchte er nur noch ungefähr 1 000 Leute, die ihre Daten geben würden. Er überlegte, wie man Mitarbeiter des Unternehmens aktivieren könnte. Leider ist es verboten, in einem Unternehmen Umfragen zu starten. Es ist insbesondere verboten, Fragen aus dem privaten Umfeld zu stellen. Eine Umfrage würde so in etwa 100 Gesetze brechen. Irgendwie geschah es, dass plötzlich im Internet ein Fragebogen auftauchte. Viele Mitarbeiter gaben ihre Daten als Spende für die CeBIT ein. Nach zwei Stunden wurde der Gesetzesbruch bemerkt. Man rief den technischen Leiter an, was er sich erlauben würde. Der aber »wusste gar nichts« von der Aktion und reagierte empört. Er versprach, die Sache sofort mit aller seiner Macht zu unterbinden. Er kündigte an, die Schuldigen zur Rechenschaft zu ziehen und hart zu bestrafen. Das Unternehmen forderte Execution und eine Rückmeldung. Der technische Leiter fragte die Schuldigen im Computerraum sofort, ob sie schon genug Antworten hätten, sie baten, die Sache noch eine halbe Stunde hinzuziehen. So geschah es unter wütenden E-Mails des Leiters an potenziell Schuldige. Kurze Zeit später waren hinreichend viele Daten eingegangen, der technische Leiter meldete nach oben, er habe die Verantwortlichen erwischt und »gekillt«. Er bat um Verzeihung, dass so etwas passieren konnte. Er schrieb E-Mails an alle, dass er so etwas nie wieder sehen wolle. Einige Wochen später erfreuten sich alle im Unternehmen, auch die Prozessbewacher, dass die Demo einen großen Erfolg hatte und eine gute Presse machte.

So kann es gehen – unter der Wahrung des Respekts vor den Regeln. Es wäre sehr schlimm geworden, wenn die Leute die Daten einfach so erhoben hätten und dann beim Erwischtwerden mit dem üblichen dummen Satz geantwortet hätten: »Das darf doch nicht wahr sein, dass man hier nicht mal unschuldig Daten erheben darf ...« Fallbeil. Dieses »darf doch nicht wahr sein« zeigt einfaches Desinteresse an den Regeln, Ignoranz und das Gefühl, selbst zu etwas berechtigt zu sein. Wie gesagt, darauf reagieren Unternehmen sehr gekränkt und scharf. Sie können das in einem anderen Kontext vor Gerichten sehen. Stellen Sie sich vor, ein Angeklagter hat einen Autounfall verursacht, weil er unbedingt zu einem hoch wichtigen Gespräch rasen musste. »Es ist passiert, weil ich unbedingt diesen Termin einhalten musste.« Das gibt eine hohe Strafe! Besser wäre: »Ich habe beim Fahren gemerkt, dass meine Uhr falsch ging. Mich traf fast der Schlag. Ich bekam Angst, die mich ganz verrückt machte. Da ist es dann wohl unwillkürlich passiert, dass ich zu schnell fuhr. Ich weiß nicht, wie das geschehen konnte, ich fahre sonst langsam, weil ich Stress nicht gut aushalte. Ich bin eher einer, der andere hart verurteilt, wenn sie so etwas machen. Jetzt bin ich eines anderen belehrt worden. Ich habe gemerkt, wie die Angst einen anderen Menschen aus uns machen kann. In Zukunft werde ich bei solchen Anzeichen einfach anhalten und eine Pause machen.« Oder kurz: Unser System geht sehr hart mit Menschen ins Gericht, die keine Reue beziehungsweise kein Verständnis in die Erfordernisse des Ganzen zeigen. Auch vor Gericht geht es immer darum, ob der Angeklagte die Gesellschaft achtet oder nur ein durch und durch egoistisches kriminelles Individuum ist.

Ein Innovator sollte also eine gute passive Prozesskompetenz mitbringen und die Regeln und Abläufe im Unternehmen respektieren. Er muss dafür ein gutes Gesamtverständnis vom Unternehmen besitzen. Auch unter ungewohnten oder ganz außergewöhnlichen Umständen sollte er immer ein Gefühl dafür haben, was jetzt im Sinne des Unternehmens richtig wäre. Er kann anders entscheiden, aber bei allen Ausnahmen muss er wissen, was er tut.

Eine Innovation erfordert aber nicht nur ein Gespür für das Bestehende. Innovationen machen oft ganz neue Regeln nötig. Innovatoren sollten dafür auch über eine »aktive Prozesskompetenz« verfügen – über die Fähigkeit, neue Regeln vorzuschlagen, die für das Unternehmen im Ganzen tragbar sein können. Es geht nicht, einfach immer nur »freie Fahrt für diese besondere Innovation« zu fordern. Es liegt in der Pflicht des Innovators, gute Vorschläge für die Regeln der Zukunft zu machen. Viele Innovatoren sehen sich nicht in dieser Pflicht. »Ich erfinde hier etwas ganz Sensationelles – und die anderen sind nicht in der Lage, die Prozesse zu verändern! Letztlich scheitere ich jetzt an dieser Lähmschicht im Unternehmen! Ich bin total sauer!«

Bitte verstehen Sie, dass die Hüter der Regeln bei Innovationen meist zu den CloseMinds gehören, wenn nicht gar zu den Antagonisten: »Das geht so nicht. Das stellen sich alle hier zu einfach vor. Es ist *nicht* einfach!« Innovatoren, die ein Gespür für das, »was gehen kann«, mitbringen und den CloseMinds dadurch Respekt abgewinnen, tun sich viel leichter.

Als ich 1987 bei der IBM im Wissenschaftlichen Zentrum Heidelberg die Arbeit aufnahm, wurde ich gleich mit den Regeln zur Mitarbeiterbeurteilung vertraut gemacht. Es gab fünf Hauptkriterien, nach denen ich beurteilt werden würde. Natürlich wurden Leistung und Exzellenz im Fach thematisiert, aber ein Punkt hieß so ähnlich wie »kennt die Firma gut«. Da lachte ich laut auf. Was hatte das mit guter Arbeit zu tun? Werde ich daran gemessen, dass ich alle Regeln kenne, obwohl ich doch nur in der Forschung arbeite? Wozu muss ich alle Leute im Management kennen? Alle diese Forderungen an mich standen in einer längeren Liste unter »kennt die Firma gut«.

Aus heutiger Sicht: Ach, ich Narr ... Bitte verfallen Sie nicht in denselben Irrtum und sehen Sie alles rund um »kennt das Umfeld gut und alle wichtigen Leute, Produkte, Befindlichkeiten und Regeln« als Teil von »Pre-Innovation«. Bitte überlegen Sie auch, wie lange es dauern kann, bis Sie das notwendige Rüstzeug gesammelt haben. Daraus leite ich wiederum die Warnung ab: Im Augenblick der Erfindung ist es zu spät, das Umfeld kennenzulernen. Man muss sich von Anfang an – an jedem lieben langen Arbeitstag – um passive und auch aktive Prozesskompetenz bemühen.

## Sinn für Infrastrukturen und Integrationsprobleme

Und noch einmal aus meiner Anfangszeit: »Ich Narr ...« Ich erinnere mich noch heute, wie ich nach einem sehr langen Workshoptag bei Gifford Pinchot laut über »verschwendete Zeit« fluchte. Pinchot widmete einen vollen Tag einem einzigen Thema, das ich damals für öde und grottenuninteressant hielt: *Corporate Fit.* Passt die Innovation zum Unternehmen? Stößt sie auf Zustimmung aller relevanter Gruppen? Sind die Manager, Verkäufer und Juristen für das Neue wirklich euphorisch gestimmt? Einen ganzen Tag lang wurde das Wort »fit« so oft verwendet wie niemals wieder in meinem Leben.

»*The fittest will survive.*« Das gilt natürlich besonders im Bereich der Innovation. Es geht dabei nicht nur um »Corporate Fit«, sondern ganz allgemein darum, ob sich Innovationen gut in das Gesamte einfügen lassen. Innovationen müssen passen, zum

- Kunden,
- Unternehmen,
- Innovator,
- Investor,

- Management,
- Vertrieb et cetera.

Das habe ich ja immer wieder dargestellt. Der Innovator muss aber auch die nötigen Infrastrukturen im Auge behalten. Welche Veränderungen brauchen isolierte Innovationen dann in der ganzen Welt, um dort akzeptiert zu werden? Was fordern die OpenMinds? Die Close-Minds? Wogegen wettern die Antagonisten?

- Waschmaschinen brauchen Wäschenormen und Waschmittelstandards.
- Schiffe brauchen Häfen, eCars Tanksteckdosen.
- Tablet-Computer brauchen Apps und Musik-Downloads.
- Internetbanking und im weiteren Sinne Cloud Computing setzen absolute Datensicherheit voraus.
- Digitalkameras erfordern Automaten für Papierabzüge für Leute, die Bilder nicht nur auf dem Bildschirm anschauen wollen.
- Computernutzung in der Schule ist erst gut, wenn die Schulbücher auch online sind.
- Die Nutzung von Unternehmensanwendungen durch Mitarbeiter auf Smartphones erfordert eine Integration der Unternehmensanwendungen.
- Smartphones wollen bezahlbare Internettarife weltweit.
- Viele Internetanwendungen erfordern weitverbreitete Mikrobezahlmöglichkeiten, die es derzeit immer noch nicht gibt.
- Medizinische Überwachung per Funk/Internet erfordert eine lückenlose Abdeckung – Internet muss überall und immer verfügbar sein, nicht nur in Metropolregionen.
- Tablets/Pads brauchen helle Bildschirme, sonst kann man »draußen« gar nichts darauf sehen! Solche Bildschirme gibt es noch nicht lange! (Und es gibt viele Schlaue, die hochnäsig mit der »Nicht wirklich neu«-Miene sagen, dass Tablets schon vor Jahrzehnten erfunden wurden. Ja, aber nicht die hellen Bildschirme und die langhaltenden Batterien!)

Diese Beispiele leuchten ein. Bedenken Sie aber, dass das Unternehmen Apple als halb verrückt deklariert wurde, als es begann, Musik zu verkaufen. Erst hinterher rühmten wir das Genie Steve Jobs, dass er zu den Nobelgeräten auch eine bequeme Infrastruktur mitgeliefert hatte. Genial! Na, eigentlich nur professionell! Innovatoren müssen ein gutes Gefühl für alle Infrastrukturen mitbringen. Es geht auf vielen Ebenen und in vielen Dimensionen immer um das Einpassen und Integrieren des Neuen in das Bestehende.

Ich habe einmal ausprobiert, wie ich bei meiner Arbeit mit einem Apple-Computer klarkomme. Leider muss ich für meine Reden auf Konferenzen PowerPoints von Microsoft abliefern. Leider habe ich alle meine Bücher schon mit Word geschrieben. Soll ich das System wechseln? Ich probierte das Hin und Her mit zwei Computern. Die Fonts verändern sich etwas beim Wechsel der Systeme, das geht nicht, weil meine PowerPoints und Bücher perfekt sein müssen – Transferveränderungen machen mich absolut nervös. Fazit: Ich bekomme Integrationsprobleme in meinem privaten Nutzungsmix. Jetzt habe ich auf dem Mac ein zweites System (Windows mit Office) laufen. Das geht, stört aber noch. Es passt nicht richtig! Ich merke aber, dass die ersten Event-Veranstalter und Verlage langsam auch Mac-Files verarbeiten können, sodass die Strukturprobleme nach und nach verschwinden. Ich habe meinen Mac behalten, er ist eben so schön! Aber richtig gut damit arbeiten kann ich immer noch nicht.

Das ist nur ein winziges Beispiel für einen langsamen Übergang. Die ganze IT befindet sich ja im Grunde seit Jahrzehnten im ständigen Übergang. Es passte noch nie! Immer stöhnen wir über noch Unfertiges, was derzeit noch nicht passt, für uns nicht gut genug funktioniert oder noch zu teuer ist.

Innovationen müssen passen, fit sein, sich einfügen lassen. In alles! Sonst gibt es Bremsspuren ohne Ende. Innovatoren müssen am besten schon vor allen Ideen mit infrage kommenden Strukturen (bestehenden und zukünftigen), mit Integrationsproblemen, Menschenarten oder Unternehmenskulturen vertraut sein. Wenn nicht die Innovatoren über den Tellerrand schauen, wer dann?

Im Grunde sind diese letzten Absätze ja Wiederholungen aus diesem Buch. Ja, werden Sie denken, ich weiß, man muss über den Tellerrand schauen. Das, denken Sie, *weiss jeder*! Ich gebe nur zu bedenken, dass es kaum jemand tut und dass diese Tatsache Anlass zu endlosen Klagen gibt. Es ist einfach eine respektable Fähigkeit und ein Habitus, über den Tellerrand zu schauen. Das muss getan, geübt und gut gekonnt werden. Vorher! Vor der Innovation. Gute Entrepreneure haben einen sechsten Sinn für alle Wechselwirkungen und Wechselbeziehungen – sowohl im Technischen als auch im »Politischen«.

## Eine agile Freiwilligenarmee und das Management ehrenamtlicher Arbeit

Wer eine Idee zur Innovation bringen will, sieht sich vor einer Fülle von Problemen. Mit diesen steht er zunächst einmal allein da. Er muss Mitstreiter suchen gehen. Wer kann helfen? Wer versteht etwas vom Verkaufen, Gründen, Werben, Produzieren, Finanzieren?

So oft klingelt bei mir das Telefon. »Ich habe Ihr Buch gelesen. Da rufe ich Sie einmal spontan an, ob Sie mir helfen können.« Meist ist auf der anderen Seite ein schon halbwegs Verzweifelter, der immer noch allein seiner Idee und seinem Traum nachgeht. Er findet kein Gehör, keine Hilfe – auch niemanden, der zuständig wäre. Die Erfinder debattieren dann hartnäckig darüber, wie toll ihre Idee ist und dass sie alle Hilfe brauchen und verdient haben.

Dabei geht es beim Zuhörer gar nicht nur um die Idee allein. Wir schätzen eigentlich immer auch ab, ob dieser Mensch, der uns um Hilfe bittet, eine gute Chance hat, mit unserer Hilfe voranzukommen. Denken Sie an einen Sohn, der seinen Eltern verkündet, ein Fußballstar werden zu wollen. Er fordert eine teure Erstausrüstung, die besten Schuhe und Trikots. Oder an eine kleine Blockflötistin, die sich eine Querflöte mit individualisiert handgefertigtem Goldkopf wünscht, damit sie bald in Konzerten auftreten kann. Da schauen wir so einen Jungen oder ein Mädchen an, ob wir es ihnen überhaupt zutrauen. Ist es ernst gemeint? Wie verhielt sich das Kind in anderen Fällen? Zieht es nachhaltig durch, was es verspricht? Ist es zu Hochleistungen fähig? Hat es einen realistischen Blick für die Mühen, die nun warten? Und da zweifeln wir! Das geht so: »Spinnst du? Weißt du, was das bedeutet?

Hast du dir das überhaupt überlegt? Bist du dir über die Konsequenzen klar? Weißt du eigentlich, was du da von uns verlangst? Kann es sein, dass wir jetzt einfach Geld aus dem Fenster werfen sollen? Sag mal, bist du jetzt nicht ein Traumtänzer?«

Genauso geht es einem Innovator, der in einem Unternehmen um Hilfe bittet. »Und woher, bitte, sollen wir das Geld nehmen, wo die Budgets zusammengestrichen wurden? Wollen Sie verlangen, dass wir das am Feierabend machen? Warum denn? Nur weil Sie sich so etwas in den Kopf gesetzt haben? Träumen Sie weiter!«

Es geht auch anders. Die weithin bekannten Innovatoren in Unternehmen haben den Ruf, alles zu Gold zu machen oder vielleicht auch nur den, die interessantesten und erfüllendsten Projekte anzustoßen. »Es ist toll, bei ihm im Team zu arbeiten. Es macht immer Freude und bringt Erfolg. Ich bewerbe mich sofort! Ich bin auch bereit, eine Zeit lang am Feierabend in nötige Vorarbeiten zu investieren – ach, wenn ich nur mitmachen dürfte!«

Ich kenne etliche Leute, die nur rufen müssen – und alle kommen! Diese Fähigkeit, gute Leute um sich zu scharen und ihre Mitarbeit geschenkt zu bekommen, ist unschätzbar wichtig. Denken Sie an die berühmten Gründer von Amazon, Google, Microsoft oder Apple. Immer wieder treffen wir auf Innovatorenpersönlichkeiten, die es schaffen, dass die Besten der Besten bei ihnen mitmachen.

Gifford Pinchot predigte damals tagelang:

»*Work only with the best.*«

Innovationen sind inhärent schwierig – sie lassen sich kaum mit mittelmäßigen Leuten erfolgreich stemmen. In vielen Unternehmen ist es sogar üblich, eher die Minderleister für Innovationen abzustellen. Die Besten arbeiten in natürlicher Weise doch da, wo sie Profite einfahren. Sie werden vom Management keinesfalls freiwillig für ungewisse Projekte abgestellt. Neue Projekte? »Da schicken wir die Leute hin, die gerade kein Projekt haben.«

Die Forderung, Innovationen nur mit den Besten zu beginnen, ist deshalb sehr vernünftig, aber fast schon wieder naiv. Die Besten bekommt man nicht so einfach. Die einzige Möglichkeit ist es, als Innovator selbst eine Anziehungskraft zu besitzen, die ganze Armeen von Freiwilligen anzieht. Die fiebern interessanten Projekten entgegen, bei denen Mitmachen alles ist. In vielen Fällen helfen Freiwillige, Ideen und Erfindungen am Feierabend als Prototypen auszuarbeiten und den Grundstein des Erfolgs ganz ohne Investitionen und ganz ohne Management-»Hilfe« zu legen.

Ein Innovator braucht Anziehungskraft und den guten Ruf, erfolgreiche Projekte zu bieten. Die Entwicklung eines gewissen Charismas braucht Zeit und harte erfolgreiche Arbeit. Auch sie gehört zu »Pre-Innovation«. Die Besten müssen in Ihrer Mannschaft mitspielen wollen – notfalls ohne Gehalt!

Ganze Konzerne führen heute den »War for Talents«. Jedes Unternehmen versucht, die Besten zu ködern und an sich zu binden. Ich selbst hörte viele Jahre lang die bohrende Frage des IBM-Chefs Lou Gerstner – immer wieder und immer fordernd: »*Are we hiring the best?*« – »Stellen wir wirklich die Besten ein?« Welche magischen Momente eines Unternehmens ziehen Hochleistungsbewerber und kreative Genies an? Das ist im beginnenden Wissenszeitalter eine unternehmensentscheidende Frage. Bei Innovationen ist das alles aber noch viel wichtiger!

Der Innovator muss für die Besten attraktiv sein. Mehr noch: Er muss die anfängliche Freiwilligenarmee, die zuerst noch wirklich in der Garage ohne viel Geld oder am Feierabend einfach so für das Neue arbeitet, auch gut managen können. Innovatoren müssen ein Team der Besten (dann meist auch ein Team der Diven und Künstler, der Individualisten und Nochbesserwisser) zu ihrer Vision hinführen können. Wer davon keine Vorstellung hat, sollte sich am besten mit »Management ehrenamtlicher Arbeit« befassen. Wie schafft man es, dass sich tolle Leute für eine Sache brennend interessieren und sich förmlich für sie zerreißen? Wie schafft man es zusätzlich noch, dass sie nicht nur Feuer und Flamme sind, sondern auch Exzellentes leisten?

Das ist nicht leicht. Versuchen Sie einmal, Freiwilligen, die für Sie arbeiten, zu sagen, dass sie gefälligst bessere Qualität liefern sollen. Was ist die Antwort? »Ich bin total freiwillig da und mache alles umsonst. Dafür erwarte ich Dank und keine Kritik. Wenn ich angemuckt werde, gehe ich. Ich muss mir nichts sagen lassen. Gebt einfach Bescheid, wenn ihr mich hier nicht mehr wollt …«

## Agil sein – »schon vor aller Innovation«

Im Grunde habe ich bei der Betrachtung des agilen Manifestos schon so etwas wie eine Forderung an den agilen Innovator formuliert. Ich wiederhole sie hier einfach:

> Innovationen sollten besser gelingen, wenn sie nach agilen Prinzipien von agilen Menschen betrieben werden, die sich während der Dauer des Innovationsprojekts draußen beim Kunden darum bemühen, dass die Neuheit reißenden Absatz und frohen Zuspruch genießt. Bei Innovationen muss man erwarten und verlangen können, dass alle am Projekt Arbeitenden agile Persönlichkeiten sind.

Jeder ist seines Glückes Schmied, so sagt man seit des Konsuls Caecus Worten (um 300 v. Chr.), die Sallust mit »*fabrum esse suae quemque fortunae*« überlieferte. Das Wort *faber* wie Schmied steht da weit vorn, es wird also im Lateinischen betont. Es geht um »beharrlich emsiges, konstruktives Schmieden«. Und in der Luther-Bibel steht (Matthäus 7, V.8): »Denn wer da bittet, der empfängt; und wer da sucht, der findet; und wer da anklopft, dem wird aufgetan.« Konfuzius: »Wer immerfort glücklich sein möchte, muss sich oft verändern.« Und Wilhelm Busch vermerkt: »Glück entsteht oft durch Aufmerksamkeit in kleinen Dingen, Unglück oft durch Vernachlässigung kleiner Dinge.« Das könnte ich abwandeln:

> Innovation entsteht durch Aufmerksamkeit bei Veränderungen, Altes stirbt an der Vernachlässigung von Veränderungen.

Man muss wirklich seine Gelegenheiten suchen, seine Chancen schmieden und vielleicht ein paar Mal umschmieden – bis alles passt. Glück will hart erarbeitet sein! Wer eine Chance erarbeitet hat, sagt oft natürlich auch, dass er nur »smart« war und dass das Glück eigentlich auf der Straße gelegen hätte. »Du musst es nur aufheben!« Das ist zu kurz gedacht – es ist ja die Aufmerksamkeit nötig, das auf der Straße liegende Geld auch wirklich zu finden. Die meisten sehen ja nirgends hin, merken nicht auf, registrieren nichts im Vorübergehen. Wenn jemand etwas findet, sagen sie: »Warum hat das niemand vorher gesehen? Warum sah ich es nicht selbst?«

Ständige Aufmerksamkeit ist wirkliche Arbeit, die aber Freude macht. Es fühlt sich an wie universelles Dauerinteressiertsein, beständige Lust am Hinterfragen, Offenheit und unersättliche Neugier. Innovatoren probieren und studieren (von *studiosus*, lateinisch für »eifrig, emsig, [einer Sache] ergeben, günstig, gewogen, wissbegierig«).

Viele von uns sind als Kind »*studiosus*« gewesen und haben ihre Umgebung mit Fragen gelöchert und gequält. Ja – gequält! Es ist gar nicht so einfach, ein unendlich wissenshungriges Kind wie eine Vogelmutter ständig zu füttern. Neugierige Kinder wirken für mich wie schnäbelreckende Küken im Nest – immer aufnahmebereit! Und weil sie so unersättlich sind, die neuheitshungrigen Kleinkinder, werden sie oft mit blockierenden Antworten »abgespeist«. »Das verstehst du nicht. Das erklären wir dir, wenn du älter bist. Das bringen sie dir in der Schule bei.« Die Schule aber füttert sie dann nicht etwa, sondern sie verübt an den Kindern eine Art »Zwangsmästen« oder »Stopfen« wie bei Gänsen. Kinder lernen dann nicht dort, wo sie neugierig und aufmerksam sind, sondern sie werden gezwungen zu lernen, worauf sie nicht von sich aus schauen. Man bringt ihnen »Mitarbeit und Fleiß« bei, also Strebsamkeit auch da, wo kein eigener Eifer befeuert. Diese Gewöhnung an die Anpassung fremder Interessen (»Wir wissen, was für dich gut ist«) nimmt das Brennende der eigenen Aufmerksamkeit aus den jungen Menschen heraus und macht sie zu Arbeitern. Das Kind in ihnen, den Innovator und Künstler, opfert man dem Ziel einer einheitlichen Ausbildung.

Ich behaupte einmal: Das Geld mag manchmal sogar auf der Straße liegen, aber es wird nur von agilen »Studiosi« gesehen – und die sind in unserer Gesellschaft nicht eben häufig. Agile Innovatoren sind so selten wie agile Persönlichkeiten überhaupt. Ich habe als Beispiel den jungen Gregor Hochmuth von Instagram angeführt: Eine Gruppe von solchen innovationshungrigen Mitarbeitern würde man sich unter der Führung eines echten Entrepreneurs wünschen!

Gehen Sie die üblichen, hoch gelobten Milliardäre durch – sie sind auf ihre Weise alle agil im Sinne dieses Kapitels. Sie sind alle schon vorher agil und irgendwie euphorisch gewesen. Verstehen Sie? Der Grundstein für das Glück und die erste Million wird irgendwo früher gelegt. Es gibt von John Gartner einen wunderschön bezeichnenden Buchtitel (das Buch liegt hier – muss ich noch lesen!): *The hypomanic edge: the link between (a little) craziness and (a lot of) success in America* (Simon

& Schuster 2005). Hypo- ist die griechische Vorsilbe für »ein bisschen davon«. Innovatoren sollen nicht ganz und gar manisch sein, aber vielleicht ein klein bisschen manisch? Na, wie wäre das? Wikipedia: »Die Hypomanie bezeichnet eine abgeschwächte Form der Manie mit einer leicht gehobenen Grundstimmung und gesteigertem Antrieb. Sie kann gleichzeitig mit Veränderungen im Denken im Sinne eines sprunghafteren, assoziativeren Denkens und Veränderungen der Psychomotorik, des Schlafbedürfnisses und des Appetits verbunden sein.«

# CHANCEUATION
# DAS ERARBEITEN
# VON CHANCEN

## Chancen fallen nicht einfach vom Himmel

Das sollte jetzt klar geworden sein: Chancen fallen nicht unversehens vom Himmel, sie fliegen nicht wie im Schlaraffenland umher und warten nur darauf, einen offenen Mund zu finden, um dort hineinzufliegen. Es sind nicht die Chancen, die aufmerksam auf offene Ohren oder Hirne warten, sondern es ist nötig, dass wir als Entrepreneure die Augen für die Chancen immerfort offenhalten.

Die meisten von uns sind leider bildungsmäßig »vollgestopft« und lernen nur, wenn sie müssen. Sie haben – so sagen sie – genug normale Arbeit um die Ohren. So kommt es, dass die meisten von uns die Chancen nicht einmal erkennen wollen, wenn man sie ihnen dicht vor die Nase hält.

»Hey, Telefonunternehmen, das Telefon verschwindet im Internet!« – »Hey, Verlag, es gibt bald nur noch eBooks!« – »Hey, Reisebüro, dich braucht man in der bestehenden Form nicht mehr.« Und es kommt zurück: »Das Business ist aus unklaren Gründen gerade ziemlich mau, wir müssen härter arbeiten, um doch noch den Gewinn zu steigern. Wir können uns nun nicht noch um kauzige Erfindungen kümmern, die in unserem Business eher Schaden anrichten werden. Wir lehnen das ab.«

Diese Blockaden gegen alles Neue sind ja prominentes Leitthema dieses Buches. Chancen bieten sich nur dem, der sie sehen will, aber zum Ergreifen der Chance, zum Profitieren von einer neuen Idee muss diese zuerst so aufbereitet werden, dass sie die Aufmerksamkeitssperren der normalen Menschen beziehungsweise mindestens die der OpenMinds durchbricht.

Dabei müssen Punkte wie die folgenden beachtet werden:

- Visionen aufbauen, die Sehnsucht erwecken,
- Hype und Trigger-Memes erzeugen, die sich ins Denken drängen und begeistern,
- Menschenmengen mobilisieren und interessieren (Web 2.0, Jams),
- Resonanzen und Attraktivitäten herausspüren,
- Verstärken von Resonanzen durch Storytelling – innen und außen,
- Prototypenbau zur Resonanzerzeugung,
- Experimental Design für evolutionäre Wege zu revolutionären Veränderungen,
- Verbündete Interessen explorieren,
- Erkunden und Verstehen von Tipping Points,
- Unbedingten Ehrgeiz zeigen, es als Erster richtig zu machen (nicht, Erster zu sein),
- Die besten Leute für die Mitarbeit vormerken.

Alle diese genannten Elemente der ersten Phasen einer Innovation sind immer wieder im Buch angeklungen, ich will sie hier auch nur insoweit nochmals kurz behandeln, wie es noch Zusätzliches zu bedenken gibt. Es zieht sich wie ein roter Faden hindurch, dass es nicht ratsam ist, aus einer Idee gleich »einen Plan« oder einen Business-Case zu machen und diesen dann stur zu verfolgen. Zuerst muss immer wieder ausgelotet werden. Dieses Ausloten geschieht natürlich mit der festen Absicht, die Idee als solche immer weiter zu verfolgen, aber die Idee wird während des Explorierens immer wieder verwandelt, veredelt, verbreitert und vielleicht auch irgendwann aufgegeben. Man arbeitet sich Stück für Stück weiter durch den Dschungel der Möglichkeiten und Gegebenheiten. Immer wird nur die Menge Geld investiert, deren gänzlichen Verlust man im Ernstfall ertragen könnte. Es wird ja uns Privatanlegern immer wieder geraten: »Spekulieren Sie nur mit dem Anteil des Gelds, das Sie nicht dringend zum Leben benötigen. Ein völliger Verlust darf nicht lebensbedrohend sein.« Ein Innovator wird seine Chance suchen, sie verfolgen, aber nicht so extrem, dass er gleich alles in den Sand setzt. Das erste Investment dient der Klärung, ob aus der Innovation überhaupt etwas werden kann.

Die Liste meiner persönlichen Vorgehensempfehlungen finden Sie in verwandter Form in Büchern über einen noch relativ neuen Management-Hype – und zwar so stark, dass ich das Kunstwort »Chanceuation« als Kapitelüberschrift gewählt habe. Der neue Hype kreist heute im Management unter Effectuation, um »Wirksammachung« oder »Wirksamsein«. Das Wort ist im Jahre 2001 in einem Fachaufsatz (siehe Wikipedia unter *Effectuation*) von der Professorin Saras D. Sarasvathy vorgeschlagen und in die Begriffswelt des Managements eingefügt worden. Sie studierte an lebenden Vorbildern die Art und Weise, wie Unternehmer und Entrepreneure denken und handeln. Und es kam heraus, dass das Unternehmerische eben nicht »nach Plan« vorgeht. Eine wichtige Säule des effectuativen Denkens ist die Erkenntnis: Die Zukunft ist nicht planbar oder vorhersehbar, aber sie kann gestaltet werden. Die Zukunft überrascht uns mit Zufällen und Irrtümern, die immer positiv als Chance begriffen werden müssen. Unternehmer tun unmittelbar, jetzt und gleich, was sie mit den verfügbaren Mitteln und Fähigkeiten leisten können. Sie stellen keinesfalls einen Plan auf und berechnen, welche Ressourcen sie brauchen, um mit der Arbeit anfangen zu können und nur noch »umzusetzen«. Sie gehen mit Blick auf das Risiko Schritt für Schritt mit Mitteln weiter, deren Verlust sie im Prinzip verschmerzen können. Sie arbeiten in Partnerschaften und Allianzen, haben gute Netzwerke. Die Effectuation-Bewegung formuliert es selbst so: *Effectuation lässt sich als Umkehrung einer kausalen Logik beschreiben, die auf einer »Vorhersage« der Zukunft basiert.*

Saras Sarasvathy hat mit einem Autorenteam im Jahre 2011 ein aufwendig gestaltetes Buch veröffentlicht: *Effectual Entrepreneurship*, von Stuart Read, Saras Sarasvathy, Nick Dew, Robert Wiltbank und Anne-Valérie Ohlsson (Routledge, NY). Für den deutschen Sprachraum schrieb Michael Faschingbauer 2010 das wegweisende Buch mit dem Titel *Effectuation: Wie erfolgreiche Unternehmer denken, entscheiden und handeln* (Schäffer-Poeschel, Stuttgart), in dem die Autoren des amerikanischen Werkes Gastbeiträge liefern. Faschingbauers Werk ist mehrfach als »Managementbuch des Jahres« ausgezeichnet worden.

Ich habe gemischte Gefühle zu diesem neuen Hype. Zurzeit nehmen Beispiele, wie es heute nicht funktioniert, breiten Raum ein. Erfolgreiche Unternehmer dagegen würden nicht »kausallogisch« vorgehen! Sie wären eben »effectuative«. Was das aber genau sein soll, »effectuative«, ist immer noch recht dürftig beschrieben. Ich nehme selbst an, dass es wahrscheinlich nicht wirklich beschreibbar ist, aber erlernbar. Man muss einen Instinkt, eine Intuition und ein Gefühl dafür entwickeln. Ich habe ein bisschen das Gefühl, dass die Beschreibung von Effectuation wie eine Anleitung zum Radfahren oder Schwimmen ist. Die hilft nur begrenzt. Man muss es tun. Die Anhänger von Effectuation können aber auf der anderen Seite beliebig viele und gute Beispiele bringen, dass Unternehmerisches Handeln eben *nicht* so ist wie in den Prüfungsklausuren der Diplom-Betriebswirte.

Genauso schwer tue ich mich ja auch hier. Ich kann nur vage sagen, was ein Innovator genau tun soll. Ich kann aber sehr genau viele, viele Hürden beschreiben, die sich ihm in der Regel in den Weg stellen. Im Grunde ist es ja so, dass das kausallogische Denken so sehr dominiert, dass ein unternehmerisches, effectuatives Handeln in einem Unternehmenskontext fast verboten ist – es wird als selbstherrliches, willkürliches und undiszipliniertes Handeln kritisiert werden. In einem realen Kontext muss sich Effectuation mit seinen übermächtigen CloseMinds und Antagonisten auseinandersetzen. Diese mächtige Menschengruppe mit den klassischen Denkweisen muss ja erst gegenüber dem neuen Ansatz der Effectuation einlenken. Das wird sie ohne konkrete logisch-kausale Argumente nicht tun – und damit beißt sich die Katze in den Schwanz.

Das Problem liegt wieder einmal sehr, sehr tief. Es hat etwas mit dem Denkbabylon zu tun. Schauen Sie nochmals auf das omnisophische Dreieck.

Ich könnte sagen: Effectuation ist ein Managementprinzip des Instinkts, der Willenskraft und der Tat. Instinkt, Willenskraft und Tat entziehen sich weitgehend der verbalen Beschreibung – so wie die Kunst des Radfahrens. Form und Norm aber sind glasklar beschreibbar! Sie wollen Regeln, Vorschriften und Businesspläne. Form und Norm gibt es stets konkret und strukturiert Schwarz auf Weiß. Wie kann man es vermeiden, dass man zwar Wille und Tat bei der Inno-

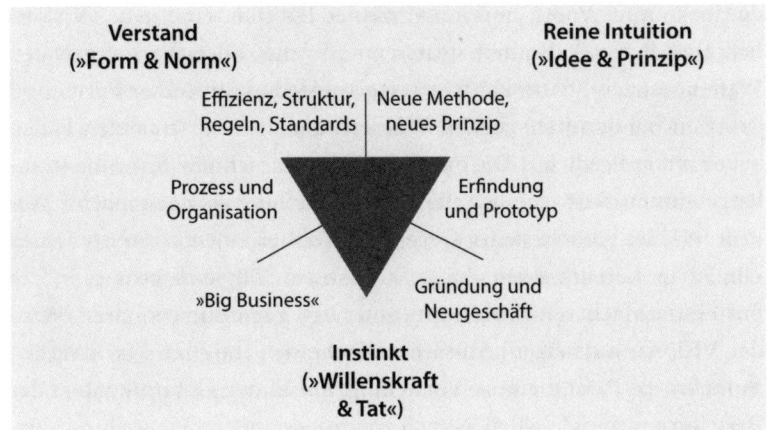

## Omnisophisches Dreieck

**Verstand**
(»Form & Norm«)

**Reine Intuition**
(»Idee & Prinzip«)

Effizienz, Struktur, | Neue Methode,
Regeln, Standards | neues Prinzip

Prozess und
Organisation

Erfindung
und Prototyp

»Big Business«

Gründung und
Neugeschäft

**Instinkt**
(»Willenskraft
& Tat«)

vation in den Vordergrund stellt, aber nicht zu sehr bei den zwanghaften Pläneschmieden aneckt?

Ich glaube, man sollte es am besten »über die Bande« spielen, wie beim Billard. Jedenfalls hat es so ganz gut in meiner Berufslaufbahn funktioniert. Draußen beim Kunden (der ja nicht kausallogisch denkt) suche ich Resonanz und bringe ihn dann durch begeisternde Prototypen dazu, in meinem Unternehmen ernsthaft nachzufragen, wann es das in voller Schönheit zu kaufen gibt. Das wirkt intern im Unternehmen viel besser, fast wie ein Zauberstab. Natürlich will das Unternehmen immer noch Daten, Logik, Markterhebungen, Kausalzusammenhänge und einen Business-Case, aber nicht mehr in einem eher blockierenden Prozess, sondern um in aller guter Ordnung nur noch formal korrekt das abzuhaken, wozu sich das Unternehmen im Herzen schon entschlossen hat. Kundenanfragen wirken wirklich Wunder in Bezug auf interne Hürden.

### Visionen, Hype, Trigger-Meme und Resonanz

Schauen wir einen Moment in die Politik. Dort ringen die Mächtigen um den Machtgewinn oder Machterhalt. Die Macht bekommen sie von ihren Wählern, so wie ein Unternehmen das Geld von den Kunden bekommt. Wenn nun ein einzelner Politiker eine neue »Vision« hat, zum Beispiel »Einheitsstaatsrente für alle« oder »Verbot privaten Waffenbesitzes«, dann kann er seine Vorstellung in seiner Partei und draußen bei den potenziellen Wählern diskutieren. In beiden Fällen bekommt er Feedback. Die Partei fängt an zu rechnen: Kann sie Wähler gewinnen, wenn sie sich die neue Vorstellung zu eigen macht? Wie viele Wähler verliert sie im Gegenzug? Gibt es einen positiven Saldo? Die Partei bereitet einen Business-Case vor. Zugleich geht es in der Partei um Machtverschiebungen unter den Parteifunktionären. Wird der Visionär aufsteigen? Müssen andere einen internen Machtverlust hinnehmen? Passt die neue Vorstellung gut in den Gesamtkontext des Parteiprogramms? Stellen Sie sich vor, mit der neuen Vorstellung würden zwar die Wahlen garantiert gewonnen, aber nur mit einem neuen Parteivorsitzenden. Wehrt sich der alte Vorsitzende, der bisher immer unbedingte Loyalität im Interesse der Partei gefordert hat? Jetzt setzt eine oft groteske Diskussion ein, die sehr an Machtschacherei erinnert und zu seltsamsten Kompromissen führt, die bei jedem Windhauch immer wieder neu und noch komplizierter ausgehandelt werden.

Da fragt sich der naive Laie: Warum diskutiert man neue Vorstellungen nicht gleich mit dem Wähler? Die Antwort: Der naive Laie denkt, die neuen Vorstellungen sind für ihn selbst gedacht, als Wohltat der Politik, die ja den Job hat, Gutes im Staat zu wirken. Die Politiker aber denken mehr an die Macht … Genauso ist es in Unternehmen, wo es auch um Geld und Macht geht, um Shareholder-Value und Karrieren. Letzten Endes, so sagt der naive Beobachter, muss ja der *Kunde* zufrieden sein, und deshalb müsste ein Unternehmen unbedingt kundenorientiert agieren! Aber das Unternehmen steht beim Aufkommen von Innovationen vor einer unter Umständen gravierenden Verschiebung von Macht, Karriere und Geld. Diese Verschiebungen werden so sehr gefürchtet, dass diese Furcht sich fast ganz auf die Innovationen überträgt. Bloß nichts Neues!

Der wirkliche Unternehmer, Innovator oder Effectuator denkt so nicht. Er sucht die Chance, nicht die Karriere oder den Machterhalt. Der wahre Politiker agiert für die Menschheit, nicht für sich oder für fragile Parteikonstellationen. Er sucht das Heil der Menschen. Wer selbstständiger Unternehmer ist, ist viel freier, den Chancen nachzugehen. Wer in einer Partei oder in einem größeren Unternehmen tätig ist, braucht aber so einigen Schneid, um seine Vorstellung gleich dem Wähler oder dem Kunden vorzustellen. Das wird oft in Lehrbüchern vergessen, die unbedingte Kundenorientierung oder den Dienst am Bürger als beste Möglichkeit hinstellen. Wenn ich hier diskutiere, »da draußen« eine Vision aufzubauen, dann denken Sie daran, dass es interne CloseMinds und Antagonisten gibt!

Haben Sie eine Vision? Dann testen Sie die bei Ihrem Kunden oder Ihren Wählern. Stellen sie fest, wie die Stimmung dazu ist. Wie sonst kommen Sie weiter?

Heute kam die Forderung auf, alle Orte zu Tempo-30-Zonen zu erklären. Die ersten Politiker äußern sich positiv, einige Ortsunkundige freuen sich, dass jetzt die Kinder in den Innenstädten Ball spielen können, die Mehrheit schweigt verkniffen und ist dagegen, weil sie den Zeitverlust oder generell eine weitere Gängelei fürchtet. Oder: Viele junge Leute fordern das bedingungslose Grundeinkommen – denn wenn niemand mehr Angst ums Überleben haben muss, atmen die Seelen auf und alle Menschen beginnen vernünftig zu arbeiten. Die Älteren unter uns stöhnen, weil sie nicht mehr so sehr an das Gute im Menschen glauben. Die Experten können sich nicht vorstellen, ein bedingungsloses Grundeinkommen zu finanzieren, besonders nicht, wenn eben viele Leute dann gar nicht mehr arbeiten. Oder: Die Ernährungsministerin Ilse Aigner prangerte an, dass so viele Lebensmittel weggeworfen werden, weil man zu zwanghaft auf Haltbarkeitsdaten starrt. So hat man 5-Kilogramm-Möhrensäcke billig gekauft; als dann die Möhren zu den Ohren herauskamen – weg mit dem Rest! Die Kellerkartoffeln keimten und Frühkartoffeln schmecken besser, es gab nicht gerade unser Lieblingsessen, da warfen wir die Hälfte ungegessen weg. Oder wir kochen grundsätzlich zu viel, um die Gäste zu beeindrucken, oder wir kaufen viele Sorten Aufschnitt, um Auswahl zu haben und essen nie alles auf! Oder wir scheuen den Blick des Bedienungspersonals bei: »Eine Scheibe gekochten Schinken, bitte.«

Wer etwas Neues in die Welt bringt, muss dieses Feedback erkunden, immer wieder und wieder. Wie ist die Resonanz? Wenn das Feedback schlecht ist, müssen wir daraus lernen! Es geht nicht darum, wie es heute geschieht, einfach nur Schnellschussthesen durch die Boulevardpresse beurteilen zu lassen und bei Misserfolg sofort zu beerdigen. Es geht darum, an einer Vision zu arbeiten und ihr den Boden zu bereiten. Die Vision ist oft falsch formuliert, meist schreckt sie viele Menschen ab, meist ist sie zu erklärungsbedürftig, zu komplex oder zu feindlich gegen manche Menschen, die sich sofort wehren. Wer Tempo 30 fordert, muss mit Antagonisten rechnen, die auf die Freiheit des Menschen pochen und düstere Folgen für die Wirtschaft an die Wand malen, wenn ja »jetzt jeder Mensch jeden Tag zehn Minuten verliert« – »Milliardenschaden! Deutschland bremst sich aus!« Wer das bedingungslose Grundeinkommen fordert, wird sofort als Faultier betrachtet, das von einer solchen Regelung wohl gerne profitieren würde. Die Gutverdiener unter uns schütteln sich, weil sie die Zeche bezahlen müssen. Die disziplinierten Geringverdiener, die schon immer hart für wenig Geld arbeiten, sind gespalten. Die Erklärung der Finanzierung ist komplex und erscheint windig. Die Annahme des nur Guten im Menschen ist fragwürdig.

Die Debatte um das Wegwerfen von Lebensmitteln hat eine andere Dimension, sie ist schon eine Stufe weiter, weil sie nicht so offensichtliche Antagonisten hat. Bitte beachten Sie diese: Man kann das Wegwerfen von gutem Essen in Gegenwart armer Hungernder absolut als farbenprächtiges emotionsaufwallendes Filmspektakel inszenieren. »Niedriglöhner muss krumme Möhren aussortieren und bekommt Abmahnung, eine gestohlen zu haben.« Jetzt erscheinen immer mehr und immer emotionalere Videos unserer Schande im Netz. Lebensmittelverschwendung ist TV-tauglich, das bedingungslose Grundeinkommen nicht. Das Tempo-30-Thema ist medienpolitisch schwierig, weil die Antagonisten nicht gerne öffentlich sagen wollen, dass sie darauf bestehen, »sportlich« fahren zu dürfen. Es gibt eine schweigende Mehrheit dagegen, die sich schwer steuern lässt.

Beobachten Sie doch einmal unter solchen Gesichtspunkten die visionären Vorstellungen des Tages. Bleiben die neuen Vorstellungen in uns haften? Machen Sie ärgerlich oder lassen Sie hoffen? Sind wir sofort begeistert oder runzeln wir die Stirn? Verstehen wir das Neue überhaupt? Was denken Sie bei dem Vorschlag einer Finanztransaktionssteuer? Vielleicht: »Keine Ahnung. Das verhindern die Banken doch wieder.«

Nur weniges bewegt uns längere Zeit. Nur weniges wollen wir letzten Endes wirklich mittragen und durchsetzen. Nur weniges »kaufen« wir mental sofort.

Entrepreneure arbeiten so lange an ihren Visionen, bis sie Eingang finden. Es geht oft darum, ein Mem (eine Vorstellung) zu finden, das positiv haften bleibt und wirklich beeinflusst. Die meisten Visionen sind zu niedrig und direkt angesetzt. Sie lassen in uns keine Sehnsucht keimen, sie drücken uns gleich eine Lösung auf. »Tempo 30!« – Hallo? Weshalb denn? »Bedingungsloses Grundeinkommen!« Wer bezahlt das? Geht das? Sagt uns nicht jeder, der Lebenssinn sei Arbeit im Wettbewerb? Wirkliche Visionen verheißen etwas, sie lassen uns Sehnsucht nach etwas Himmlischen spüren, sodass wir emotional eingestimmt sind, in die richtige Richtung zu gehen. Die Bilder von verschwendeten Lebensmitteln bleiben haften. Wir schämen uns, winden uns, suchen Ausreden, dass »die Industrie schuld ist«, die aber verweist auf den König Kunde, der eben nachweislich billige Großpackungen favorisiert. Eine solche Diskussion löst etwas aus. Langfristig wird sie etwas in Gang setzen. Ein gutes Beispiel einer Visionsänderung habe ich schon erwähnt. »Lass es! Rauchen tötet dich!« ist als Argument gegen das Rauchen relativ unwirksam geblieben. Die andere Version »Rauchen tötet mich! Unterlass es in meiner Gegenwart!« hat jetzt nach vielen Jahrzehnten den Durchbruch geschafft. Der Anspruch des Nichtrauchers auf Leben steht höher als die Freiheit des Rauchers, sich töten zu dürfen. Dieses Höhere führte zum Ziel. »Rauchen tötet!« ist ein Mem, ein Gedankeninhalt beziehungsweise eine Vorstellung, die das Zeug hat, sich zu verbreiten. Dieses Mem ist aber nur etwas, was wir es alle in unser Bewusstsein aufnehmen. Dort ist auch »Bedingungsloses Grundeinkommen!« und ebenfalls »Zone 30!« Aber diese Meme bewegen nichts im Tun, sie sind nur als Vorstellung im Gehirn oder in unserem kollektiven Bewusstsein präsent.

Das Mem »Raucher töten mich« löst aber etwas im Handeln aus. Wir bitten, das Rauchen in unserer Gegenwart zu unterlassen. Nichtraucher lösen sich von der Gastgeberpflicht, einen Aschenbecher im Haus vorzuhalten. Raucher werden schwach kriminalisiert. Nichtraucher nehmen den Gegenvorwurf der Lustfeindlichkeit und Freudlosigkeit nicht mehr ernst.

Auch der Vorwurf der Wegwerfgesellschaft wird etwas bewegen … Es geht nicht darum, ob ein Thema gut, schlecht, richtig oder falsch ist, man muss es so kommunizieren, dass es fast von selbst an Kraft gewinnt. »Der Funke muss überspringen.« Es geht nicht darum, »ob man recht hat oder nicht«.

Gute Visionen werfen einen neuen, hellen Blick auf etwas und bewirken über Emotionen eine Veränderung im Handeln. Gute Visionen bewegen.

Gute Visionen zeigen eine gute Richtung zum Mitmachen, keine schon fertige Lösung. Fertige Lösungen werden sofort kritisiert, infrage gestellt und mit anderen Optionen und Möglichkeiten konfrontiert. Es reicht nicht, Visionen in Form eines guten Mems allgegenwärtig zu machen und in allen Hirnen zu speichern. Visionen müssen zum Mitmachen führen. Ich will dazu ein neues Wort verwenden. Wir brauchen wirksame Visionen und dazu »Trigger-Memes« oder »Auslöser-Meme«, die etwas bewirken.

Betrachten Sie unter diesem Aspekt die üblichen Unternehmensvisionen: »Wir wollen stets die Besten sein. Wir wollen immer zweistellig wachsen. Wir haben die besten Mitarbeiter. Wir stehen für Qualität und stellen den Kunden in den Mittelpunkt.« Diese Meme kennt absolut jeder! Wir haben sie verstanden, bis zum Überdruss verstanden. Bewegen sie etwas? Lösen sie Sehnsucht aus? Schauen wir auf die Programme der Parteien: »Wir sind sozial und setzen uns für Freiheit ein. Wir stehen für Steuervereinfachung, für Gerechtigkeit, eine saubere Demokratie und kämpfen gegen Bürokratie.« Bewegt uns das? Wir spüren, dass es keine Visionen sind, weil der Absender schon selbst keine Sehnsucht hat. Halten sie in Ihrem Herzen einmal solche Trigger-Memes dagegen »In zehn Jahren sind wir auf dem Mond« (Kennedy) oder »*I have a dream*« (Martin Luther King). Ich habe eben in Wikipedia den Anfang der Rede gelesen, ich bekam Gänsehaut und hörte förmlich die bewegende Stimme von einst, ohne das Video angeklickt zu haben.

Haben Sie eine Vision, die bewegt? Sind Sie selbst bewegt? Bewegen Sie andere?

In meinen letzten Berufsjahren als Chief Technology Officer (CTO) der IBM Deutschland war ich mit der Aufgabe betraut, die Welt zu überzeugen, dass viele industrielle Branchen durch neue IT-Infrastrukturen grundlegend revolutioniert werden können. Ich hatte eine Aufgabe als Visionär. Das kam so (aus meiner Sicht): Anfang November 2008 verkündete die Zentrale der IBM, dass sie sich in den nächsten Jahren zu einem großen Infrastrukturanbieter für moderne Industrien wandeln wolle. Sie rief dazu aus, die Welt beziehungsweise den Planeten durch IT-Lösungen »smarter« zu machen und damit die Welt zu verbessern. Das Trigger-Mem dazu klang so: »A Smarter Planet. Instrumented. Intelligent. Interconnected. How we use data. How industries collaborate. How we make a smarter planet.« Als ich diese Worte zuerst las, dachte ich: »Schick! Sieht gut aus. Hat was.« Dann aber schaute ich nachdenklich aus dem Fenster und erkannte irgendwie gleich, dass natürlich die Infrastrukturen verändert werden müssten – und zwar so richtig weitgehend, in ganz großem Stil. Ich hatte in dieser Woche als CTO noch einen Redeauftritt vor wichtigen IBM-Kunden und beschloss, eine Rede über »The Smarter Planet« zu halten. Ich wusste noch gar nicht so genau, wohin die IBM offiziell wollte, aber mir fiel so viel zu diesem Thema ein! Die Rede schlug ein. Die Kunden zeigten Resonanz – so wie ich. Ich hatte befürchtet, dass sie vielleicht alles schnell als zu großartig abtun würden – nein, sie dachten nach. So wie ich. Diese Wendung »Smarter Planet« bewirkte etwas in uns. Ende 2008 wurde ich von der Geschäftsführung beauftragt, ein Wachstumsfeld rund um »dynamische Infrastrukturen« aufzubauen. Hier hieß das Mem »Dynamic Infrastructures«, kurz DI. Wir erklärten bald auf der CeBIT die neuen Konzepte, andere Anbieter zogen nach und wählten andere Meme. Alle wurden »dynamisch« und »smart«. Wir merkten, dass »Dynamic Infrastructures« schon zu sehr an eine komplizierte und teure Lösung erinnern. Die Kunden sagten: »Nicht leicht, die Richtung könnte stimmen, wir warten ab.« Irgendwann, ich glaube im Herbst 2009, kam die Bezeichnung Cloud Computing in Gebrauch. Cloud Computing steht für »alles aus dem Netz« – »dort arbeitet eine hoch technologische Infrastruktur für mich, ich muss mich selbst nicht mehr um vieles Komplizierte kümmern, alles ist auf Klick da, wie ich es brauche«. Die Resonanz von Cloud Computing war enorm. Die Techies bei IBM mochten die Bezeichnung nicht, weil sie zu viel versprach, an der Grenze zur technischen Utopie lag. »So weit sind wir noch lange nicht!« Aber alle wollten plötzlich Cloud Computing.

»Dynamic Infrastructure« ist ein Mem, aber es assoziiert Gefühle wie »große Projekte«, »Komplexität«, »was ist das genau«, »wird teuer bei IBM« oder »schwer zu stemmen« – nicht aber etwas von der Art »da würde ich gerne sofort loslegen«. »Cloud Computing« aber ist ein Trigger-Mem, eines, das uns anzieht und zum Handeln bringt. »Cloud Computing for a Smarter Planet«, das brachte es. Etwa Anfang 2010, als ich meine monatlichen Umsatzzahlen in Dynamic Infrastructure berichtete, fragte jemand aus den USA, wie viel davon in Cloud Computing wäre (was es eigentlich noch nicht wirklich gab, das Wort erschien ja erst Mitte 2009!!). In diesem Augenblick war mir klar, dass die Resonanz vollkommen war. Bingo! Bei dieser Frage sah ich den »Tipping Point« förmlich vor mir. Es war für mich der Tag, an dem Cloud Computing den Siegeszug beginnen würde, denn die Controller interessierten sich schon dafür.

Man muss eine Vision finden, die zur Tat zieht! Immer reden, neue Wörter probieren, Resonanzen messen, verändern, ungute Gefühle berücksichtigen, Gegner anhören! Es war vorher gar nicht klar, dass das Wort »smart« plötzlich so einschlug, alles wurde plötzlich smart, »Smart Grid« haben Sie vielleicht öfter gesehen … Es ist harte Arbeit, ein Trigger-Mem zu finden! Richtig harte Arbeit. Neulich las ich im Internet einen Artikel eines Journalisten, der IBM um die Idee oder Vision des »Smarter Planet« beneidete. Er erinnerte sich an ein anderes Trigger-Mem der IBM von 1997/1998, es lautete »E-Business«. »Alles ist E-Business!«, sagte IBM-Boss Lou Gerstner damals. Das Symbol des roten e in der Form des @ brachte die IT-Welt und vielleicht sogar die ganze Welt auf eine neue Schiene des Denkens, es kam dann fast zu einer dot.com-Manie. Der Journalist wunderte sich, wie IBM das immer wieder schaffe! Es wird dort einfach sehr ernst genommen, immer neue Welten zu eröffnen. Und daran arbeiten dauerhaft viele tolle Leute. So etwas wird nicht bei einem zehnminütigen Brainstorming mit Moderator gewonnen.

### Storytelling und Attraktion – innen und außen

Gute Resonanz auf ein Trigger-Mem oder auf eine kühne Vision ist noch kein Business! Der Weg zu einem »Smarter Planet« ist noch weit, auch wenn daran schon gearbeitet wird.

Eine gute bewegende Resonanz sollte aber zunächst unbedingt verstärkt werden. Das Zauberwort dazu heißt neudeutsch Storytelling – »Geschichtenerzählen«. Auf der Basis von Metaphern und Trigger-Memes werden auch implizit, unterschwellig und zwischen den »dozierten« Zeilen Vorstellungen und Werte erhellt. Dazu ein Zitat aus Wikipedia:

»In Unternehmen werden Geschichten strategisch dazu eingesetzt, um Traditionen, Werte und Unternehmenskultur zu vermitteln, um Ressourcen zu wecken, aber auch um Konflikte in einer Metapher bildhaft und ›unter die Haut gehend‹ erfahrbar zu machen und Lösungswege aufzuzeigen. Mitarbeiter-Erzählungen werden genutzt, um Auskunft über die Unternehmenskultur zu erhalten und um kostspielige Prozessschwächen aufzudecken. Im Vergleich zu abstrakter Information haben Geschichten den Vorteil, verständlicher zu sein, stärker im Gedächtnis zu bleiben und Sinn und Identität stiften zu können.«

Ein guter Innovator versteht sich auf Storytelling und triggert seine Innovation in Form von Metaphern, bildlichen Anekdoten, Vorkommnissen und Alltagsumständen. Ich gebe einmal eine Geschichte zur Probe, die ist gewisslich wahr:

Mein Sohn Johannes bestand sein Mathe-Diplom, ihm wurde gleich eine Doktorandenstelle avisiert. Dazu bat man ihn, normale Bewerbungsunterlagen einzureichen. »Papa, ich mach das allein. Nicht, dass du jetzt lauter schlaue Ratschläge gibst.« Nach einigen Tagen stillem Würgen war alles fertig. Da kam Johannes mit einem schon zugeklebten braunen Umschlag in mein Zimmer. »Papa, bitte jetzt keine Vorlesung, keine Ratschläge oder Neuerklärungen der Welt, auch keine emotionale Reaktion. Ich habe nur eine einfache Frage und möchte eine normale Antwort.« – »Die Frage, Johannes!« – »Papa, wo auf dem Umschlag kommt die Adresse von der Uni hin?« – Ich stutzte. »Papa!« – »Unten rechts.« – »Gut, und die Briefmarke oben? Habe ich wohl schon mal gesehen ...?!«

Das ist die Story! Ich erzähle sie manchmal, um zu erklären, dass Digital Natives heute mit 25 Jahren noch keinen einzigen Brief geschrieben oder gesehen haben. In dieser Smartphone-Welt gibt es kein Papier mehr! Ältere sollen einsehen, wie stark sich Gewohnheiten ändern und dass sie sich in diese neue Welt einleben müssen ... Ich gebe ja bald die Herrschaft an Johannes ab.

Diese Story erhellt etwas, was im Oberlehrerton nicht akzeptabel gesagt werden kann. Sie überzeugt mehr als eine Statistik, nach der irgendwelche Prozent irgendetwas tun. Sie zeigt die neue Welt irgendwie auch sympathisch wie Johannes. Sie umwirbt das Herz, beim Neuen mitzumachen. Die Story erinnert die Zuhörer an ihre Familie, an die Smartphone-Kämpfe und die SMS-Rechnungen. Eine Story, sagt man, »holt die Zuhörer da ab, wo sie sind«. Offizielle Schriften, Dozenten und Oberlehrer reden aus ihrer Welt und verkündigen, aber eine Story spielt im Leben der Zuhörer.

Es ist wieder harte Arbeit, gute Storys »im Depot« zu haben oder welche zu kreieren, die Innovationen attraktiv erscheinen lassen und »Lust dazu« erzeugen. Diese Arbeit lohnt sich allemal für Sie! Sie überzeugen so unendlich viel schneller und tiefer. Andere sagen: »Sie haben mir aus der Seele gesprochen.« – »Sie haben das sehr schön bildlich auf den Punkt gebracht. Ich musste lachen, okay, es hat mich überzeugt.«

Storyteller wissen, was überzeugt, was mental inspiriert, was attraktiv erscheint.

Storytelling verstärkt positiv Resonanz, macht attraktiv, inspiriert, vereint viele im Bild einer gemeinsamen Erfahrung, »holt ab«, verzaubert und setzt im besten Fall in Bewegung.

Im obigen Zitat aus der Wikipedia ist nicht von Innovationen die Rede! Storys erhellen Werte und Kulturen, heißt es da. Aber Neues? Innovation? Ich kenne etliche berühmte Storyteller in der IBM, richtige Koryphäen aus den USA und Großbritannien darunter. Eine von ihnen habe ich einmal vor vielen Jahren als Keynote-Sprecher zu einer Weltkonferenz der IBM eingeladen. Ich erhielt eine absolut ernüchternde Antwort. Sie klang so: »Ich möchte nicht so gerne im Unternehmen selbst reden, weil die Mitarbeiter bei meinen Storys immer mäkeln, dass sie unkonkret sind und nicht direkt die IBM-Produkte verherrlichen. Und das Management will keine Storys über das Neue, es fragt immer nur nach den Umsatzzahlen – alles andere wird für eine Ausrede gehalten. Ich bin berühmt bei Kunden, aber intern – nein, ich will nicht mehr.« Er kam dann doch und hielt eine Rede, die nichts mit IBM zu tun hatte, ich las hinterher einige Bücher über das Thema und habe noch heute einige bleibende Meme aus dieser Stunde im Kopf.

Leider ist es mir mit meinen seither wachsenden Fähigkeiten im Storytelling ähnlich ergangen. Wenn ein Storyteller nach außen von Neuem redet, werden einige Zuhörer wirklich verzaubert, und die anderen sagen: »Es hat mich nicht wirklich überzeugt, war aber richtig nett, das alles.« Intern reagieren die CloseMinds härter. Techies sind gegenüber Storys misstrauisch, weil sie vermuten, dass es gar nichts Konkretes gibt. »Das ist eine vage Idee, wo bleibt das Produkt?« Manager fragen wirklich nach Zahlen, ohne Zahlen ist das Neue noch nicht attraktiv. Sie entflammen erst, wenn aufsteigende Kurven präsentiert werden. Es heißt ja, dass der Prophet im eignen Land nichts gilt. Sic! Wenn ein Storyteller intern auftritt, wird gemutmaßt, dass er heiße Luft verbreitet und eventuell von Versagen ablenken will. Deshalb lassen sich die Unternehmen alles lieber von externen Sprechern erklären. »Sehr geehrte Mitarbeiter, wir sind stolz, als Redner einen ausgewiesenen Fachmann präsentieren zu können, der uns heute einmal von außen den Spiegel vorhält und seine interessanten Einsichten über uns vermittelt.« Die Externen kosten ja Geld und können deshalb nicht versagt haben – sie müssen wohl gut sein. Externen wird dann tatsächlich zugehört, ihre Storys werden als köstlich empfunden – und es macht sich leises Bedauern breit, dass es solche tollen Leute im eigenen Unternehmen leider nicht gibt. Wie verriet mir ein Manager? »Sehen Sie, Sie können Wahrheiten aussprechen. Das darf ich nicht, denn bei mir werden Wahrheiten als Willensäußerungen wahrgenommen. Die Wahrheit kann ja jeder wissen, aber wenn ich sie selbst ausspreche, erwarten alle von mir entsprechende Handlungen. Wenn Sie dagegen reden, erfahren nur alle die Wahrheit, ohne dass ich notwendig handeln muss. Ich kann Sie als Resonanztester oder Lackmuspapier verwenden. Da sind Externe Gold wert.«

### Web 2.0, Innovation 2.0 und Jams

Neuerdings versuchen sich alle in den so genannten Social Media. Unternehmen twittern, sammeln Fans bei Facebook oder sie posten bei Google+. Marketingabteilungen versuchen, Internetnutzer zu »Likes«

zu animieren. Und ich habe neulich von zwei meiner Bankverbindungen erfahren, dass gerade im Netz über die beste Bank des Jahres abgestimmt wird und ich als zufriedener Kunde meinen tollen Zufriedenheitsgrad in der Abstimmung deutlich machen soll, damit endlich die reine Wahrheit ans Licht kommt (wenn das alle Banken machen, gewinnt immer die mit den meisten Kunden – die größte ist dann die beste).

Die ersten, die sich im Web 2.0 getummelt haben, fahren angeblich sagenhafte Erfolge ein. Sie haben viele Facebook-Freunde, Follower und Fan-Klicks. Die ersten Unternehmen, die ihre Kunden im Netz um neue Produktvorschläge baten, bekamen überwältigendes Feedback. Man spricht flugs von Innovation 2.0, von Collaborate Innovation, von Crowd Sourcing und so weiter. Noch bis in die letzten Jahre galten Erfindungen oder Laborneuerungen in den Unternehmen als *top secret* – sie wurden so geheim gehalten wie die Gehälter. Jetzt scheint es *en vogue*, die Kunden ihre Produktneuheiten selbst designen zu lassen. Das soll wahre Kundenzentrierung werden!

In der Tat erreicht das Netz jetzt alle Welt. Es eröffnet viele neue Möglichkeiten, die Resonanz auf etwas zu testen und Meme zu kreieren. Ich selbst bekomme als freier Schriftsteller enorme Rückmeldungen auf alles, was ich unternehme. Ich bekomme Leserbriefe und Kommentare zu meinen Artikeln, auch Comments zu meinen Posts bei Facebook und Google+. Nach vielen Konferenzreden kann ich sofort mein Smartphone wieder anschalten und schauen, was auf Twitter dazu gesagt wird. »Die dritte Folie ist Schwarz auf Blau, Pfui Dueck!« Ich will sagen: Meine »Performance« ist Sekunden nach dem höflichen Applaus im Netz bekannt. Wenn ich neue Bücher plane, kann ich die Hauptthesen in kleinen Storys publizieren, um aus dem Feedback zu lernen, ob sie eingängig genug sind. Vielfach bekomme ich lebensechte Beispiele in Leserbriefen. Oft bin ich unsicher, ob etwas, was ich in drei oder fünf Unternehmen beobachtet habe, überall so ist. Das kann ich im Netz erfragen und mit Lesern fast auf der Stelle klären. Wenn ich Fachleute für Spezielles suche, finde ich sie am gleichen Tag. Es ist fast leichter, im Netz Experten zu finden als im eigenen Unternehmen. Die Schnelligkeit der Antworten ist oft phänomenal!

Die Entwicklung des Social Web verläuft atemberaubend rasant. Innovatoren sollten die Chancen nutzen. Welche genau? Schwer zu sagen, es ändert sich jeden Tag. Auf der anderen Seite gibt es jetzt wohl Tausende Social-Web-Berater, die ihr Geld damit machen, bisher abwesende Unternehmen auf »social« zu trimmen. Da werden meist die Funktionen von Twitter und Facebook erläutert, da werden Konventionen im Netz erklärt und Unternehmensseiten angelegt. Wer aber postet nun was? Wer twittert was? Unternehmen tun sich da noch schwer. Manche posten einfach Werbung (die ignoriert wird) oder stellen Praktikanten ein, die ein bisschen twittern (das merkt man verstimmt). Das Ganze ist noch sehr Entwicklungsland.

Im Netz ist die Reichweite viel größer. Wenn man möchte, kann man viel besser eigene Netzwerke knüpfen, überall in Kontakt kommen und massenweise neue Menschen kennenlernen. Mit diesen Kontakten muss man dann sorgsam umgehen und sie tagtäglich pflegen (»Netzwerkpflege«). Dazu haben die meisten Manager im Unternehmen gar keine Zeit …

Im Grunde bietet das Web 2.0 eben noch mehr Möglichkeiten, die aber wirklich wieder Arbeit machen. Wunderversprechungen sind Unsinn. Es gibt hier leider ziemlich viele Storys, die sehr erhellend sind, aber im Grunde falsche Hoffnungen erzeugen. »Da hat einer eine Million verdient, indem er auf Facebook Spenden für sein Studium erbat!« – »Da hat einer zu einer Party eingeladen, und 10 000 kamen!« Moral dieser Geschichten: Immer einmal ein Erster schießt den Vogel ab, aber leider kommen nicht bei jedem Facebook-Post 1 000 Leute. Das Netz ist noch so sehr geschichtenträchtig, dass irgendwie das Gefühl vorherrscht, hier noch Glück wie in der Lotterie haben zu können. Ich warne immer wieder: Es ist viel Ernsthaftigkeit und Nachhaltigkeit nötig, um ein guter Bürger der Welt 2.0 zu sein.

IBM unternimmt seit 2006 regelmäßig große Versuche, neue Entwicklungen in der IT zu erkunden. Auf der Webseite IBM-»Jam Events« stehen die beeindruckenden Zahlen: 2006 nahmen mehr als 150 000 Mitarbeiter teil! Ich war auch dabei! Ich glaube, es waren drei volle Tage! Viele Teilthemenseiten wurden von Experten und Topmanagern gehostet, die für bestimmte Themen die Diskussionen moderierten. Ich selbst war damals mit einer Studie zur besseren Ausbildung der technischen Fachkräfte betraut und konnte zu diesem Thema gleich mehr als 1 000 Druckseiten aus dem Netz holen – ich habe tagelang das Feedback der Mitarbeiter durchforstet und sagenhaft profitiert – und viele, viele Mitarbeiter und Kulturen aus anderen Ländern kennengelernt! IBM hat eine spezielle Software für solche Crowd-Meetings erstellt, die auch an andere Unternehmen geliefert werden kann. IBM hat damals (2006) zehn innovative Geschäftsgebiete mit insgesamt 100 Millionen Dollar Investment gefördert.

Ich glaube selbst (meine eigene Meinung, nichts Offizielles von IBM über Jams), dass die Hoffnung verwegen wäre, in einer solchen Veranstaltung nobelpreisreife Ideen zu ernten. Die müssten doch auch so bekannt werden – das hoffe ich doch sehr. Ein Jam ist wohl eher nicht eine große Ernte, aber eine wundervolle gigantische Möglichkeit, sich zu vernetzen, beizutragen und auch sofortiges Feedback zu bekommen. Viele Manager und Mitarbeiter wissen das gar nicht zu schätzen. Drei Tage Jam! Nur schwelgen im Neuen, in Diskussionen, in direktem Kontakt zum gesamten höheren Management und allen Top-Techies! Das gibt eine Art Bad in Neuem, eine innere Inspiration und eine Vernetzung bisher nur losen Wissens. Ein Jam stärkt das Bewusstsein für die Innovationskraft der eigenen Firma, die Mitarbeiter verstehen die neuen Entwicklungen und sehen sie in größerem Rahmen. Die am Ende vergebenen 100 Millionen sind ja nicht viel Geld im Verhältnis dazu, dass IBM viele Milliarden jährlich in Forschung und Entwicklung steckt. Es geht bei einem Jam mehr um den Spirit der Firma!

Eine gute Idee ist es sicher, erst in gründlicher Vorbereitung einzelne vielversprechende Innovationsbereiche abzustecken und dann diese vorher bestimmten Gebiete per Jam in einen gigantischen Resonanzraum zu stellen. Mehr Feedback bekommen Sie nie! IBM hat in den späteren Jams auch die Kunden und die Familienmitglieder und Freunde einbezogen – die durften mitmachen, weil ja auch ihre Resonanz auf das Neue wichtig ist.

**Think and speak visionary, act evolutionary!**

Innovationen gelingen eher leichter, wenn sie per Storytelling großartig verkündet werden können. Die Google-Gründer sollen gesagt haben:

»Mega-Ehrgeiziges ist einfacher, da gibt es keine große Konkurrenz!«
Genau! Das ist schwer einzusehen, die meisten halten den Spruch folglich einfach nur für keck, würden ihn aber nicht unterschreiben. Ich erinnere mich an meinen leider schon verstorbenen Doktorvater Rudolf Ahlswede, der uns immerfort einschärfte, nur an offenen Fragen zu arbeiten, deren Lösung im Prinzip in die Nähe der Nobelpreiswürdigkeit kommt.»Das ist nicht schwieriger! Es ist einfacher! Da ist niemand, weil alle die Prüfungsbesteher Versagensangst im Angesicht des Großen haben! Keiner traut sich, vor allen anderen zu sagen, er würde nun berühmt werden wollen! Er wird scheel angesehen – und deshalb forschen sie alle an Kleinem.« Literarischer von mir heute:

Hasenherzen werden zu Kleingeistern.

Ich empfehle eine Zweigleisstrategie: Sie verkünden ihre intergalaktische»Grand Strategy« per Storytelling, dabei erzeugen Sie möglichst viel Hype und prüfen unermüdlich die Resonanz – und gleichzeitig fangen Sie klein an.

Der Amazon-Chef Jeff Bezos hat immer davon geschwärmt, überhaupt alles im Internet in einem universalen globalen Kaufhaus anzubieten. Aber er hat nur mit Büchern, also klein angefangen. Bücher sind länger haltbar, unterliegen nicht so sehr der Mode, lassen sich billig verschicken, weil die Post es wegen der »Kultur« billiger macht. Die Vision ist immer: *alles*. In der Praxis geht es Schritt für Schritt. Jede neue Produktgattung hat ihre Tücken, alles muss immer wieder neu erlernt werden. Spielzeug ist zu konzentriert um Weihnachten und wird oft umgetauscht, dann sitzt man im Januar mit zu viel Spielzeug da?! Mode ist schwierig, weil die Konfektionen in den Größen mal üppig, mal knapp ausfallen – da müssen erst die Modehersteller zu genauerem Schneidern verpflichtet werden. Lebensmittel erzeugen Frischeprobleme und verlangen lokale Lager (die baut Amazon derzeit in Deutschland). Amazon traut sich nicht richtig an Schuhe heran wie Zalando, da wird richtig viel zurückgeschickt! Amazon verfolgt die Weltvision, alles zu liefern. Man probiert und probiert, prüft die Resonanz, erweitert oder stoppt, je nachdem. Das ist Effectuation beziehungsweise Chanceuation pur! In den letzten zwei, drei Jahren hat sich der Büchermarkt gedreht. Wegen der neuen Smartphones und der

Pads ist die Bereitschaft gestiegen, Bücher in elektronischer Form zu lesen. Amazon hat jetzt das Lesegerät Kindle zu Dumping-Verdrängungspreisen in den Markt gedrückt – sehr entschieden und mit aller Kraft. Es lässt sich diesen Ruck einen ganzen Jahresgewinn kosten. Für Amazon ist das ein verschmerzbarer Verlust, ein Jahresgewinn! Es gibt kaum noch ein Unternehmen, das meint, so viel verschmerzen zu können.

Es gibt andere Großvisionen wie das elektrisch betriebene Auto, das eCar. Wer das zu vernünftigen Preisen, Kilometer-Reichweiten und so weiter anbieten möchte, muss Milliarden in die Batterieforschung stecken, ohne dass ein Erfolg sicher ist. Schafft man es überhaupt, gute Batterien zu entwickeln? Kann es sein, dass ein Wettbewerber eine viel bessere Lösung findet, sodass man die eigenen Milliarden einfach nur versenkt hat? Die Vision eines eCar ist für meinen Geschmack zu weit und zu groß. Man versucht in einem einzigen großen Schritt zur Autobatterie umzusteigen, doch gerade so kann man voll danebentreten. Gibt es nicht evolutionäre Wege, wie bei Amazon? Die Batterieprobleme des Autos haben wir zurzeit noch bei Computern, die nur ein paar Stunden ohne Steckdose aushalten. Smartphones müssen meist täglich neu aufgeladen werden. Die nächstgrößeren Batterien stecken in den Fahrrädern, die neuerdings mit elektrischem Hilfsmotor zu sehr hohen Preisen gekauft werden können. Hier kann sich die Batterieforschung noch mehr austoben als bei Computern. Danach kommen Gabelstapler, Behindertenfahrzeuge et cetera dran. Also – ich würde nicht direkt gleich »Auto« forschen, sondern mir eine Liste von wünschenswerten Batterieantrieben machen und langsam wachsen. Die Vision aber ist klar: das Auto.

Denken Sie an die Digitalkameras. Die sind gegenüber den Spiegelreflexkameras lange belächelt worden. Einige haben versucht, Spiegelreflexkameras gleich digital zu bauen, das musste scheitern, weil ja erst die Batterien lange halten mussten, weil die Speicherchips noch viel zu teuer waren, weil die Übertragungsgeschwindigkeit zum Speichern der Bilder lausig war, weil der Chipsatz zur digitalen Aufnahme zu kümmerlich arbeitete und so weiter. Das Ziel kann ja eine digitale Spiegelreflexkamera sein, aber es ist besser, mit kleinen Knipskameras zu üben und langsam, nach und nach, die auftretenden Probleme und Funktionsengpässe zu beseitigen. Heute gibt es gute digitale Spiegelreflexkameras zu einem guten Preis. Na, und da haben wir im Pad und im Smartphone eher schon zwei bis vier brauchbare Kameras immer dabei, jetzt müsste die Spiegelreflex noch kleiner werden ... Durch die Speichererfordernisse der digitalen Kameras sind die Flash-Speicher (die in den Kameras und in den USB-Sticks) immer billiger und größer geworden. Flash-Speicher verbrauchen weniger Strom als Computerfestplatten, es sind keine beweglichen Scheiben mehr drin, die das Herumschwenken nicht mögen – sie sind kleiner, schneller, man muss nichts »hochfahren«. In dem Augenblick, wo man so viel auf Flash speichern konnte, wie ein Laptop eigentlich braucht, war es möglich, die Computer mit Flash-Speicher, also kleiner und flacher zu bauen, und sie verbrauchen zudem noch weniger Strom. *Das* war die Idee zum erstaunlich dünnen »Air«-Notebook von Apple und dann für die Tablets oder Pads! Heute gibt es im Netz schon Flash-Speicher mit 512 GB, die um die 500 Euro kosten, also immer noch mehr als ein normaler Desktop-Computer oder ein preiswerter Laptop. Aber Sie merken schon: Nach und nach fallen die technischen und preislichen Beschränkungen, bis zu kleinen Alleskönnergeräten mit wundervollen Bildschirmqualitäten.

Die Vision war immer klar! Tablets gab es schon immer (»Newton« von Apple, ab 1993), aber die vielen kleinen Schritte müssen erst gegangen werden – nach und nach. Man kann nicht einfach die komplette Vision auf die grüne Wiese stellen, man muss lange üben, lernen, probieren, Leuten zuhören, verstehen und die nächsten Schritte gehen. Von Zeit zu Zeit kann die volle Vision ausgebreitet werden, um die Resonanz zu prüfen. Die Vision an sich und der derzeitige Stand sollten aber wirklich getrennt besprochen werden, aus folgendem Grund: Auf den Messen erwarten wir, dass wir realistisch aufgeklärt werden, wie weit alles schon ist. Leider wird da oft getrickst und getäuscht, sodass viele oder alle fast schon allergisch auf das Visions-Realitätsgemisch reagieren.

Vielleicht mögen Sie meine »intergalaktischen« Beispiele nicht – aber die haben den Vorteil, dass Sie sie kennen. Ich kann eine Story aus meinem Leben beisteuern. Ich träume davon, dass wir nicht nur Wikipedia im Netz haben, sondern für jedes Stichwort auch Bilder, Videos, viele Beispiele und Arbeitsmaterialien. Vielleicht gibt es vieles davon schon im Netz, aber nicht »auf einem Haufen«. Warum gibt es nicht alle evangelischen und katholischen Lieder aus den Gesangbüchern als Audios schön geordnet im Netz, instrumental, mit Chor, solo? Warum kann ein Medizinstudent nicht für jede Krankheit 100 Bilder von Beispielpatienten sehen? Oder sich unterschiedliche Hörproben von Keuchhusten anhören? Wo finde ich Tierstimmen, alle Pflanzen ... Ich möchte eine Schatzkammer der globalen Wissenskultur, für jede Univorlesung Prachtbeispiele berühmter Professoren, Lehrmaterialien für alles und historische Filme für jedes Ereignis, am besten in der Timeline von Facebook oder so.

Ist das eine Vision? Die darf ich als Einzelner haben und predigen, ich schreibe sie in Bücher hinein und halte Reden darüber.

In den Jahren 2006 und 2007 habe ich in der IBM so etwas gepredigt. Wir brauchen eine unternehmensweite Wikipedia, in der wir sofort alles finden. Kennen Sie dieses Panikgefühl, wenn Sie aus dem Urlaub kommen und das Firmenpasswort vergessen haben? (Ändern Sie es *nie* kurz vor dem Urlaub, dann hat es sich noch nicht genug eingeprägt.) Wie bekommt man ein neues? Suche im Intranet ... Was passiert, wenn Sie endlich im Frankfurter Flughafen ankommen, ein Heidengeld für das mehrtägige Parken bezahlen und die Quittung vergessen? Wir haben bei IBM festgestellt, dass es nur wenige Hundert Probleme gibt, die jeder immerzu neu und irgendwie erstmalig löst (beim zweiten Auftreten eines Problems ist die Lösung anders!). Also: Wir brauchen eine IBM-Wikipedia! Mit allem Wissen der IBM! Ich habe das so richtig visionär ausgeschmückt, damit ich ausgelacht würde. Das Storytelling bewirkte, dass absolut *jeder* die Forderung hörte, aber sie mit Humor nehmen konnte, weil ich keinerlei Anstalten unternahm, sondern nur Reden darüber schwang.

Ich bekam aber immer mehr Resonanz, immer mehr! Irgendwann schrieb ich eine Mail »an alle«, dass ich mir eine Wikipedia wünschte, die dann später natürlich Bluepedia hieß (von IBM = Big Blue). Noch mehr Resonanz. »Dueck, das werden sie dir verbieten, weil es einen Kulturwandel bedeutet, wenn alle was im Intranet schreiben dürfen.« Das wusste ich schon aus Managerkommentaren: »Darf man die Gehaltstabellen in Ihr Lexikon eintragen?« Ich nickte und bekam Resonanz. Immer mehr Resonanz! Ich sagte dann meinem damaligen direkten Chef, dass »ich jetzt einmal etwas mache«, was er nicht direkt verbot. Dann suchte ich per Rund-Mail (wie Innovation 2.0!) Mitstreiter, mit dem heimlichen Gedanken »*work only with the best*« im Hinterkopf. »Ihr müsst hart arbeiten und sollt nicht viel am Konzept mäkeln, ich will keine Meetings, sondern eine Bluepedia.« Dann besorgten wir uns die am häufigsten aufgerufenen Hilferufe von IBMlern im Intranet und schrieben Artikel dafür, zeigten es Freunden, bekamen Resonanz, veränderten es, korrigierten nach den Hinweisen der Freunde in der folgenden Nacht, um unsere Kritiker schwer zu beeindrucken et cetera. Irgendwer von unseren Techies konnte das ins Intranet stellen, was wahrscheinlich verboten war (das habe ich nicht wirklich klären lassen, sonst hätte ich Geld für einen Server gebraucht – dafür hätte ich etwas erklären müssen – dafür hätte es Meetings gegeben – dafür hätte ich PowerPoints machen müssen – dafür …). Sie wissen, was ich sagen will? »*Work underground as long as you can.*« Irgendwann war unser Prototyp fast fertig, jetzt brauchte ich eigentlich nur noch eine Mail des Chefs an alle, sie sollten die Bluepedia befüllen und nutzen! Das gab dann natürlich Irritationen, weil ich den Underground verlassen musste …

Die volle Geschichte mit den Namen meiner MitstreiterInnen finden Sie auf meiner Homepage, auch ein einminütiges Video des damals zweithöchsten IBM Executives Nick Donofrio, der es am Ende zum Leuchtturmprojekt der IBM erklärte.

Natürlich muss so eine Bluepedia technisch gebaut werden. Wer kann das überhaupt? Wer kann es am besten? Wer hat dafür ein paar Wochen bis Monate Zeit? Ich erinnerte mich, im Jahr 2004 auf eindringliche Bitte meines Verlegers ein Vorwort für das Buch *WikiTools* von Anja Ebersbach, Thomas Glaser und Richard Heigl geschrieben zu haben (Springer, Heidelberg, heute zweite Auflage 2007). Darin ging es um die Wikipedia und deren Bau. Die drei AutorInnen promovierten damals in Regensburg. Die rief ich an und sagte, sie sollten die Bluepedia bauen, und ich schaffe es irgendwie, dass IBM sie bezahlt. Das machten wir dann so! Ich fand eine Anlaufstelle in der IBM (ein Controller fand, dass wir uns so etwas leisten sollten), die es bezahlte, und die Regensburger programmierten über das Netz. Merken Sie, dass normale »Erfinder« absolut niemanden finden, der ihnen alles programmiert? Und dazu noch schwer Ahnung hat? Das sage ich nicht zum Angeben, sondern ich möchte damit sagen, dass man ein Netzwerk braucht! Das Schreiben des Vorworts von *WikiTools* ist Pre-Innovation. Das Vertrauen der Geldgeber ist Pre-Innovation.

Nach dem Bluepedia-Projekt kam das IBM-Team zu Award-Ehren und die drei Regensburger plus Radovan Kubani (für Grafik) gründeten die kleine Firma HalloWelt, weil sie Anfragen anderer Firmen bekamen, die auch eine Wikipedia haben wollten. Inzwischen sind es 14 Mitarbeiter, die eine OpenSource-Software *BlueSpice* verteilen (Unternehmenswikipedia) und vom Service leben. Jetzt bin ich pensioniert und habe die Idee, mit HalloWelt dann doch endlich die Keuchhustenhörproben im Netz zu haben …

Diese Geschichte läuft eben noch. Ich predige sie so etwa zwei bis drei Jahre vorneweg und versuche dann, alles ganz in Ruhe zu verwirklichen, je nach der Resonanz, … und ich komme bald wieder zu Ihnen und rufe dann auch: »Hallo Welt!«

### Undercover Realization – im Verborgenen gleich alles richtig machen!

Immer wieder: Arbeiten Sie möglichst unter dem Radarschirm aller »hilfreichen« Beobachter! Sie werden sonst in eine Menge von Meetings, Präsentationen und Rechtfertigungsorgien hineingezogen. Das ist niemandes böser Wille, sondern das liegt in der Natur jedes Systems, das wie geschmiert laufen soll und keine Ausnahmen dulden kann. Kommen Sie also möglichst nicht mit dem Immunsystem des Ganzen in Berührung. Schimpfen Sie nicht, dass das Immunsystem gegen Innovationen arbeitet. Respektieren Sie das Immunsystem, es ist notwendig für das Hauptgeschäft.

Umgehen Sie es, weichen Sie aus, fragen Sie nicht so viel. »Einfach machen!« Das sagt Ihnen absolut jeder, der mit Innovationen erfolgreich war. Ich habe ihnen ja gerade anhand des Bluepedia-Beispiels gezeigt, wie es geht. Ich könnte noch sehr viel weitreichendere Beispiele erzählen, aber ich will niemanden für sein liebes Nichthinschauen in Schwierigkeiten bringen ...

Es ist ja nicht so, dass man ohne Wissen der Chefs eine Innovation durchziehen kann. Natürlich müssen sie es irgendwie wissen. Es gehört viel Fingerspitzengefühl dazu, etwas dem Chef grundsätzlich zu zeigen, ohne dass er wirklich hinschaut – verstehen Sie den Unterschied? Er sollte unbedingt wissen, dass etwas im Gange ist, aber sonst sollte er lieber nichts wissen wollen. Vielleicht weiß er sogar *genauestens* Bescheid, bis auf jede Sekunde und jeden Cent, aber er darf es eben nicht offiziell wissen.

Das leuchtet ein? Bitte halten Sie Ihre Aktionen unter dem Radarschirm nicht allzu geheim, denn es gibt kaum so etwas Furchtbares für Manager wie »Überraschungen«. Manager hassen es, mitten in der Arbeit von Unvorhergesehenem überrumpelt zu werden. Besonders übel nehmen es Chefs, wenn das einer ihrer eigenen Mitarbeiter vollbringt. Machtmanager vermuten Illoyalität und Ungehorsam, Perfektionisten halten den Überraschenden für unzuverlässig, andere denken immer gleich an Betrug oder Faulheit, und noch andere sind normal beleidigt, weil sie nicht eingeweiht waren. Am schlimmsten ist es für sie, von einem Managerkollegen im Managermeeting »Wissen Sie eigentlich, was da bei Ihnen los ist?« zu hören. Bitte denken Sie auch an die peinlichen Pressetermine, wenn Fußballtrainer oder Politiker »aus der Presse« erfahren müssen, dass sie von Spielern oder Parteihinterbänklern kritisiert wurden! In diesen Fällen vermuten dann alle, dass da jemand »seinen Laden nicht im Griff hat«. Das ist ein schlimmes Urteil über einen Chef, vielleicht ein Karrieretodesurteil.

Arbeiten Sie also an Ihren Innovationen nur verborgen, nicht wirklich geheim. Erklären Sie Ihrem Chef, dass seine schlimmsten Befürchtungen nicht berechtigt sind: Es läuft nichts aus dem Ruder, und das müssen Sie immer wieder klarstellen. Je nach Chef sollten Sie dies aktiv aussenden: »Ich bin immer gehorsam, auch wenn es manchmal nicht so erscheint«, »Ich bin absolut zuverlässig« oder »Ich mache meinen Job und arbeite nur an Feiertagen an der Innovation.« Dann machen die meisten oder wenigstens viele Manager mit. »Solange ihr euren Normaljob macht und den Etat nicht überzieht, schaue ich nicht so genau hin.«

Gifford Pinchot verwendete oft die Bezeichnung »Impatience Clock«, die »Uhr der Ungeduld«. Er vertrat vor 17 Jahren (als ich bei ihm 1994 lernte) die Ansicht, dass bei allem, was man sich genehmigen lässt, die Uhr der Ungeduld angestellt würde. Er stellte sie sich wie eine imaginäre Sanduhr vor, die langsam abläuft. Und dann fragt unfehlbar das Management: »Wie weit sind Sie?« Es gibt Reviews und Meetings, Sie müssen sich rechtfertigen und alles neu genehmigen lassen. Pinchot glaubte damals, dass eine normale Clock of Impatience nach einem halben Jahr ablaufen würde. Niemals dürfe man länger als ein halbes Jahr ungestört von Statusmeetings arbeiten! Nie mehr!

Darüber lachen wir heute wirklich sehr laut und wehmütig. Damals gab es noch keine wirklichen Quartalszahlen, man machte Jahresabschlüsse. Heute sind die meisten Firmen intern schon bei Monatsabschlüssen, die ersten bei Wochenabschlüssen. »Wir haben nur 80 Prozent Umsatz diese Woche! Weh über uns!« – »Chef, diese Woche ist ein Feiertag in der Woche!« – »Weh, oh weh, das ist ein rein deutscher Feiertag, das nehmen sie mir in der Europazentrale nicht ab! Können wir etwas gegen den Feiertag tun, am besten rückwirkend?« (Geschehen, als erstmalig der deutsche Nationalfeiertag im Oktober begangen wurde.) Der bittere Ernst: Es wird jetzt monatlich nachgefragt. Und jeden Monat kommen neue Sparprogramme, die dann auch die Innovationsprojekte treffen. Ja, sie treffen besonders Innovationsprojekte, weil ziemlich oft alles nicht sofort Umsatzwirksame unbestimmt verschoben wird. Das betrifft alle Ausbildung, interne Treffen, Projektmeetings zur Abstimmung, alles Langfristige und natürlich auch alles Neue. Alle Etats für nicht direkt Umsatzrelevantes werden zum Jonglierball der Quartalsergebnisangst. Es gibt daher heute bei aller Innovation *im Prinzip* Unruhe und damit das, was ältere Mitarbeiter mit »rein in die Kartoffeln, raus aus den Kartoffeln« bezeichnen. »Stoppt kurz die Innovation, sparen! So, jetzt wieder weiter, aber schnell, alles bitte sofort wieder aufholen! Schnell! Nein doch nicht, schon wieder stoppen!«

Hüte sich, wer kann!

Es sind aber nicht nur die Meetings, die Einsparrunden und die Ungeduld, die Innovationsprojekte verhageln. Ein mindestens genauso schweres Problem besteht darin, dass der Innovator in den Meetings

Ratschläge bekommt, die er im besten Fall wieder ignorieren muss, aber meistens nicht kann.

Darf ich nochmals meine Erfahrungen mit der Tourenplanung bemühen? Bei dieser Innovation haben wir alles erdenkliche Lehrgeld gezahlt! Wir hatten eine gute Lösung grob als Prototyp programmiert, nun wollten wir alles »produktreif« designen. Natürlich wollten wir die Tourenplanung nicht auf Großrechnern laufen lassen, obwohl die umfangreichen Optimierungen fast einen solchen erforderlich machten. Aber wer hat schon einen Großrechner für den Fuhrpark? Eine gute Idee war, alles gleich auf einen PC zu portieren, der aber 1995 noch so etwa zwei Stunden für eine Planung rechnen musste. Wir konnten aber absehen, dass die PCs in jedem Jahr viel schneller würden, sodass sich das Problem von selbst lösen würde. Wir präsentierten einen Plan ... Der wurde im Endeffekt genehmigt, aber es wurde zur Auflage gemacht, alles auf mehrfach so teuren Workstations (die kosteten damals etliche 10 000 Euro) zu programmieren. Das Management: »Da schlagen wir zwei Fliegen mit einer Klappe. Wir verkaufen die Tourenplanungen *und* die Hardware.« Das ist eigentlich kein böser Gedanke oder vielleicht sogar ein guter, weil IBM ja diese Workstations herstellte. Mir behagte jedoch solch eine Strategie intuitiv nicht, ich ließ mich aber als »Anfänger-Innovator« breitschlagen, weil ich dann auch auf die Unterstützung der Hardware-Division hoffen konnte. In Wirklichkeit wollten die Kunden später wirklich alles nur auf einem PC haben. Tja. Der Grund war gar nicht der Preis, es ging um die Fähigkeiten! Die Fuhrparkleiter waren einfach PCs mit Microsoft Windows gewohnt und wollten einfach nicht auf das Betriebssystem IBM AIX umlernen ... Ach, wie haben wir die Entwicklung auf den allzu hochwertigen Maschinen bereut!

Heute, mit meinen Erfahrungen, würde ich mich glatt gegen alle unternehmensinternen Optimierungen wehren. Ich würde notfalls den Job niederlegen. Lieber gar nicht, als dann nach Plan verlieren!

Keine Kompromisse beim Produkt/Service aus der Sicht eines Kunden – für ihn muss es stimmen, einfach sein, glatt laufen! Derjenige gewinnt, der ein Produkt oder eine Serviceleistung am besten beim ersten Versuch einfach »richtig« macht. Amazon war nicht der erste Buch-Shop im Internet, Google baute nicht die erste Suchmaschine, eBay war nicht das erste Internetauktionshaus. Es ist nicht der Erste, der am Markt gewinnt, sondern der Erste, der aus Kundensicht etwas wirklich Gutes und Einfaches anbieten kann. Tourenplanung auf AIX-Systemen ist für Protagonisten, aber nicht für »normale Menschen« geeignet. Das haben wir nicht streng genug beachtet – schon verloren!

Wenn eine Innovation nicht im Verborgenen und unter ruhig freiwilliger kompromissloser Arbeit am Feierabend stattfinden kann, fehlt die Muße, sie bis zum richtigen Grad voranzutreiben. Eilige Manager versuchen Schnellschüsse mit Prototypen auf Messen, verschiedene alte Bereiche verlangen, dass »das Neue in ihren Kram passt«. Das sagen sie nicht so, sie verlangen »ein integriertes Konzept«, sodass »sich das Neue nahtlos in das Alte einpasst«. Schon verloren!

Für mich selbst war die Forderung »*Work underground as long as you can*« auf den ersten Augenblick absolut überraschend, als ich ihr das erste Mal begegnete. Ich dachte, alle würden sich über Fortschritte und Erfolge freuen, und es wäre gut für die Sache, immerfort mit Triumphen zu kommen! Ich wusste nicht, dass es Ratschläge und Umsatzzusatzforderungen hagelt … Alles muss reifen können, bis es so weit ist.

Erst dann hat man eine Chance. Es ist die Chance, die man sich erarbeitet hat. Jetzt gilt es, den Chasm zu überwinden oder zu lauern, ob andere ihn überwinden. In diesem Augenblick hat derjenige, der es gut macht, die besten Karten.

# KAIROS UND ENERGIZATION

## DIE CHANCE ENERGISCH
## ERGREIFEN

### Der Goldene Zeitpunkt

Wenn die Chance kommt, muss man sie ergreifen. Diesem schlichten, aber schwierigen Punkt möchte ich eigens ein kleines Kapitel widmen – um alles prominent herauszuheben.

Viele Produkte kommen zu früh auf den Markt – die OpenMinds sind einfach noch nicht zufrieden. Viele andere Produkte oder Services kommen glatt zu spät, so wie etwa die unzähligen Internetbuchhandlungen, die gegen Amazon nicht mehr ankommen.

Kurz nach der Jahrtausendwende kam es zu der berühmten Mania der Internetgründungen. Die so genannten »dot.com«-Start-ups schossen wie Pilze aus dem Boden. Dating, Jobbörsen, Autohandlungen, Makler aller Art erschienen im Internet und starben fast alle. Die Börsenkurse rauschten bei einem richtigen »dot.com«-Crash abgrundtief in den Keller. Katzenjammer.

Die Ideen waren alle bestechend einfach: Man betrachte etwas in der realen Welt (»Brick & Mortar«, »Ziegel und Mörtel«) und verlege es ins Internet. Die ersten News erschienen, Börseninformationen und alle die Untergrundfirmen, die Pornografie gegen erkleckliche Abogebühren verkauften. Die meisten begannen, ihre Services gratis anzubieten, um zuerst einmal Kunden zu gewinnen. Dieses Vorgehen bescherte der Welt eine rauschhafte Gratiskultur, in der es kaum Unternehmen schafften, letztlich außer Kunden auch Geld zu ernten. Außerdem waren die meisten OpenMinds noch nicht vom Internet überzeugt, sie waren es einfach noch nicht gewohnt, zum Beispiel dort einzukaufen. Das lernten die Kunden erst nach und nach durch vertrauenerweckende Erfahrungen etwa bei Amazon.

Nachdem die Firmen massenweise gestorben waren, machte sich sofort wieder die Hybris der realen »Brick & Mortar«-Welt breit. Genau entlang der Hybris-Curve sagten nun alle: »Es geht nicht! Ich wusste es!«

Schauen Sie sich bitte heute im Internet um: Es gibt jetzt alles, von Zeitungen bis Dating, von Gebrauchtwagenhandel bis Immobilienversteigerungen im Internet. Alles, was damals Bankrott anmelden musste, ist nun da. Es geht eben doch! Damals war die Zeit nicht reif, die OpenMinds zeigten eine zu große Reserve gegen alles, was noch so neu online gegangen war. Nicht nur die Produkte müssen reif sein, auch der Kunde muss innerlich für das Neue bereit sein.

Manchmal denke ich, für jede Idee gibt es eine Zweiteilung der Zeit, so wie wir die Zeit in »vor Christus« und »nach Christus« einordnen. Irgendwann wird die Schlucht oder das Chasma übersprungen. Dann ist die Gelegenheit da, dann ist sie günstig. Die Entwicklung des Neuen trifft nun auf größere Resonanz – die Kunden wollen kaufen und auch anständig bezahlen.

Jetzt! Raus! Verkaufen! Expandieren!

Bei IBM erzählte ich immer von visionären Ideen. Wieder und wieder. Und das Publikum schüttelte den Kopf. Die Protagonisten nickten natürlich, sie sahen alles schon kommen, aber die OpenMinds sagten: »Das geht so nicht.« Die CloseMinds riefen: »Das wird gar nichts.« Die Antagonisten: »Nie!« Aber auch die Protagonisten meinten, die Zeit sei nicht reif – und so ganz ohne Zweifel seien sie nicht. Im Grunde dachten alle mehr oder weniger: »Heute geht das nicht.« Mit jeder Idee habe ich eine lange Zeit des »geht nicht« verbracht. »Das geht nicht, geht nicht, geht nicht!« Aber plötzlich, eines Tages sagte dann immer jemand: »Das gibt es schon.« Und einige Tage später wieder einer, fast vorwurfsvoll: »Gibt es schon.« Damit war ich als Visionär absolut abqualifiziert. Ich habe die Aufgabe, Neues zu prophezeien, das noch *nicht* geht. Darf ein Visionär etwas anpreisen, was es schon gibt? Da muss ich mich doch schämen. Aber ich schäme mich nicht wirklich, ich horche nur auf. Jetzt ist nämlich die Zeit gekommen. Es liegt etwas in der Luft, sodass die OpenMinds nun etwas kaufen.

Es gibt einen griechischen Gott, Kairos. Er ist so gut wie unbekannt, es gibt nur einen bekannten Altar in Olympia (nicht erhalten). Aus einem Epigramm des Poseidippos von Pella (3. Jh. v. Chr.) erfahren wir, dass Kairos immer im Lauf oder im schnellen Flug ist. Er hat eine besondere Haartracht. Vorn hängt eine lange Locke herunter, hinten ist sein Kopf kahl geschoren. Kairos saust an uns vorbei, rasend schnell! Er symbolisiert die Gelegenheit, die es gilt, am Schopf zu packen! Wenn Kairos auf uns zuschießt, müssen wir ihn vorn am Schopf, an seiner Locke packen. Wenn er an uns vorbeigezischt ist, hilft ein Griff an den Hinterkopf nicht mehr, der ist glatt. Kairos ist das Symbol für den günstigen oder den rechten Zeitpunkt.

»Erkenne den rechten Zeitpunkt!«, mahnt Pittakos von Mytilene, und wir finden oft Friedrich Schiller in etwa so zitiert: *»Was du im Augenblicke ausgeschlagen, bringt keine Ewigkeit zurück.«* (Anmerkung: Genau heißt es in meiner Ausgabe *»Was man von der Minute ausgeschlagen, gibt keine Ewigkeit zurück.«,* aus *Resignation* – eine Fantasie.)

Sie selbst seufzen doch stets in dieser Weise, wenn an Ihnen eine Aktienkurschance vorbeiraste. »Ach, hätte ich damals gekauft, ich wäre ein reicher Mensch.« So klingt dann Ihre eigene Fantasie und Ihre Resignation. Sie haben eben nicht zugegriffen.

### Energization – Strom!

Sie kennen sicher diese geschichtsträchtigen Nichtzugriffe vieler Unternehmen. IBM hat sich Chips von einer kleinen Firma Intel bauen lassen – weil »Chip-Fertigung kein richtiges Business ist«. Daneben hat sie sich vom späteren Microsoft Betriebssysteme entwerfen lassen, weil »Software kein richtiges Business« ist. Dagegen war IBM visionär im Aufbau von Services und auch beim Aufbau großer Ressourcen in Indien und anderswo, auch beim Abschied vom PC-Geschäft.

Bei vielen Innovationen hebt irgendwann das Geschäft ab, manchmal, nachdem das Produkt schon lange im Markt war. So wurde die Firma SAP schon 1972 gegründet, sie machte gute Geschäfte mit der Software R/2, die auf Großrechnern lief. Erst Anfang der 90er Jahre, als SAP das

System R/3 auf Workstations anbot, kam der große Durchbruch. Ich weiß noch, wie ich beim ersten Börsengang 1988 eine private Geldanlage erwog. Ich weiß noch, dass ich 1987 bei einem Vertragsangebot der IBM nach Heidelberg auch überlegte, noch ein paar Kilometer weiter in Walldorf zu arbeiten. Ich ging zu IBM, ich beteiligte mich nicht an der SAP. Tja. Man muss die Chance ergreifen! Einige Jahre später zeichnete ich voll überzeugt Amazon-Aktien und bekam 1 500 Stück zu 18 Dollar, die fielen gleich auf etwa 16 Dollar – ich verzweifelte! Die trübe Stimmung schlug in Euphorie um, Amazon stieg schnell auf das Doppelte und Dreifache, da verlor ich meine Überzeugung und verkaufte. Ach hätte ich alle Aktien heute noch! Es wären heute nach Splits 18 000 Aktien á 225 Dollar, also circa 3 Millionen Euro. Ja, hätte, hätte, hätte ich doch!

Jetzt geht Amazon voll entschlossen mit dem Kindle in den Markt für eBooks und investiert notfalls seinen ganzen Gewinn in diesen neuen Markt. Ist das richtig? Gegen Apple mit den Pads? Zu mutig? Sagt Jeff Bezos irgendwann: »Ach, hätte ich doch nicht«?

Das alles weiß man nicht so genau, wenn man das Gefühl hat, dass der Markt zum ersten Mal anzieht und eine so genannte Hockeystick-Kurve zu bilden beginnt. Nach langem Dahinkrebsen auf der Nulllinie kommt plötzlich Bewegung! Jetzt! Zupacken!

Das ist nicht so leicht. Man muss sich zum Ergreifen der Chance entschließen, wenn der Markt erstmals ein bisschen anzieht. Die Marktforscher und Bankanalysten schreiben sich die Finger wund, ob es nur ein Hype ist oder ein großes Geschäft wird. Bei dem dot.com-Boom zu Anfang des Jahrtausends ist der Marker erst einmal vollkommen abgestürzt und kam dann wieder. Vor einigen Jahren boomten Immobilien in Indien und China, die Anleger strömten herbei. Da befürchtete die Welt und auch Chinas Regierung, dass es eine Immobilienblase wie in den USA geben könnte. Sie verschärfte die Bedingungen für potenzielle Immobilienkäufer und stoppte den Preisauftrieb. Dadurch gerieten alle Immobilienentwickler in große Schwierigkeiten, sodass deren Kurse tief in den Keller fielen. So aber, wie es heute noch Internetfirmen gibt, so wird sicher auch jeder Chinese ein Haus wollen. Aber wann genau sollte man einsteigen?

Ein Unternehmen muss dann das Herz in die Hand nehmen und losstürmen – halbherzig wird das nicht gut funktionieren, es werden

## Hockeystick-Kurve

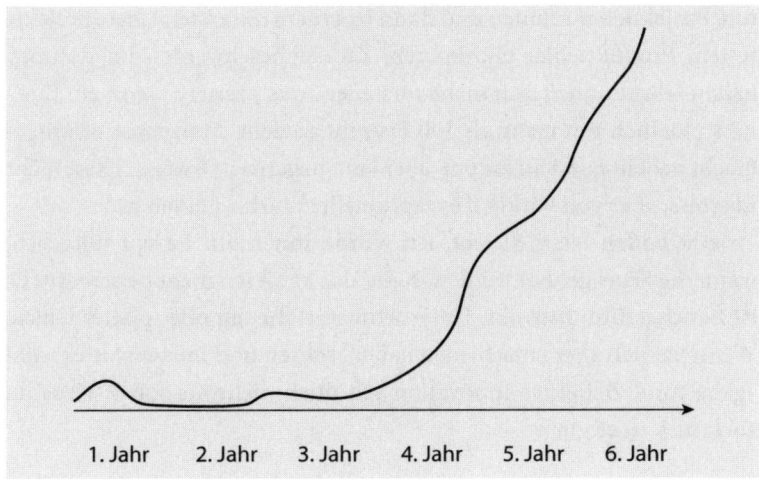

sich Wettbewerber finden, die sich wirklich trauen! Im Grunde muss man sich entschließen, wie einst Caesar, den Rubikon zu überschreiten. »Die Würfel sind gefallen.« So wie Gifford Pinchot von mir verlangte: »Verkauf dein Haus und steck es in dein Business!« Man muss die Brücken abbrechen, wie Hernán Cortés die Schiffe verbrennen, sich auf das neue Business konzentrieren und gewinnen.

Vielleicht kennen Sie in Ihrem Umfeld Menschen, die sich selbstständig gemacht haben. Es ist selten klar, ob sie wirklich Erfolg haben werden. Viele kehren wieder in den alten Beruf zurück. Auch ich habe bei IBM als CTO eine sehr gute Position gehabt und fand, ich müsste nun als selbstständiger Weltverbesserer und Business-Angel mit 60 Jahren ein neues Leben beginnen. Ich habe lange überlegt, ob ich von mir aus die Pension beantragen sollte! Viele unterstützten die Idee, andere rieten dringend ab. Heute geht es mir gut. Diesmal war es richtig, aber das ist im Moment der Entscheidung nicht klar. Irgendwann muss man fast eine Münze werfen und danach handeln.

Wer sich zum Übergang über den Rubikon entschieden hat, sollte jetzt unbeirrt weitergehen. Es gibt auch dann noch keinen Grund zum Aufatmen, wenn das Geschäft wirklich anziehen sollte. Meist schießt das Business dann wirklich deutlich hoch, das symbolisiert der Begriff des »hockey stick«. Der Unternehmer muss nun alles heranschaffen, was für das Wachstum nötig ist: Leute einstellen, Investoren mobilisieren, Projektleiter schulen und dann trotzdem die ersten Chaosprojekte retten, Produktfehler eliminieren, Kundenbeschwerden im Rahmen halten – Sie können sich nicht vorstellen, was passiert, wenn ein Business plötzlich um mehr als 100 Prozent anzieht. Man muss es mitgemacht haben! Es ist Stress pur, aber kein negativer Distress. Es ist mehr Eustress, aber von wirklich exzeptioneller Stärke. Leinen los!

Jetzt hoffen Sie vielleicht, ich würde Ihnen ein Rezept mitgeben, wann die Segel gehisst werden. Nein, das kann ich nicht beisteuern. Es ist Bauchgefühl, Instinkt, Unternehmererfahrung oder plattes Glück. Wenn Sie sich aber entschieden haben, sollten und müssen Sie es wohl »ganz tun«. Bei einer Innovation gilt noch mehr als sonst: »Was du auch tust, tu es gut.«

### Das Alte hinter sich lassen – der Chance nach!

Darf ich Sie kurz in eine solche Seelenlage entführen, die Sie sich noch vorstellen können? Nehmen wir an, Sie haben das Mathematikstudium erfolgreich mit einem Diplom oder einem Master Note Eins hinter sich gebracht. Sie entschließen sich, jetzt zu promovieren. Sie bekommen die Doktoraufgabe, ein bisher unbekanntes mathematisches Problem zu lösen. Das geht so: Man macht sich an die Arbeit und denkt nach (Vorarbeit der Innovation). Man liest viel angrenzende Literatur und hat sehr häufig eine Idee, die sich bei der Diskussion mit dem Doktorvater leider immer als abwegig herausstellt – es liegt daran, dass man das Problem nicht richtig verstanden hat (der Kunde sieht es anders). Immer wieder blitzen Ideen auf, immer wieder! Alle sind Irrwege, aber das Problem schält sich immer klarer heraus. Langsam entschleiert sich die Kernschwierigkeit, bis man direkt vor ihr steht – wie vor einem großen Tor, für das man einen Access-Code benötigt. Alles Bisherige war nur der Weg durch den Dschungel bis zum Tor. Bei normalen mathematischen Doktorarbeiten dauert das ein halbes oder auch ein ganzes Jahr. Dann braucht man »nur noch« die echte Idee zur Lösung, nichts weiter. Man schaut wochenlang und vielleicht monatelang aus dem Fenster und grübelt. Das ist wirklich schwer auszuhalten! Meine längste Phase ohne Idee für irgendetwas währte einmal eineinhalb Jahre. Ich wollte unbedingt ein ganz hartes Problem lösen! Das erfolglose Hirnzermartern wurde mit der Zeit immer bedrückender – aber ich *wollte*!

Ich habe später selbst Doktorarbeiten betreut, die irgendwann in diese Phase kommen. Da sitzen die Promovenden und grübeln – ich als Betreuer kann nichts mehr tun. Ich habe viele gesehen, die das nicht aushielten, sie hatten Angst vor dem Entweder-oder. Was wäre, wenn ihnen einfach gar nichts einfiele? Ich versuchte, sie davon abzubringen. Man *darf* das nicht tun! Man darf nicht zweifeln, sondern man muss 100 Prozent Leistung im Eigentlichen bringen. Keine Abweichung! Kein Abirren! Wie gesagt, viele ertrugen es nicht. Sie hielten beim Nachdenken oft inne und überlegten, was wäre, wenn es nicht gelänge. Viele bewarben sich »zur Probe« in der Industrie, um »eine Alternative zu haben«, wenn der schlimmste Fall einträte. Ich beschwor sie, das nicht zu tun. Nur arbeiten und denken, nichts anderes!

Soweit ich das in Erinnerung habe, sind alle richtig guten (»summa cum laude«) Doktorarbeiten ohne jedes mentale Abirren in »Alternativen« entstanden – und alle, die sich nicht voll konzentrieren konnten, haben eine angebotene Stelle angenommen oder nur eine höchstens durchschnittliche Arbeit zustande gebracht. Halbherzigkeit sichert den Misserfolg. Man darf keinen Schutzschirm suchen!

Manchmal muss man etwas im Leben aufgeben, um etwas anders anzufangen. Ich habe das einmal richtig durchlitten. Das ging allerdings so gut aus, dass ich später mein Leben gerne noch ein paar Mal in anderen Bahnen weiterführte, aber beim ersten Mal tat's weh. Nämlich: Ich wechselte nach fünf Jahren Mathematikprofessur an das Wissenschaftszentrum der IBM in Heidelberg. Ich war damals ein angesehener Wissenschaftler auf dem Gebiet der Informationstheorie. Bei der IBM sollte ich in einem völlig anderen Gebiet weiterarbeiten. Mein lange erarbeiteter Ruf war dann von gestern! Würde ich im neuen Gebiet auch »vorn dran sein können«? Das war gar nicht so klar. Es hat viele schlaflose Nächste gekostet. Soll ich das tun? Wie gesagt, es ist gut ausgegangen. Es gab mir ungeheuer viel neues Selbstvertrauen, dass ich die heute so genannte »comfort zone« verlassen und auf neuem Terrain

Erfolg haben konnte. Aber im Moment eines Wechsels im Leben ist absolut nichts klar. Alles wird aufgegeben, es gibt kaum noch ein Zurück.

Solche Nöte eines normalen Privatlebens finden wir bei den Unternehmen ganz genauso. Große Umwälzungen und Innovationen bedeuten oft für ein Unternehmen, »ein neues Leben anzufangen« und in einem neuen Terrain Fuß zu fassen. Für eine solche Neugeburt muss das Herz und die volle Energie des Unternehmens bereit sein, so wie die volle Konzentration auf die Doktorarbeit bei Menschen. Was bei Menschen schon ein schweres Problem ist, wird bei Unternehmen noch schwieriger sein, weil Unternehmen nicht einfach so »den Job wechseln können«. Sie müssen ja das alte Geschäft möglichst lange gewinnbringend fortführen, auch um die nötigen Ressourcen für die Neuorientierung zu erzeugen. Das Alte muss noch respektvoll gepflegt, das Neue mit Elan und Begeisterung vorangetrieben werden.

Nur Neues erzeugen oder nur Altes fortführen ist einfach. Beides gleichzeitig zu tun ist eine sehr anspruchsvolle Aufgabe, die nur wenigen gelingt. Aber alle reden davon, meistens in dem folgenden stereotypen Managementjargon. »Man muss das eine tun, ohne das andere zu lassen.« Wie oft wird das gesagt! Und wie selten wird beides zugleich mit der erforderlichen Disziplin getan!

Die meisten Unternehmen sind so sehr »vom Tagesgeschäft aufgefressen«, wie man sagt, dass die nötige Konzentration für das Neue nicht aufgebracht werden kann. Die Innovatoren im Unternehmen begehren dann auf, weil sie den kommenden Misserfolg ahnen. Die Vertreter der traditionellen Unternehmensbereiche beruhigen: »Noch verdienen wir das Geld mit dem Alten.« Darauf sind sie zu Recht stolz, aber dieser Stolz nimmt die Begeisterung für das Neue wieder zurück. Das Alte und das Neue beginnen sich gegenseitig kritisch zu sehen, wie das zwanghafte und das hysterische Prinzip. Den Innovatoren vergeht die Freude, also die aus Eustress erzeugte Energie – und sie fühlen, dass sie das Alte zum Wandel zwingen müssen, also unter Distress …

Innovation soll unbedingt unter Eustress stattfinden.

Diesen freudigen Eustress sieht man in etablierten Unternehmen selten. Ich bin oft als Redner zu Innovation auf Verbandstagungen. Ich soll am besten wachrütteln, aufwecken, schocken, aufrufen oder den

Marsch blasen. Hilft es? Die Verbände sind oft so sehr im Alten verfangen, wie es noch heute politische »Bauernparteien« und »Arbeiterparteien« gibt, die sich aus Klassenverhältnissen nach dem zweiten Weltkrieg definiert haben.

Verlage schwören auf das Papier und sehen im eBook eine »Ergänzung«, die aber für lange Zeit nur einen kleinen Marktanteil haben wird. Dasselbe sagen Druckmaschinenhersteller und Printmedienvertreter. »Das physische Buch und das elektronische werden immer gemeinsam existieren.« Die Automobilproduzenten sehen im eCar noch keinen großen Markt und glauben, dass der Benziner noch lange den Markt dominieren wird. Wörtlich: »Das Elektroauto ist eine Ergänzung für bestimmte Zwecke, die beiden Produktionsprinzipien werden noch lange Zeit parallel am Markt vertreten sein.« Die Stromerzeuger sehen keine Möglichkeit, ganz auf erneuerbare Energien umzusteigen: »Die erneuerbaren Energien helfen, neue Möglichkeiten für die Zukunft zu finden, aber eine ernsthafte Alternative zu den klassischen Erzeugungsmethoden können sie in der jetzigen Form noch nicht sein. Der Umbau wird sich lange hinziehen, das Alte wird noch lange dominieren.«

Im Klartext: Die Unternehmen wollen nicht so richtig, sonst würden sie freudigere Botschaften mitteilen: »Wir setzen voll auf neue Energieformen! Das geht nicht so schnell, es muss noch viel erforscht werden, und leider müssen wir noch länger traditionell erzeugen. Aber unser Herz ist schon in der Zukunft!« Manchmal sind sie auch schwach depressiv, weil das Alte, so wie das liebevoll ausgestattete Buch, einen fast unvergänglichen Platz in ihrem Herzen hat und *auch haben soll*. Verlage *wollen* das Haptische des Buches hochhalten, weil sie es wirklich von Herzen lieben. Sie schließen die Augen vor der Jugend, deren Augen bei Neuem viel begeisterter aufleuchten (zum Beispiel der ärgerliche Einwurf eines Jugendlichen bei einer Kritik eines Älteren an meiner Rede »pro eBook«): »Das Haptischste auf Erden, Ihr Alten hier, ist nicht das Buch, sondern das iPad!«

Im Grunde tun sich ganze Industriebranchen schwer, die Chasmata oder Barrieren der Innovation intern und »innerlich« zu überwinden. Deshalb können sie nicht die nötige Energie für das Neue mobilisieren. Die »Energization« gelingt nicht. Wo eigentlich Begeisterung nötig wäre, kommt es nicht einmal zu einem Aufraffen. Sie haben einfach keine große Lust oder überhaupt keine Lust.

Wie Menschen haben auch Unternehmen einen inneren Schweinehund.

Fast wörtlich zitiert aus der Wikipedia:

*»Die Bezeichnung innerer Schweinehund umschreibt – oft als Vorwurf – die Allegorie der Willensschwäche, die eine Person daran hindert, unangenehme Tätigkeiten auszuführen, die entweder als ethisch geboten gesehen werden (zum Beispiel Probleme anzugehen, sich einer Gefahr auszusetzen) oder die für die jeweilige Person sinnvoll erscheinen (zum Beispiel eine Diät einzuhalten). Sie kann damit in direkte Verbindung zur Motivation gebracht werden. Meist ist von der Überwindung des inneren Schweinehundes die Rede, um zu verdeutlichen, dass für die Erledigung einer bestimmten Aufgabe keine persönliche Neigung ausschlaggebend ist, sondern Selbstdisziplin. Man sieht es gewöhnlich so, dass letztlich jedem Menschen ein innerer Schweinehund innewohnt und der Makel erst darin besteht, dieser Unlust nachzugeben.«*

Und dann finde ich in der Wikipedia noch den Vermerk – *nota bene*:

»Die Wendung ›innerer Schweinehund‹ existiert nur im Deutschen und kann nicht wörtlich übertragen werden.«

Da geht es mir natürlich sofort durch den Kopf, dass besonders Deutsche am zwanghaften Prinzip hängen und für das Neue so viel Unlust zeigen, dass sie auch dann nicht selbstdiszipliniert an Innovationen arbeiten, wenn sie es vom Verstand her als unbedingt notwendig erachten. Eine solche Hürde wird in der Philosophie als Akrasia (griechisch) oder Incontinentia (lateinisch) bezeichnet: Jemand handelt aus »Nichtstärke« wider besseres Wissen. »Ich esse die Tüte Chips auf, obwohl ich die ganze Zeit über weiß, dass ich Diät halten sollte.« Oder: »Ich weiß, dass ich mich nicht vom Tagesgeschäft auffressen lassen darf, das sage ich mir jeden Morgen und verfalle wieder und wieder in den üblichen Stressgalopp.«

Warum haben wir keinen »inneren Phönix«? Einen inneren Stier? Da fällt mir gleich der Energydrink Red Bull ein und natürlich auch:

Innovation verleiht Flügel!

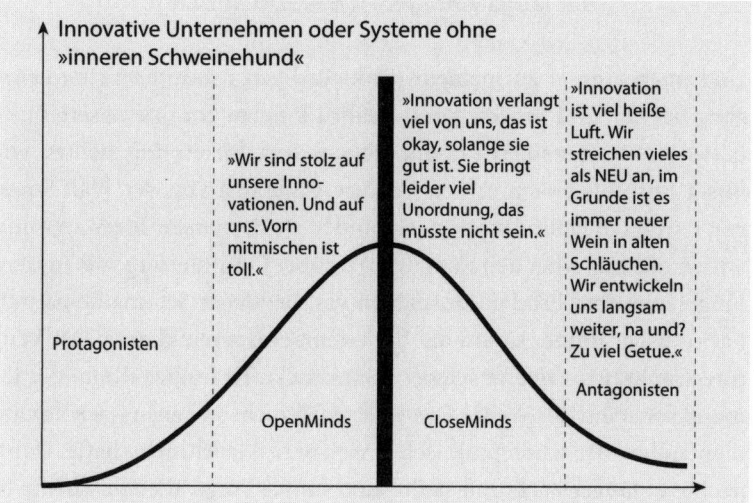

Innovative Unternehmen oder Systeme ohne »inneren Schweinehund«

»Wir sind stolz auf unsere Innovationen. Und auf uns. Vorn mitmischen ist toll.«

»Innovation verlangt viel von uns, das ist okay, solange sie gut ist. Sie bringt leider viel Unordnung, das müsste nicht sein.«

»Innovation ist viel heiße Luft. Wir streichen vieles als NEU an, im Grunde ist es immer neuer Wein in alten Schläuchen. Wir entwickeln uns langsam weiter, na und? Zu viel Getue.«

Protagonisten

OpenMinds CloseMinds

Antagonisten

Wir müssen die Chancen, die sich zeigen und die wir erarbeiten, konsequent nutzen! Nicht jammern! Einfach losgehen! Verwerten! Alles lustvoll zum Fliegen bringen!

Ja, und da sind wir immer und immer wieder an demselben Punkt, dem nötigen Bewusstseinswandel.

Erfolgreiche Firmen haben die erste Hürde der Innovation überwunden. Wenn die OpenMinds in einer Firma Lust auf Innovation haben, hat das Unternehmen seinen inneren Schweinehund überwunden (oder es hatte da noch nie einen, wie das bei Start-ups so ist).

Hier wird getan, was getan werden soll. Es wird mit einer Freude agiert, die Flügel verleiht. Das Grundproblem, überhaupt so weit zu kommen, ist hier wie sonst immer das Gleiche, wenn Menschen Neuland betreten sollen – in der Erziehung, der Ausbildung, der Persönlichkeitswerdung, der Weiterentwicklung oder eben der Innovation. Es ist bekannt, wie das geht, aber es gelingt meist nicht, genug Energien dafür zu mobilisieren. Und die werden gebraucht, weil es so viele Hindernisse und Feinde aller Weiterentwicklung gibt.

## Der Endgegner der Chance oder
## der Mega-Antagonist des »Do nothing«

Und noch einmal zu meinem denkwürdigen Intrapreneuring-Lehrgang bei der IBM in New York: Gifford Pinchot coachte unsere Businessidee, wir erstellten Präsentationen. Am letzten Tag stellten wir unser Business einem echten Venture-Capitalist von der Wall Street vor. Er war ein Freund von Pinchot und hörte sich unsere Ideen an – und wusch uns hinterher den Kopf. Ich trug über Optimierung von Touren, Flugplänen und Produktionsplänen vor, bei denen ich mathematisch nachweisbar immer so um die 15 Prozent einsparen konnte. Der Venture-Capitalist reagierte schwer beeindruckt. Er fragte: »Kann das jemand sonst auf der Welt?« Das wusste ich nicht so genau – ich kannte niemanden, der schon praktisch einsetzbare Algorithmen hatte. Dann dachte er länger nach und stellte eine simple Frage, die noch heute in mir nachhallt: »Warum sind Sie noch nicht Milliardär?« Ich wusste es nicht. Warum? Er erklärte, dass doch bei einer solchen Einsparung ein Run auf meine kleine IBM-Abteilung einsetzen müsste. Warum stünden die Kunden nicht Schlange? Das wusste ich auch nicht genau, ich wunderte mich selbst, warum sie immer so zögerten.

Wir schauten uns länger an, dann drängte die Zeit. Es gab insgesamt 16 Kurzpräsentationen, die er sich anhören sollte. Er sagte kurz, dass meine Businessidee förderwürdig wäre und dass versucht werden sollte, daraus ein größeres Unternehmen zu machen (wir waren damals bei unter einer Million Umsatz im Jahr). Aber im wirklichen Leben mit echtem Geld würde er mich erst fördern wollen, wenn ich die Frage nach dem Milliardär für seinen Instinkt oder seine Eingeweide schlüssig beantworten könnte. So gingen wir auseinander.

Am nächsten Tag hörte sich die gesamte IBM-Geschäftsführung in Armonk die vier besten Businessideen an. Wir waren dabei! Dann hieß es wieder Koffer packen, wir rüsteten uns zum Heimflug. Im Flughafen wanderte ich immer noch sinnend Gate für Gate zu meinem Abflug, da schoss der Venture-Capitalist eilig an uns vorbei. Er rief aufgeregt: »Ich konnte nicht schlafen, es hat mich beschäftigt, warum man keine Milliarde damit verdienen kann! Ich weiß es jetzt, es fiel mir in der Nacht ein. *Man muss nicht optimieren*, man kann es auch lassen. Und die Leute lassen es, weil es zu viel Arbeit macht. Gunter, Sie haben zwar keinen realen Wettbewerber, aber ein mächtiges Prinzip arbeitet gegen Sie. Es heißt *Do nothing*. Sie denken alle darüber nach, ob sie optimieren sollen, aber wenn es zu viel Mühe kostet, stellen sie das Arbeiten gleich wieder ein. Sie warten ab!« Dann lief er fort, er hatte es sehr eilig oder eben immer grundsätzlich eilig.

In diesem Moment verstand ich wieder ein gutes Stück mehr von der Welt.

Die Religionen weisen den Weg zur Seligkeit, aber niemand geht ihn. Es gibt Diäten, aber die Leute nehmen nicht ab. Es gibt Managementlehren, aber sie werden im Alltagsstress vergessen. Alle wollen Nachhaltigkeit, alle wollen Klimaschutz und Frieden. Und immer ist es nur die Theorie vor der Hürde, die es nicht bis in die Praxis schafft.

Der »Körper«, also unser physischer Körper, das Unternehmen oder der Staat bringen nicht die nötige Energie zur Verwirklichung auf. Es geht nicht um das fehlende Geld, das ist im Ernstfall doch immer da. Der Mega-Antagonist heißt *Do nothing*. »Wir warten noch mit der Innovation, die anderen kochen auch nur mit Wasser.« Das Zwanghafte triumphiert über das Hysterische. Dieser andauernde Kampf zwischen dem Neuen und dem Alten verursacht eine gigantische Energieverschwendung. Die Chancen werden nicht wahrgenommen. Man muss Menschen fast schon prügeln, damit sie aufbrechen! »Damals hatte ich die Möglichkeit zu wechseln. Ich traute mich nicht. Ich dachte, es ist zu früh. Aus heutiger Sicht war es eine Mega-Chance für mich. Die habe ich verpasst. Im Grunde könnte ich es heute nochmals versuchen, aber ich traue mich nicht, wegen der Familie. Zu spät.«

Es ist gar nicht so, dass ein Wandel oder eine Innovation grundsätzlich abgelehnt werden. Sie werden auch nicht verschlafen. Die Manager und Mitarbeiter der am Internet sterbenden Unternehmen versammeln sich ja regelmäßig auf Kongressen und Verbandstreffen, wo die Protagonisten die Zukunft einladend ausbreiten und die Verbandspräsidenten die Vergangenheit beschwören und bis in die Ewigkeit fortschreiben wollen. Die Diskussion über das Neue ist ja immerfort lebendig. Aber dann zischt der Gott Kairos vorbei, der mit dem langen Haarschopf vorn, und niemand packt zu. *Do nothing*. Gibt es vielleicht einen anderen Gott, den des inneren Schweinehundes, der uns immer die Augen zuhält, wenn sich Kairos nähert? Oder glauben wir daran, dass Kairos immer gerade dann noch einmal wiederkommt, wenn wir in der Patsche sitzen?

## Ausgewogenere Menschen braucht das Land!

Worauf verwenden wir unsere Energie? Auf die Tagesarbeit oder auf etwas Neues? Wie reagieren wir auf die Veränderung der Umweltbedingungen? Reaktiv oder proaktiv? Was tun wir, wenn sich für uns selbst die Bedingungen verschlechtern oder zu verschlechtern drohen? Arbeiten wir härter in einem kargeren Rahmen oder brechen wir zu neuen Ufern auf? Hungern wir im armen Europa nach dem 30-jährigen Krieg oder wandern wir nach Amerika aus?

Passen wir uns immer an oder mutieren wir?

Stellen Sie sich vor, es würde wärmer und es würde täglich regnen. Immerfort leise regnen, ohne Unterlass. Die Menschen merken, wie die Meere steigen. Sie können ausrechnen, wann alles »Land unter« ist. Ich wohne in Waldhilsbach, einem Ortsteil von Neckargemünd. Unser Haus liegt etwas höher, vielleicht auf 240 Meter über dem Meeresspiegel. Der Neckar in Neckargemünd und dann auch in Heidelberg liegt auf einer Höhe von etwa 115 Meter. Die schönen Villen am Ufer sind zuerst dran, wenn die Pegel steigen. Was passiert bei einer langsam steigenden Sintflut? Mit diesem Szenario beginnt mein Buch *Das Sintflutprinzip*, in dem die Menschen hitzig diskutieren, was nun zu tun wäre. Die einen bauen Deiche, denn »es hört sicher bald wieder auf«. Andere bieten hohe Preise für Häuser in Waldhilsbach, die bald am Neckarstrand liegen werden – ja, aber wie werden dann die Straßen verlaufen? Menschen wie Gunter Dueck berechnen, wie lange es dauert, bis der Mount Everest überschwemmt sein wird, und überlegen Schiffskonstruktionen, wie sie in der Bibel beschrieben werden. Die meisten bauen Deiche, um sich kurzfristig zu retten. Spekulanten aus den schon untergegangenen Niederlanden kaufen den Königstuhl auf, den die Stadt Heidelberg schließlich hergibt, damit das Geld für die Deiche am Neckar beschafft werden kann. Propheten stehen an den

Ufern und flehen um nachhaltige Lösungen. »Verblendete!« Der Regen hört nicht auf, die Ersten verlassen ihre Häuser an den Ufern. Jetzt stellen sie fest, dass die Preise für die Grundstücke weiter oben durch die Spekulation so hochgetrieben worden sind, dass sie sich kaum irgendwo niederlassen können, ohne weit wegzuziehen – dahin wollen sie nicht, »weil es bestimmt bald aufhört, und dann bin ich allein auf einem kahlen Berg, der dann unverkäuflich ist«. Immer jeweils die Reichen wohnen dann etwas höher, die Armen aber fristen ein gefährliches Leben unten am Wasserrand und können erst höher kommen, wenn die Reichen weiter nach oben weichen …

Na, hoffentlich geschieht das nicht einmal wirklich so. Der Klimawandel bedroht uns ja tatsächlich. Wir fühlen schon eine Art Sintflut kommen, die nach dem Abschmelzen der Polkappen unvermeidlich erscheint. Wir glauben aber nicht so richtig daran und üben uns kollektiv im *Do nothing*.

Nach dieser Allegorie gleich in die Realität: Viele Verleger, Printmedienchefs, Druckmaschinenmanager und Fernsehleute sagen heute allen Ernstes (ich habe es gehört und kaum glauben können, dass ich es gehört habe): »Das mit dem Internet ist so eine Mode, besonders Facebook, das hört bald wieder auf. Wir haben eine vorübergehende Durststrecke, das halten wir aber durch.«

Diese Leute bauen die Deiche … Sie sind die Hüter der althergebrachten Welt. Sie stehen unter der Herrschaft des zwanghaften Prinzips. Sie passen sich an, meiden aber alle wirklich proaktiven Innovationen. Wenn es dann hart auf hart kommt, bekriegen sie sich. Sie bereinigen Märkte, verdrängen Wettbewerber, führen Preisschlachten und kaufen die Konkurrenz auf, sie versuchen, sich mit den alten Konzepten noch eine Weile in ferneren Ländern zu etablieren. »Bestimmt hat das alles bald wieder ein Ende, und wir können unser altes Leben wieder aufnehmen. Zeiten des Wandels sind eben leider mit Kriegen aller Art verbunden, weil alle um ihr normales Dasein kämpfen müssen.« Als besonders krass empfinde ich die triumphale Freude der Übriggebliebenen, wenn sie wieder einmal einen Wettbewerber durch Konkurs verloren haben. Sie sehen das immer als Zeichen ihrer Stärke und kommen nicht auf die Idee, dass sie alle sterben werden.

Wir müssen doch nicht Deiche bauen!

Wir könnten auch voller Lust in das Internetzeitalter ziehen und uns sogar ein besseres Leben leisten. Wir müssen aber akzeptieren, dass das Internet eine so einschneidende Veränderung mit sich bringt wie eine Sintflut oder eine Eiszeit. Vieles ändert sich nun. Los! Und zwar frohgemut! – Warum können wir das nicht so richtig? Wir sind eher zwanghaft erzogen worden. Wir streben den für unsere »Intelligenz« höchstmöglichen Schulabschluss an, ergreifen einen Beruf, gründen eine Familie und leben immer so weiter. Menschen wie diese werden in unseren Systemen produziert. Schauen Sie einfach auf Ihre alten Schulzeugnisse! Über den meinigen standen die so genannten Kopfnoten, ich bekam Bewertungen in den folgenden Kategorien:

- Ordnung,
- Fleiß,
- Mitarbeit,
- Betragen.

Mir wurde meine ganze Jugend hindurch signalisiert, dass ein Mensch mit solchen guten Kopfnoten auch ein guter und erwünschter Mensch sei. Bei näherem Hinsehen aber fällt doch auf, dass der ideale Mensch laut Kopfnoten eher ein braver Bürger oder Industriearbeiter als ein Innovator ist! Wenn nun in den großen Firmen nur Leute eingestellt werden, die beharrlich arbeiten, sich unermüdlich einsetzen, willig mitarbeiten und sich gegenüber dem Chef einwandfrei benehmen – ja, dann sind es schon die Menschen, die ihren Job so verstehen wie der pflügende Bauer, der Furche um Furche den Acker wendet, dann Reihe um Reihe Rübsamen drillt und dann Rübe für Rübe rodet …

Ich habe vor ein paar Monaten auf meiner Homepage neue Kopfnoten vorgeschlagen. Es geht mir dabei nicht darum, viele neue Noten zu vergeben, sondern einfach oben auf dem Zeugnis zu vermerken, welche Art von Mensch wir eigentlich im neuen Idealfall erwarten. Nehmen Sie meinen Vorschlag als Richtung, ich lege mich nicht wörtlich fest.

- Kreativität, Originalität, Sinn für Humor;
- Konstruktiver, freudiger Wille;
- Initiative, die auf andere ausstrahlt;

- Gemeinschaftssinn, der auch andere aktiviert;
- Sympathisches Erscheinungsbild und Offenheit;
- Ausgewogenes Selbstbewusstsein;
- Vorfreude auf eine gute eigene Zukunft;
- Auch andere inspirierende Neugier;
- Positive Haltung zur Vielfalt des Lebens;
- Liebende Grundhaltung zu Menschen.

Wenn wir solche jungen Menschen heranbilden – können Sie sich dann nicht auch vorstellen, dass wir mit der Sintflut der technologischen Veränderungen unserer Zeit besser werden umgehen können? Wir Nicht-Jungen sind fast alle für stetige Zeiten aufgezogen worden. Die neuen Generationen müssen freudiger und selbstständiger an das Neue herangehen als »wir«.

Das wird schon überall gespürt. Viele Managementberater geben uns gute teure Ratschläge zu »Teambuilding«. Wir sollen in jedem Team einen Kreativen »dulden«, na gut, eher begrüßen – auch einen Querdenker, der infrage stellt, wenn es berechtigt ist, auch ein Energiebündel, das etwas anpackt, auch wenn das Hobeln Späne erzeugt. Überall wird anerkannt, dass wir eine »Diversity« der Begabungen, Geschlechter oder Arbeitsauffassungen anstreben sollten. Verschiedene Menschen befruchten sich gegenseitig! So die reine Lehre. In Wirklichkeit aber streiten sie sich eher und predigen sich gegenseitig »my way«. Ich schlage also hier die radikalere Lösung vor, einfach Menschen entlang etwa der obigen neuen Kopfnoten variabler und ausgewogener zu erziehen. Dann passen sie besser zusammen! Der Mensch an sich muss innovationsoffener sein und im Sinne der neuen, sich schnell verändernden Welt professioneller agieren können.

»Ordnung, Betragen, Fleiß und Mitarbeit« schaut zu sehr auf die tägliche Arbeit und sieht nicht auf, wenn Kairos vorbeihuscht.

Der neue Mensch sieht Kairos rechtzeitig von vorn.

# SCHLUSSSEUFZER
## LOHNT SICH
## INNOVATION?

Die Innovation ist nichts, wenn sie nicht machtvoll durchgesetzt wird, wenn sie nicht über alle Hürden springt und durch alle Betonwände und Hirnwiderstände dringt. Der Innovator muss große Anstrengungen unternehmen und damit auch wirklich alle Hindernisse überwinden. Ich hoffe, ich habe Ihnen deutlich machen können, wie viel Energie gebraucht wird und wie viel Energie in der Regel für die Hindernisse der Innovation aufgewendet und zum großen Teil verschwendet werden muss.

Innovation oder besser die reine Idee wird sehr oft mit dem Symbol des »Enlightenment« oder der Erleuchtung verglichen. Präsentationen über Innovation enthalten bis zum langweiligen Überdruss das Icon einer Glühbirne. Die immer wieder gezeigte Glühbirne assoziiert: »Mir geht ein Licht auf«. Im Kontext dieses Buches fällt mir gleich das Wort »Wirkungsgrad« ein. Bei der Glühbirne liegt er bei etwa 5 Prozent des Energieverbrauchs, die in Licht umgesetzt werden, der Rest wird verschwendet für Wärmeerzeugung.

Vieles in diesem Buch beklagt den kläglichen Wirkungsgrad der gesamten Innovationstätigkeit. »Es kreißte der Berg und gebar ein Mäuslein.« Der Wirkungsgrad ist insgesamt über alle Unternehmen und Länder hinweg betrachtet so schlecht, denke ich, dass ich vielleicht behaupten könnte, dass sich die Innovation im Ganzen überhaupt nicht lohnt und sich nicht auszahlt.

Diese Auffassung teilen wohl viele in den Unternehmen. Sie wissen, dass sich der Aufwand nicht rechnet. Sie wissen, dass überwiegend amateurhaft vorgegangen wird, dass Innovation nicht von den Besten

© Peter Petri: Sisyphos beginnt sein Training am Strand der Niederlande
mit einem Styropor-Felsen

im Unternehmen betrieben werden soll. Dieses implizite Gefühl, dass es sich eigentlich nicht lohnt, dämpft die Anstrengungen und macht der erfolgreichen Innovation vielleicht endgültig den Garaus. Wir wissen ja »aus Erfahrung«, dass es nicht klappt, aber wir müssen es versuchen – wie die hundertste Diät, die das andauernde Zunehmen endlich einmal unterbrechen könnte. Innovation wird vielleicht schon von vornherein kleinmütig und resigniert betrieben. Ich habe einmal ein Cartoon gesehen, darauf saßen englische Manager im Meeting und der Text dazu lautete: »*With amused resignation, they ever implement things they know will fail.*« Tja. Innovation »muss wohl sein« – da tun wir alle etwas dazu, gutwillig, aber ohne es zu übertreiben.

Innovation braucht so viel Energie wie eine Goldmedaille, es reicht nicht, sie als Hobby oder auf Kreisliganiveau zu betreiben. Innovation braucht Kraftmenschen, die so eine Goldmedaille wirklich stemmen!

Das geniale Bild von Peter Petri drückt aus, was mein Buch fast anklagend darstellt – dieses niederenergetische Tun.

## Innovation, die sich lohnen soll, muss als Herkulesaufgabe betrieben werden, mit voller Kraft.

### *Innovation ist wie »Sisyphos schafft es doch.«*

# E-Book inside:
# So funktioniert's

1. Öffnen Sie die **Webseite**
   *http://www.campus.de/ebookinside*

2. Geben Sie den untenstehenden **Gutscheincode** ein und füllen Sie das Formular aus

3. Wählen Sie das gewünschte E-Book-**Format**

4. Mit dem Klick auf den Button am Ende des Formulars erhalten Sie Ihren persönlichen **Downloadlink** per E-Mail

**GUTSCHEINCODE**  Hf7H3qkBhS